U0382116

本书出版受到江苏省重点扶持学科应用经济学、
江苏省重点培育智库沿海发展智库资助

常玉苗 著

水资源环境与区域经济
耦合系统评价及协同治理

Evaluation and Synergistic Governance of Water
Resource Environment and Regional Economy Coupling System

中国社会科学出版社

图书在版编目（CIP）数据

水资源环境与区域经济耦合系统评价及协同治理/常玉苗
著. —北京：中国社会科学出版社，2017.12
ISBN 978 - 7 - 5203 - 1642 - 2

Ⅰ.①水…　Ⅱ.①常…　Ⅲ.①水资源—环境经济—关系—
区域经济—耦合系统—系统评价—中国　Ⅳ.①X143②F127

中国版本图书馆 CIP 数据核字（2017）第 299601 号

出 版 人	赵剑英
责任编辑	侯苗苗
责任校对	周晓东
责任印制	王　超

出　　版	中国社会科学出版社
社　　址	北京鼓楼西大街甲 158 号
邮　　编	100720
网　　址	http://www.csspw.cn
发 行 部	010 - 84083685
门 市 部	010 - 84029450
经　　销	新华书店及其他书店

印　　刷	北京明恒达印务有限公司
装　　订	廊坊市广阳区广增装订厂
版　　次	2017 年 12 月第 1 版
印　　次	2017 年 12 月第 1 次印刷

开　　本	710 × 1000　1/16
印　　张	18.75
插　　页	2
字　　数	279 千字
定　　价	78.00 元

凡购买中国社会科学出版社图书，如有质量问题请与本社营销中心联系调换
电话：010 - 84083683

前　言

水资源环境是区域经济发展的重要物质基础和环境保障。随着我国发达地区经济发展速度不断加快，水资源环境面临前所未有的挑战，水资源短缺日益严重，水污染趋势加剧水资源短缺的同时，水生态环境也不断恶化，使各级政府不得不重新思考和寻找新的经济发展方式——绿色经济发展。

本书就是在绿色经济发展背景下，首先，研究水资源环境与区域经济系统的耦合协同问题，分别从水循环理论、物质流分析理论、PSR 模型理论等不同视角研究两者的耦合机理；其次，选择长江经济带作为实证研究区域，分析从 PSR 指标、结构关系、全过程效率、"脱钩"关系、耦合协调度等不同层面对水资源环境与区域经济耦合系统的关系进行评价，分别得到相应的评价结果；最后，提出水资源环境与区域经济耦合系统的协同治理总体框架及相应的对策措施。

通过分析有助于全面认识和进一步把握水资源环境与区域经济的关系，进而全面协调两者的关系，促进水资源环境与区域经济系统协调发展。

本书出版受江苏省重点扶持学科应用经济学、江苏省重点培育智库沿海发展智库资助。写作本书是一次新的探索，且由于时间紧、任务重，本书的缺点和错误在所难免，敬请广大读者批评指正！

目　录

第一章　绪论

第一节　选题背景及问题提出

一　选题背景

水是一切生物赖以生存的重要物质，人类社会更是与水资源息息相关，是工农业生产、经济发展和环境改善不可替代的宝贵资源，四大古文明均发源于大河流域。然而，由于人口及人均用水量的增长、生产的扩大和城市化的演进，以及人类在水资源开发利用上的错误认识和行为，世界范围内普遍出现淡水资源短缺、水质下降、地下水耗竭及水生生态系统破坏等严峻问题，在很多地区，人类正在迫近或已经超过水资源的天然承载限度。

（一）水资源短缺成为制约区域经济发展的重要因素

1. 中国是干旱缺水严重的国家

根据联合国提供的资料，到2025年，全球半数以上的国家将面临巨大的供水压力，即淡水供应量无法满足民众日益增长的用水需求，甚至出现供水不足，到21世纪中叶，世界上3/4的人口将面临严重的淡水资源短缺。2016年，我国水资源总量为32466.4亿立方米，人均水资源量2039.2立方米[①]，被联合国认定为缺水国家。中国水科院水资源所所长王浩认为绝大多数发达国家和主要的发展中国家

---

① 水利部：《2016年中国水资源公报》2017年7月11日。

相比，中国的水资源条件算是很差的。全世界 153 个有水资源统计的国家里，中国的人均水资源量，从高到低，排在第 121 位，是很靠后的。全世界平均每人每年大约占 8000 立方米的水资源，中国每人每年只有 2050 立方米。

2. 许多地区存在不同程度水资源短缺

我国区域水资源禀赋差异也很大，局部地区水资源供需矛盾尖锐，按国际公认的均水资源量少于 1700 立方米为水紧张警戒线，少于 1000 立方米为缺水警戒线。2015 年，我国共有 15 个省（自治区、直辖市）人均水资源量低于 1700 立方米标准，其中 12 个地区人均水资源占有量低于 1000 立方米。这些地区包括天津、北京、宁夏、山东、河北、山西、上海、河南、辽宁、甘肃、江苏、陕西。这些地区的水资源总量仅占全国水资源总量的 7.4%，但地区人口数量占全国的 40.7%，地区 GDP 占全国的 46.2%，农作物播种面积占全国的 36.5%。水资源与经济、人口、农作物的地区分布不匹配，导致局部地区用水紧张程度远高于全国平均水平。

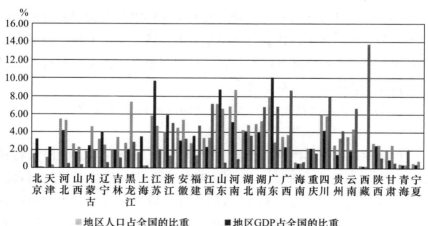

图 1-1 处于缺水警戒线地区的四个基础指标占全国比重

3. 严重的水污染加剧水资源短缺

随着工业化和城镇化速度加快，我国面临着水污染严重、水资源短缺的重大挑战。全国约有300多个城市出现缺水现象，而水污染的恶化更使水资源短缺雪上加霜。据不完全统计，全国75%的湖泊存在不同程度的富营养化，90%的城市水域污染严重。对我国118个大中城市的地下水调查显示，有115个城市地下水受到污染，其中重度污染约占40%。2016年，31个省（直辖市、自治区）共监测评价867个集中式饮用水水源地。全年水质合格率在80%及以上的水源地有693个，占评价总数的80.6%，与2015年相比，全年水质合格率在80%及以上的水源地比例上升1.4个百分点。2016年，以浅层地下水为主作为监测对象，水质评价结果总体较差，2104个测站监测数据地下水质量综合评价结果显示：水质优良的测站比例为2.9%，良好的测站比例为21.1%，无较好测站，较差的测站比例为56.2%，极差的测站比例为19.8%。日趋严重的水污染不仅降低了水体的使用功能，更进一步加剧了水资源短缺的矛盾。

（二）水环境污染严重与区域经济发展矛盾突出

1. 粗放式经济发展导致水环境污染严重

长期以来，我国经济增长主要靠传统的生产方式，属于粗放式增长。很多企业存在技术比较落后，企业规模比较小，竞争力不强，企业资金不够，无力承担排污设备费用等现象。工业企业污水排放、农业种植施加肥料等都对水资源造成直接的污染，水污染使河流污染严重和地下水污染严重，并呈不断扩大的态势。据统计数据显示：2015年，全国地表水1940个评价、考核、排名断面中，Ⅰ—Ⅲ类（可以使用的水质标准）的比例为67.8%，Ⅳ—Ⅴ类（人体不能直接接触、仅可用于工农业的严重污染水质）的比例为23.7%，完全丧失水环境功能的劣Ⅴ类水质的比例为8.6%。随着人类活动对水资源的干扰日益增加，水体受到污染，生态系统受到破坏，全球正面临着巨大的水环境压力，中国水污染防控形势仍然严峻。2004年发生的沱江污染事件，2005年发生的松花江污染、广州北江污染、湖南资江污染事件，2007年发生的无锡太湖蓝藻事件，2009年发生的内蒙古赤峰、福建生态溪、江苏盐城水污染事件，2010 年发生的福建紫金矿业污染事件，2014 年发生的兰州饮用水污染事件等，都对经济社会造成了不良影响。[①] 这些水污染大大降低了水体的使用功能，加剧了水资源短缺，对我国经济可持续发展战略的实施和国民的身体健康造成了较大的负面影响。

2. 水环境外部化使污水治理缺乏内生动力

水环境是公共物品，具有较强的外部性特征。从水流域角度看，上下游区域经济发展因外部性而面临利益冲突，下游的水环境需求会对上游的经济发展形成制约，枯水时期上游地区也会因蓄水而对下游用水造成压力，跨流域外部性的存在使水污染治理更具难度。从生产者角度看，如果某区域环保标准较低，或者企业偷排不被发现，或者污染罚款低于自己的治污成本，企业就会选择向自然水体中排放污染物，通过排污降低生产成本，因此经济利益取向决定企业缺乏环保动机。从消费者角度看，如果昂贵的环保技术生产的产品和便宜的非环保技术生产的产品同时出现在市场上，购买后者产品就是理性选择。因为在产品质量和性能相同的情况下，消费者只偏好于价格便宜的产品，而并不在乎其生产技术是否环保。每个消费者都希望"搭便车"，通过别人购买环保产品改善生态环境而受益，如果环保企业得不到应有收益，终将限制环保生产，助长水环境污染。

二 问题的提出

水是人类赖以生产生活的自然资源，既是经济发展与社会进步的基础资源，也是维系生态系统的重要因素。随着人类社会的不断进步和经济的快速发展，对水资源的消耗不断增加，水资源短缺趋势日益明显，故水资源和经济发展之间关系的研究成为学界热点。水资源作为自然界万物生存生长重要的必备要素，它通过不停地运动积极参与自然环境中一系列物理、化学和生物过程。然而随着人类经济规模的不断壮大，对水资源环境的影响也越来越大，如果不遵循水资源环境的自然规律，最终也必受其害。因此，研究水资源环境与区域经济发

---

① 水利部：《2016 年中国水资源公报》2017 年 7 月 11 日。

展耦合的内在机理，在此基础上，通过适当的治理，才能保证水资源环境与区域经济的和谐发展。

第二节　国内外相关研究综述

一　水资源与区域经济耦合发展研究

（一）水资源与区域经济耦合关系

1. 相互影响关系视角

刘卫东、陆大道从区域经济发展总量、结构、空间布局三个方面分析水资源短缺对区域经济发展的影响，提出解决水资源短缺的对策，包括调整产业结构降低需水量和空间布局减少缺水点的需水量。[①] 刘昌明、王红瑞从水资源与水文循环、水量平衡结构、人口、经济、社会与环境等相互关系视角，说明水资源问题与人口、经济发展、社会与环境的联系愈加紧密，并认为水资源承载力是刻画这种复杂关系的分析途径。[②] 陈素景、孙根年等选取 1998—2005 年中国各省区水资源消耗和经济发展的相关数据，从时空两方面对水资源利用效率和经济发展的关系进行实证研究。[③] 李长健、吴薇等从水资源可持续发展与区域经济发展的目标、现实契合、发展优势及时空载体等方面，分析水资源可持续发展与区域经济发展之间的互促关系，以及水资源可持续发展与区域经济发展过程中的阻碍因素，进一步提出法制层面、管理层面及社会层面的对策。[④] 张吉辉、李健等以 2004—2009 年我国 31 个省（自治区、直辖市）水资源分布、水资源配置相关数据为基

---

① 刘卫东、陆大道：《水资源短缺对区域经济发展的影响》，《地理科学》1993 年第 1 期。

② 刘昌明、王红瑞：《浅析水资源与人口、经济和社会环境的关系》，《自然资源学报》2003 年第 5 期。

③ 陈素景、孙根年、韩亚芬等：《中国省际经济发展与水资源利用效率分析》，《统计与决策》2007 年第 22 期。

④ 李长健、吴薇、刘函：《水资源可持续发展与区域经济发展互促关系研究》，《江西社会科学》2010 年第 4 期。

础，计算各地区水资源与人口、面积、GDP 等经济发展要素的基尼系数，对我国水资源分布、配置与经济发展要素匹配关系的时间演变规律进行研究。[①] 结果表明，我国水资源分布与人口、GDP 的匹配关系处于波动均衡状态，分别表现为比较匹配、不匹配和极不匹配关系，且不匹配程度有缓慢加剧的趋势。张陈俊、章恒全等借鉴改进的C—D 函数和 Romer 的经济增长阻力分析框架，分地区、分产业测算水资源对我国经济增长的阻力。研究发现，资本和技术的弹性大于水资源和劳动，各省份各产业水资源对经济增长的阻力存在较大的差异。[②] 因此，可以通过控制人口过快增长、提高水资源利用率、提高资本利用效率和增强技术的作用降低水资源对经济增长的限制。鲁晓东、许罗丹等利用 2004—2013 年中国八大流域主要监测断面水文数据，结合各流域 80 个城市的经济发展和产业特征等数据，依照环境库兹涅茨曲线的经典和扩展分析框架，拟合中国总体和各流域的 EKC形态，并分析未来各城市水资源质量的变化趋势。[③]

2. 协调发展视角

王焕良、郑广庆等从经济、技术、资源等实际情况出发，对淄博市水资源开发利用现状进行评价，分阶段研究水资源综合治理、开发、利用、保护的指导思想及总体平衡的一般原则与方法[④]，探讨水资源平衡对于促进地区经济结构调整和经济社会发展的作用，提出相应的技术、经济政策和重点工程措施。王好芳等建立流域水资源和水环境承载力评价指标体系，分析流域水资源、经济、社会和生态环境四个子系统互动关系，建立了流域 REES 系统运行模式。[⑤] 刘金华基

---

① 张吉辉、李健、唐燕：《中国水资源与经济发展要素的时空匹配分析》，《资源科学》2012 年第 8 期。

② 张陈俊、章恒全、陈其勇等：《中国用水量变化的影响因素分析——基于 LMDI 方法》，《资源科学》2016 年第 7 期。

③ 鲁晓东、许罗丹、熊莹：《水资源环境与经济增长：EKC 假说在中国八大流域的表现》，《经济管理》2006 年第 1 期。

④ 王焕良、郑广庆、王国栋等：《淄博经济发展与水资源平衡研究》，《经济地理》1992 年第 4 期。

⑤ 王好芳等：《区域复合系统可持续发展指标体系及其评价方法》，《河海大学学报》（自然科学版）2003 年第 2 期。

于模型耦合技术，构建完成水资源与社会经济协调发展分析模型（CWSE - E）。CWSE - E 模型是基于 CWSE 模型和 TERM 模型的改进和拓展研究，包括改进水资源节点网络图和构建用于区域间一般均衡分析的水资源子模块。[1] 两个局部模型通过投入产出表进行有效衔接，可实现优化预测、模拟计算和政策仿真等功能。左其亭、赵衡等从和谐论的观点出发，阐述寻找经济社会发展与水资源保护之间"平衡"的重要意义，把和谐平衡定义为利益相关者考虑各自利益和总体和谐目标而呈现的一种相对静止且相关者各方暂时都能接受的平衡状态，构建寻找和谐平衡的一般方法步骤，提出基于和谐论的和谐平衡计算方法。[2] 史安娜、陆添添等以长江经济带 11 个省市社会经济发展、水环境、水生态为研究对象，运用 DPSIR 框架模型，从驱动力—压力—状态—影响—响应的相互作用机制出发，选取 2005—2014 年 11 个省市 26 个相关指标，预测长江经济带水资源综合保护水平。[3]

3. 水资源可持续发展视角

张文国、杨志峰等进行区域经济发展模式与水资源可持续利用研究，针对水资源利用中的问题，对区域现存经济发展模式进行分析。结合流域长远发展，提出了区域水资源可持续利用的经济发展模式，为流域长期发展规划提供了决策依据。[4] 张道宏、黄铎等研究区域水资源承载能力中的经济承载能力，以期解决在区域水资源总量刚性情况下区域经济的可持续发展问题。在建立水资源经济承载能力指标体系基础上，以偏离—份额法研究区域内各产业在水资源利用方面的比较优势，以此为基础进行产业调整，促进区域水资源经济承载能力的

① 刘金华：《水资源与社会经济协调发展分析模型拓展及应用研究》，博士学位论文，中国水利水电科学研究院，2013 年。
② 左其亭、赵衡、马军霞：《水资源与经济社会和谐平衡研究》，《水利学报》2014 年第 7 期。
③ 史安娜、陆添添、冯楚建：《长江经济带社会经济发展与水资源保护水平研究》，《河海大学学报》（哲学社会科学版）2017 年第 1 期。
④ 张文国、杨志峰、伊锋等：《区域经济发展模式与水资源可持续利用研究》，《中国软科学》2002 年第 9 期。

提升。① 高镈分析了影响水资源承载力的因素，提出用两种模式来表达水资源对人口、社会经济和生态环境的承载力，将水资源约束条件写入区域宏观经济投入产出模型，建立了区域宏观经济水资源协调发展模型。② 丁超建立以水资源承载力赤字、经济承载力、社会承载力以及生态承载力为指标的水资源现状承载力评价应用模型和水资源承载力动态变化规律分析的S—D模型。③

（二）水资源与区域经济耦合系统

1. 水资源—社会经济复合系统视角

宋松柏、蔡焕杰以区域水资源—社会经济—环境复合系统为研究对象，应用Bossel可持续发展基本定向指标框架，研究其协调度的定量分析方法，建立水资源—社会经济—环境复合系统协调模型。④ 徐冬平、李同升以系统动力学模型为依据，根据渭河流域生产系统、生活系统和水资源系统相互作用机理，在满足一定程度的河道生态环境用水的情况下，建立关中地区社会经济发展与水资源关系模型，并根据不同的发展目标和政策条件，分别运行高速发展方案、协调发展方案和调水发展方案。⑤ 阿布都热合曼·哈力克、瓦哈甫·哈力克等通过绿洲水资源—生态环境—经济社会耦合系统互动关系分析和对耦合系统可持续发展模式的探讨，利用模糊优选模型将多个评价指标转化为单一指标，采用模糊隶属度描述复杂水资源系统可持续发展水平的评价方法。姚志春、安琪利用复杂系统科学理论和生态经济学原理探

---

① 张道宏、黄铎、吴艳霞：《基于偏离—份额法的区域水资源经济承载能力研究》，《未来与发展》2008年第3期。

② 高镈：《西部经济发展中的水资源承载力研究》，博士学位论文，西南财经大学，2009年。

③ 丁超：《支撑西北干旱地区经济可持续发展的水资源承载力评价与模拟研究》，博士学位论文，西安建筑科技大学，2013年。

④ 宋松柏、蔡焕杰：《区域水资源—社会经济—环境复合系统型研究》，《沈阳农业大学学报》2004年第5期。

⑤ 徐冬平、李同升：《陕西关中地区水资源—社会经济系统时空协同分析》，《水土保持通报》2005年第3期。

讨河西走廊社会经济系统与水资源自然生态环境系统关系的优化调整。① 李爱花、李原园等分析研究水资源、经济社会、生态环境各子系统间、各要素间的相互作用关系，以协同学原理为基础，研究水资源—经济社会—生态环境复合系统发展演进机理、模式、序参量、控制参量及整体调控框架。② 结果表明：当前系统演进的序参量已由受工程调控能力和供水能力影响的水资源可利用量，转变为水资源可利用量和水生态环境承载能力，协同发展需要通过对系统的序参量进行调节、控制，优化配置水资源，促进序参量协同效应的发挥，使系统协同程度提高，最终实现系统的有序演化。王浩、刘家宏认为，国家水资源与经济社会系统协同配置是实现双控目标的关键举措之一，通过协同配置，实现水资源负荷均衡、空间均衡、代际均衡，使经济社会发展规模与水资源承载力相适应。③

2. 投入产出优化配置视角

许涓铭、楚学丰从系统角度提出水资源与国民经济、社会发展密切结合、统一规划、综合优化的思想，突出强调水资源优化与宏观经济控制相结合的重要性和迫切性，提出水资源优化配置与产业结构优化调整的实施对策。④ 邵景力、崔亚莉提出了以"两个耦合"为基础的水资源—经济管理模型，并介绍模型中水均衡约束和投入产出平衡约束两个基本约束条件，以唐山平原为例对该模型进行具体应用。⑤ 朱文彬以大系统递阶优化控制理论为基础，提出水资源开发利用与区

① 姚志春、安琪：《区域水资源生态经济系统耦合关系分析》，《水资源与水工程学报》2011 年第 5 期。
② 李爱花、李原园、郦建强：《水资源与经济社会及生态环境系统协同发展初探》，《人民长江》2011 年第 18 期。
③ 王浩、刘家宏：《国家水资源与经济社会系统协同配置探讨》，《中国水利》2016 年第 17 期。
④ 许涓铭、楚学丰：《水资源优化与宏观经济控制相结合的重要性》，《工程勘察》1992 年第 1 期。
⑤ 邵景力、崔亚莉：《水资源—经济管理模型及其应用》，《水文地质工程地质》1994 年第 3 期。

域经济协调管理的模型系统及新算法，并将其应用于石家庄地区①，结果表明，该模型系统是对水资源开发利用与区域经济协调管理的一种有效方式。贺学海、邵景力通过水资源供需平衡分析、管理区划分和决策变量设置，建立了多目标的包头市水资源环境经济综合管理模型，强调了地下水的优化调配，管理模型中用响应矩阵法表示水位约束，运用线性目标规划的方法求解该模型，分析结果表明，优化方案具有良好的社会、经济和环境效益。②

（三）水资源与区域经济耦合的评价方法

1. 耦合度及协调度评价

孙丽萍、吴光等构建区域水资源与经济协调发展的评价指标体系，运用集对分析（SPA）理论建立区域水资源与经济协调发展的评价模型。③ 吕王勇、陈美香等利用主成分分析法将描述水资源与社会经济发展的 7 个指标降阶为 3 个指标，针对四川各地级市的发展情况，科学地给出各地级市水资源与社会经济发展的协调程度及排名。④ 左其亭、赵衡等为计算水资源利用与经济社会发展匹配程度，提出一种基于数列的时间和空间的匹配度计算方法，并应用该方法分别计算我国不同省级行政区水资源利用与经济社会发展匹配度以及河南省逐年时间上的匹配度、不同行政分区空间上的匹配度。⑤ 计算结果表明：水资源利用与经济社会发展不匹配的原因有两种：一是经济社会发展快而水资源相对缺乏；二是经济社会发展缓慢而水资源却比较丰富。周校培、陈建明基于水资源—社会经济复杂系统构建水资源与社会经济耦合协调发展的评价指标体系，采用全排列综合图示法测算 2007—

① 朱文彬：《水资源开发利用与区域经济协调管理模型系统研究》，《水利学报》1995年第 11 期。

② 贺学海、邵景力：《包头市水资源—环境—经济综合管理模型的研究》，《河海大学学报》（自然科学版）1998 年第 5 期。

③ 孙丽萍、吴光、李华东：《基于 SPA 的区域水资源与经济协调发展评价》，《安徽农业科学》2008 年第 20 期。

④ 吕王勇、陈美香、王波等：《基于主成分的区域水资源与社会经济的协调度评价》，《水资源与水工程学报》2011 年第 1 期。

⑤ 左其亭、赵衡、马军霞：《水资源与经济社会和谐平衡研究》，《水利学报》2014 年第 7 期。

2014 年南京市水资源系统和社会经济系统的综合发展评价指数,并利用耦合协调度模型测算了两系统间的耦合协调度。① 杜俊平、陈年来等在协同理论对水资源与区域经济协调发展的内在相互作用分析的基础上,构建水资源、区域经济系统综合评价指标体系,利用模糊评价法测算两者综合水平,对河西走廊地区 2003—2013 年两者的协调发展进行考察和测评。②

2. "脱钩"指数评价

吴丹构建了中国经济发展与水资源利用的脱钩时态分析模型,并应用该模型实证分析了新中国成立后 1953—2010 年中国经济发展与水资源利用的脱钩态势③,剖析了经济发展与水资源利用脱钩的内在机理。同时从用水结构效应与用水效率效应两个维度,构建经济发展与水资源利用的完全分解模型,并基于驱动力—压力—响应分析框架,评价经济发展与水资源利用的"脱钩"态势,为加快中国经济发展与水资源利用"脱钩"的步伐提供参考。杨仁发、汪涛武基于虚拟水与水足迹理论、脱钩理论对江西省 2003—2012 年的水资源利用与经济发展之间的脱钩关系进行研究。④ 游海霞、岳金桂基于 IPAT 方程的脱钩理论评价方法,利用 2000—2010 年江苏省及 13 个市的统计数据,分别从整体、第一产业、第二产业、第三产业四个方面描述水资源利用与经济发展的关系以及各市水资源利用与经济发展关系的区域差异。⑤ 陈威、常建军利用脱钩指数分析 2005—2014 年水资源利用与经济增长的脱钩状况,并对脱钩现状进行分析。结果表明,我国水资源利用与经济增长之间为相对脱钩状态,其演变从"相对脱钩Ⅳ→相

①　周校培、陈建明:《南京市水资源与社会经济耦合协调发展研究》,《水利经济》2016 年第 4 期。

②　杜俊平、陈年来、叶得明:《干旱区水资源与区域经济协调发展时空特征研究》,《中国农业资源与区划》2017 年第 4 期。

③　吴丹:《中国经济发展与水资源利用脱钩态势评价与展望》,《自然资源学报》2014 年第 1 期。

④　杨仁发、汪涛武:《江西省水资源利用与经济协调发展脱钩分析》,《科技管理研究》2015 年第 20 期。

⑤　游海霞、岳金桂:《江苏省水资源利用与经济发展脱钩分析》,《水利经济》2015 年第 6 期。

对脱钩Ⅲ→相对脱钩Ⅱ"变化，有向绝对脱钩发展的态势，但整体脱钩程度不够显著。①

3. 多目标规划评价

翁文斌、蔡喜明等通过宏观经济水资源规划多目标决策分析模型的操作和运行，研究在不同策略下区域宏观经济、环境等目标与水资源规划关系的全貌。在该方法研究中，完成了软件编制和开发工作，实现了决策分析过程的计算机化。②崔亚莉、邵景力等以水资源、经济、环境协调发展为原则，通过包头市水资源、经济、环境等因素的分析，建立了水资源—经济多目标规划管理模型，提出适宜本地区水资源条件的国民经济和社会发展模式，作为国民经济宏观管理和决策的依据。③王春泽、崔振才等基于陈守煜多级多目标模糊模式识别模型，提出区域水资源与社会经济协调程度评价模型，并利用级别特征值解决了多层、多级、多目标系统区域水资源与社会经济协调程度的评价，给出了多个目标隶属函数的计算公式。④张启敏依据历史统计数据，通过对银川市人口、资源、环境和经济协调发展的实证研究，建立了应用于银川市的人口、资源、环境和经济协调发展的非线性多目标模型，运用模式搜索法对模型进行了求解。⑤

4. 能值分析评价

陈丹、陈菁等从水资源复合系统的功能与特点出发，提出采用能值（Emergy）理论与方法对区域水资源复合系统进行生态经济评价的新思路。利用能值理论与方法的基本原理绘制区域水资源复合系统的能值系统图，编制系统的能值分析表，构建区域水资源复合系统的能

---

① 陈威、常建军：《基于脱钩指数的中国水资源利用与经济增长研究》，《中国农村水利水电》2016年第10期。

② 翁文斌、蔡喜明、史慧斌等：《宏观经济水资源规划多目标决策分析方法研究及应用》，《水利学报》1995年第2期。

③ 崔亚莉、邵景力、茅忠阳等：《包头市水资源—经济多目标规划研究》，《工程勘察》2000年第6期。

④ 王春泽、崔振才、田文苓：《区域水资源与社会经济协调程度评价研究》，《水文》2004年第3期。

⑤ 张启敏：《银川市人口、环境、资源、经济多目标模型的建立及对水资源的分析》，《宁夏大学学报》（人文社会科学版）2008年第1期。

值指标体系。① 吕翠美、吴泽宁从水的资源特性出发探究水资源价值的根源和形成机制，给出水资源生态经济价值的内涵和构成，运用能值分析原理研究建立水资源生态经济价值的能值分析框架，以实现水资源经济、社会和生态环境价值的统一度量，为水资源合理利用决策和价值核算提供理论基础和技术方法。② 同时以能值为量纲核算系统的能量流、物质流及货币流，建立能值指标体系，量化、评价系统发展所处的阶段和程度，为区域水资源生态经济系统可持续发展评价提供新的手段和方法。靖娟、宋华力等运用能值理论和分析方法，分析鄂尔多斯市 2000—2009 年水资源生态经济系统能量流动规律，构建能值综合图，计算评价了水资源开发利用状态及其系统可持续发展状况。③

二 水环境与区域经济协调发展研究

（一）水环境与区域经济发展关系研究

1. 水环境与区域经济的库兹涅茨曲线

雷玉桃通过我国近 19 年的水环境库兹涅茨曲线分析，得出我国水环境库兹涅茨曲线还处在倒"U"形曲线的增函数上升阶段，提出构建水环境安全预警机制、受益者付费与保护者受益机制、水环境治理的融资机制、政府监督机制四大机制，有助于改善当前水环境状况。④ 庄宇、张敏等运用环境库兹涅茨理论和自回归分析模型，对1995—2004 年我国西部地区人均 GDP 与废水排放量的分析，结果显示经济发展伴随着水环境质量的持续恶化，说明西部地区目前处于环境库兹涅茨曲线的左半部分。⑤ 路宁、刘玉龙选取 2003 年 59 个国家

① 陈丹、陈菁、关松等：《基于能值理论的区域水资源复合系统生态经济评价》，《水利学报》2008 年第 12 期。

② 吕翠美、吴泽宁：《区域水资源生态经济系统可持续发展评价的能值分析方法》，《系统工程理论与实践》2010 年第 7 期。

③ 靖娟、宋华力、蒋桂芹：《基于能值的鄂尔多斯市水资源生态经济系统可持续发展动态分析》，《节水灌溉》2015 年第 1 期。

④ 雷玉桃：《水环境与经济发展综合决策机制研究》，《改革与战略》2007 年第 1 期。

⑤ 庄宇、张敏、郭鹏：《西部地区经济发展与水环境质量的相关分析》，《环境科学与技术》2007 年第 4 期。

以及 1998—2005 年中国的数据，通过建立计量模型对其经济增长与水环境污染指标的关系进行实证检验，分析中国经济增长与水环境的发展阶段与趋势。[①] 张陈俊、章恒全基于 2002—2010 年省际面板数据模型，选取工业用水的绝对指标和相对指标，分别对我国 31 个省份进行全国以及地区分组研究工业用水与经济增长的关系，结果表明，工业用水与经济增长之间的关系和所选指标与区域分组密切相关，工业用水的绝对指标与经济增长之间分别呈现"N"形、倒"U"形和单调递增形态，工业用水的相对指标与经济增长之间分别呈现"U"形和倒"N"形形态。[②]

2. 水环境与区域经济耦合系统及评价

王西琴、杨志峰采用定量的系统分析方法，建立区域水环境经济系统的产业结构优化模型和工业结构优化模型。[③] 同时采用模块化设计思想，构建了水环境保护与经济发展的决策模型，主要模型有水资源需求模型、水环境容量模型、宏观经济模型、水污染控制模型、经济结构优化模型等。通过对多级模型的求解，获得既符合经济发展目标，又满足环境保护要求的合理的经济结构和合适的发展速度。徐建刚、郭月婷研究淮河流域社会经济和资源环境子系统协调度，认清流域人地系统的因果反馈作用、揭示各因素之间的相关程度并为制定相关的政策规划提供借鉴和参考。[④] 杨丽花、佟连军利用耦合度模型对1991—2010 年吉林省松花江流域经济发展与水环境质量进行动态耦合和空间格局分析，结果表明，研究区域经济发展指数和水环境指数呈同步上升趋势，基本处于协调状态；从耦合协调度来看，经济发展与水环境系统交互耦合具有复杂性、非线性和时变性的特点，整体上经

① 路宁、刘玉龙：《中国水环境污染与经济增长的关系研究》，《环境与可持续发展》2008 年第 1 期。

② 张陈俊、章恒全：《新环境库兹涅茨曲线：工业用水与经济增长的关系》，《中国人口·资源与环境》2014 年第 5 期。

③ 王西琴、杨志峰：《区域经济结构调整与水环境保护——以陕西关中地区为例》，《地理学报》2000 年第 6 期。

④ 徐建刚、郭月婷：《江苏省淮河流域社会经济与水环境协调度研究》，博士学位论文，中国地理学会 2011 年学术年会，2011 年。

历了较低水平耦合阶段、拮抗阶段和磨合阶段 3 个阶段。① 王婷、王保乾等通过协调度模型分析计算经济系统与水环境系统耦合程度，运用超越对数随机前沿生产函数（SFA）构造水资源利用效率的投入产出函数，并对城市水资源利用效率进行测算。②

3. 水环境与区域经济脱钩关系评价

吴丹、王亚华构建中国经济发展与水环境压力的脱钩潜力评价与态势分析模型，评价 1986—2010 年水利发展不同阶段中国经济总量增长与废水排放的脱钩潜力与脱钩态势，以及经济总量增长与工业废水化学需氧量的脱钩态势。结果表明，我国经济发展与废水排放总量总体处于弱脱钩发展态势、与工业废水化学需氧量排放总量总体处于强脱钩发展态势。③ 李宁、孙涛在 Tapio 脱钩弹性的基础上引入工业废水排放量和工业耗水量两个中间变量，把脱钩弹性系数分解为结构效应、技术效应和规模效应，以工业废水排放量作为水环境压力指标，分析 1991—2013 年我国水环境压力与经济增长的脱钩关系。④ 研究结果表明，脱钩弹性的技术效应和规模效应变化幅度较大，呈现出扩张负脱钩—弱脱钩—强脱钩的趋势；结构效应和综合脱钩弹性系数的变化方向基本一致，大致都呈现出强脱钩—弱脱钩—强脱钩的趋势。

（二）水环境治理与部门经济发展研究

1. 城市经济水环境治理

达庆利、何建敏对城市污水的两级治理方案提出了多子区域非线性动态水环境经济投入产出模型⑤，并将它与水系水质模型相结合构

① 杨丽花、佟连军：《吉林省松花江流域经济发展与水环境质量的动态耦合及空间格局》，《应用生态学报》2013 年第 2 期。

② 王婷、王保乾、曹婷婷：《北京市经济与水环境系统耦合关系及效果研究》，《中国农村水利水电》2017 年第 2 期。

③ 吴丹、王亚华：《中国经济发展与水环境压力脱钩态势评价与展望》，《长江流域资源与环境》2013 年第 9 期。

④ 李宁、孙涛：《环境规制、水环境压力与经济增长——基于 Tapio 脱钩弹性的分解》，《科技管理研究》2016 年第 4 期。

⑤ 达庆利、何建敏：《区域水环境经济系统的多目标规划模型》，《东南大学学报》（自然科学版）1992 年第 1 期。

造区域水环境经济系统多目标规划问题。郭怀成、唐剑武建立水环境系统动态预测与决策模型，进而研究城市水环境与社会、经济综合协调发展战略，并通过水环境承载力分析对各协调策略进行评价。① 张国珍选取黄河上游兰州段的三个排污断面，设为同一流域三个城市的取水点及排污点，运用"科斯定理"等环境经济学、微观经济学基础理论，研究城市水环境污染治理的水交易机制，从而构建流域城市水交易平台，探索一种流域城市水环境污染治理的有效方法及途径，解决流域内用水矛盾，使整个流域水环境与经济协调发展。② 高珊、黄贤金在广泛借鉴欧、美、日等发达国家已有治理经验的基础上，深入对比中外城市在管理体制、治理方式与监督机制等方面的差异，提出建立分工协作机制、明确市场作用、强化法律与公众的监管作用等途径，营造我国良好的城市水环境。③ 李雪松、孙博文构建从生态、经济和社会 3 个维度包括 3 项二级指标和 27 项 3 级指标的评价体系，采用层次分析法（AHP）和线性加权模型进行分析与评价，再结合外部性理论，对武汉市水环境治理综合效益进行评价。④

2. 工业经济水环境治理

陈燕武研究污染造成的经济损失的分析中，以水污染为例的损失主要分为四个部分，即水污染对人体健康造成的经济损失、水污染对工业造成的经济损失、水污染对农作物造成的经济损失、水污染对畜牧业和渔业造成的经济损失。⑤ 全玉莲、郭慧玲等根据 10 年来污染治理投资的相关数据，回归了工业废水排放量与单位 GDP 水污染治理投资的关系，结果表明两者呈现负相关。并从投资层面分析了我国水

---

① 郭怀成、唐剑武：《城市水环境与社会经济可持续发展对策研究》，《环境科学学报》1995 年第 3 期。

② 张国珍：《流域城市水环境污染治理的水交易机制研究》，博士学位论文，兰州大学，2008 年。

③ 高珊、黄贤金：《发达国家城市水污染治理的比较与启示》，《城市问题》2011 年第 3 期。

④ 李雪松、孙博文：《基于层次分析的城市水环境治理综合效益评价——以武汉市为例》，《地域研究与开发》2013 年第 4 期。

⑤ 陈燕武：《中国环境水污染的经济损失分析》，《华侨大学学报》（哲学社会科学版）1999 年第 1 期。

环境质量日益恶化的原因，提出应依据经济的发展状况，加大废水治理投资，只有保证单位 GDP 水污染治理投资持续增加，工业废水的污染才能得到有效控制。[①] 陈旭升、范德成应用熵权法确定工业废水中不同污染物对环境的影响程度，根据熵值对中国不同地区工业水污染状况进行了分类，选取能反映工业废水治理效率的投入产出指标，应用 DEA 模型得出各地区工业废水治理的效率值，通过 Malmquist 指数确定了工业废水治理效率的变化趋势。[②] 郭志仪、姚慧玲通过剖析我国工业水污染产生的内在原因，提出我国工业水污染是地方政府、企业和公众在政治市场上博弈的结果假说。采用 1997—2008 年我国30 个省份的动态面板数据，利用广义矩（GMM）方法对"政府—企业—公众"的博弈模型进行环境污染实证检验，得出地方政府与企业的合谋是导致工业水污染的重要因素的结论。[③] 牛坤玉、於方等利用 SPSS 的比较均值以及探索分析工具，以主要污染物去除效率，废水处理设施运转情况及企业废水治理设施投资和运行状况为评估指标，分析中国工业行业的水污染治理状况。提出尽快制定关于工业企业废水处理设施运行规范性文件，加强工业企业的废水治理运行过程的监督和管理，重视对民营企业的环境管理工作等治理对策。[④]

3. 农村经济水环境治理

罗利民等针对农村区域水环境经济的运行和多目标决策，建立多个数理分析模型组成农村水环境经济系统模型库。在数据库和模型库的基础上，采用可视化手段，并结合实际案例，建立农村水环境经济决策支持系统。[⑤] 陈晓宏、陈栋为等引入利益相关者理论对我国农村

①　全玉莲、郭慧玲、梁红等：《水污染治理投资与工业废水排放的关系研究》，《节水灌溉》2008 年第 6 期。
②　陈旭升、范德成：《中国工业水污染状况及其治理效率实证研究》，《统计与信息论坛》2009 年第 3 期。
③　郭志仪、姚慧玲：《中国工业水污染的理论研究与实证检验》，《审计与经济研究》2011 年第 5 期。
④　牛坤玉、於方、曹东：《中国工业水污染治理状况分析：基于污染源普查数据》，《环境科学与技术》2014 年第 S2 期。
⑤　罗利民、谢能刚、仲跃等：《区域水资源合理配置的多目标博弈决策研究》，《河海大学学报》（自然科学版）2007 年第 1 期。

水污染治理降低污染风险的驱动因素进行了识别。[①] 通过对农村水污染系统内的利益相关者进行界定，划分了政府、农村社区居民和社会力量3个利益群体，并通过 Binary Logistic 回归模型对3个利益群体的驱动力进行量化分析。杜焱强、苏时鹏等探讨政府、企业、村民和村委在水环境治理过程中的责任要求与行为关系，应用博弈论分析政府—企业之间的不完全信息的动态均衡和政府—企业—公众之间的不完全信息的静态均衡。[②] 秦腾、章恒全基于资源环境约束理论，构建农业发展的水环境约束模型，对长江流域农业发展中的水环境约束强度进行测度，并采用 Bootstrap 回归模型对水环境约束强度的影响因素进行了实证分析。[③] 许玲燕、杜建国等利用演化博弈模型，分析地方政府、企业和农户三方博弈主体在农村水环境治理行动中的演化过程。研究结果表明只要政府和企业联合行动以切实保障农户的利益，就有利于促进农村水环境质量提升，并提出促进三方共同参与、保障农户利益的农村水环境治理行动对策建议。[④]

三　水资源环境与区域经济协调发展研究

（一）水资源—环境—经济社会复合系统

张智光、姚惠芳以多目标、多变量随机决策分析理论和方法为指导，系统地研究南京市水环境—大气环境—经济系统协调发展的宏观决策问题。并把通常的污染控制问题加以推广，把水环境、大气环境、工业经济和污染控制作为一个有机整体，研究环境—经济系统优化及仿真数学模型。[⑤] 王西琴、周孝德基于改进的经济、环境、资源、污染治理投入产出模型，建立了区域水环境经济多目标优化规划模

①　陈晓宏、陈栋为、陈伯浩等：《农村水污染治理驱动因素的利益相关者识别》，《生态环境学报》2011年第8期。

②　杜焱强、苏时鹏、孙小霞：《农村水环境治理的非合作博弈均衡分析》，《资源开发与市场》2015年第3期。

③　秦腾、章恒全：《农业发展进程中的水环境约束效应及影响因素研究——以长江流域为例》，《南京农业大学学报》（社会科学版）2017年第2期。

④　许玲燕、杜建国、刘高峰：《基于云模型的太湖流域农村水环境承载力动态变化特征分析——以太湖流域镇江区域为例》，《长江流域资源与环境》2017年第3期。

⑤　张智光、姚惠芳：《南京市水环境—大气环境—经济系统优化及仿真模型》，《中国环境科学》1995年第6期。

型，以宏观经济子模型及其他子模型为基础，以多目标优化规划模型为核心，并在多目标分析模型中集系统要素为一体①，具有预测、模拟、优化及决策分析等功能。陈守煜、朱文彬将水资源、环境与经济发展视为一个相互关联的巨系统，运用系统模糊决策、模糊优选神经网络、结合专业知识的大系统递阶优化等理论、模型与方法，建立水资源开发与经济发展的协调管理模式。② 唐德善、张伟等分析了太湖流域与日本在经济发展和水环境变化过程中的相似性，借鉴日本对水环境的治理对策分析经济发展与水环境之间的密切关系，提出应该采取"人口—资源—环境—经济"（PREE）协调发展的方式。③ 钟淋涓、方国华等通过研究水资源与社会经济、水资源与生态环境、生态环境与社会经济的相互作用关系，得出水资源、社会经济、生态环境三者之间具有相互联系、相互制约、相互促进的复杂关系，最后指出三者的最合理发展方式是以水资源的可持续利用支持社会经济和生态环境的可持续发展。④

（二）协调发展及耦合关系评价

1. 协调发展指标评价法

李瑜、庄会波等提出水资源与环境、社会经济协调发展评价的指标体系、定量方法与分级标准，按协调程度对山东省水资源进行综合评价，并划分为7个类型区。⑤ 李湘姣从水资源、社会经济、环境三方面协调发展评价角度出发，提出一套综合评价指标体系、定量分析方法、分级标准，并按照协调程度对广东省以地级行政区为单元进行

① 王西琴、周孝德：《区域水环境经济系统优化模型及其应用》，《西安理工大学学报》1999 年第 4 期。
② 陈守煜、朱文彬：《大连市水资源、环境与经济协调可持续发展研究》，《水科学进展》2001 年第 4 期。
③ 唐德善、张伟、曾令刚：《水环境与社会经济发展阶段关系——太湖流域与日本之比较研究》，《水资源保护》2004 年第 2 期。
④ 钟淋涓、方国华、国延恒：《水资源、社会经济与生态环境相互作用关系研究》，《水利经济》2007 年第 3 期。
⑤ 李瑜、庄会波、宋秀英等：《山东水资源与环境社会经济协调发展综合评价》，《水文》2003 年第 2 期。

综合评价分析，将全省划分为 6 个不同类型区。① 赵翔、陈吉江等基于生态水文学及可持续发展原理、水资源与社会经济及生态环境关系机理，确定了水资源与社会经济生态环境协调发展评价的 37 个指标，分别反映水资源状况、水资源开发利用程度、缺水与需水、经济水平和环境状况 5 大特性。② 确定 14 个指标作为评价指标，并通过专家咨询法进行权重赋值，运用"和谐度"概念作为评价思路，建立了和谐度评价数学模型，将评价结果分为较和谐、一般、不和谐和极不和谐4 个等级。戎丽丽、胡继连为定量分析和评价水资源、水环境与经济增长的协调关系，运用山东省 2001—2014 年的数据，应用 Tapio 脱钩弹性系数模型对水资源、水环境与经济增长的脱钩状况进行实证研究。③

2. 耦合系统评价法

关伟通过对水资源—生态环境—经济社会耦合系统互动关系分析可持续发展模式，采用模糊隶属度描述可持续度来衡量复杂水资源系统可持续发展水平的评价方法，并结合辽宁省水资源开发与利用的实际情况，研究区域水资源可持续利用与经济社会协调发展的关系④。杜湘红采用水资源环境与社会经济协调发展评价函数，构建灰色关联度模型对洞庭湖流域 24 个县市系统耦合度及动态耦合过程仿真测度⑤，结果表明：耦合态势可分为倒"U"形、"U"形和单向递增型三种不同类型，与差异化的水资源条件和社会经济发展水平有关。张凤太、苏维词构建水资源—经济—生态环境—社会系统耦合评价指标体系，经过主客观综合权重法赋权后，对 2000—2011 年水资源—经

① 李湘姣：《广东省水资源与社会经济、环境协调发展评价分析》，《人民珠江》2004年第 5 期。

② 赵翔、陈吉江、毛洪翔：《水资源与社会经济生态环境协调发展评价研究》，《中国农村水利水电》2009 年第 9 期。

③ 戎丽丽、胡继连：《区域经济增长与水资源环境协调发展的脱钩状况评价——基于山东省的实证分析》，《价格理论与实践》2016 年第 12 期。

④ 关伟：《区域水资源与经济社会耦合系统可持续发展的量化分析》，《地理研究》2007 年第 4 期。

⑤ 杜湘红：《水资源环境与社会经济系统耦合建模和仿真测度——基于洞庭湖流域的研究》，《经济地理》2014 年第 8 期。

济—生态环境—社会系统进行定量评价并分析其耦合协调特征。结果表明，贵州省水资源—经济—生态环境—社会系统的耦合协调性较小，波动幅度也较小，但耦合度普遍高于协调度。水资源—经济—生态环境—社会系统的耦合度处于较低水平耦合阶段和拮抗阶段。协调度全部处于低协调度的耦合阶段，而且各子系统的协调度相差较小。①

通过以上文献资源的分析可见，水资源环境与区域经济相关研究的趋势：①从定性评价为主转向定量评价为主；②研究已经深入多层次、多维度和多视角。但是还存在以下不足：①研究较零碎和分散，缺乏较系统化的整理；②水资源与水环境一体化研究偏少。

第三节　研究内容及研究框架

一　研究目标

研究目标主要体现在：①通过多维度地分析水资源环境与区域经济系统的耦合机理，更深入认识和研究它们的相互作用关系。②通过多维度的耦合系统综合评价，可以促进水资源环境与区域经济系统更加协调发展以及优化。③通过水资源环境多主体协同治理机制的研究，为建设和完善当前的水资源环境治理制度提供借鉴和保障。

二　研究内容

在对区域经济理论、水资源经济、耦合系统评价理论等基础理论综述的基础上，本书拟在区域绿色经济发展观的指导下，研究水资源环境与区域经济耦合系统的多维度、多视角评价问题，最终目的是实现水资源环境对区域经济耦合协调发展的多主体协同治理。具体研究内容包括以下几个方面：

（一）水资源环境与区域经济系统的耦合机理

水资源是经济发展的基础，是区域经济社会发展的生命线。水资

---

① 张凤太、苏维词：《贵州省水资源—经济—生态环境—社会系统耦合协调演化特征研究》，《灌溉排水学报》2015 年第 6 期。

源对经济社会的支撑作用首先体现为满足人类基本的用水需求，人类只有在满足自我生存用水需求的前提下，才能从事经济活动。在满足人类基本生活用水要求下，水资源对经济社会发展的支撑作用主要体现为生产用水。对农业而言，水资源是农业的血液，是一切农作物生存生长所必需的物质基础。对工业而言，水资源是工业生产的命脉，几乎所有的工业生产都离不开水的参与。对城市而言，水资源是整个城市的生命线，对城市功能、城市布局以及城市的发展速度等方面都具有决定性的作用和影响。因此，研究水资源环境与区域经济系统的耦合机理对于如何促进两者的协调发展具有重要意义。

本书拟进行以下研究：①从自然水循环和社会水循环视角研究耦合机理；②通过物质流分析方法进行耦合机理分析；③从压力—状态—影响（PSR）三个方面指标分别对水资源环境与区域经济系统的耦合机理进行分析。

（二）水资源环境与区域经济耦合系统的综合评价

水资源环境与区域经济的耦合具有多维度、多视角性，因此，需要从多层次进行评价研究。本书拟从以下几方面进行：

1. 从"压力—状态—响应"PSR 视角进行评价

PSR 模型使用"压力—效应—响应"的思维逻辑，体现人类与环境之间的相互作用关系。人类通过各种活动从自然环境中获取其生存与发展所必需的资源，同时又向环境排放废弃物，从而改变了自然资源储量与环境质量，而自然和环境状态的变化又反过来影响人类的社会经济活动和福利，进而社会通过环境政策、经济政策和部门政策，以及通过意识和行为的变化而对这些变化做出反应。如此循环往复，构成了人类与环境之间的压力—状态—响应关系。本书从区域经济发展对水资源开发造成影响和压力，使水资源及水环境状态发生不同程度的改变，而面对日益恶化的水环境，人类社会必然做出对水环境的响应，即进行综合治理。

2. 从结构关联效应及效率视角进行评价

物质流分析是在一个国家或地区范围内，对特定的某种物质进行工业代谢研究的有效手段，它向我们展示了某种元素在该地区的流动模式，可以用来评估元素生命周期中的各个过程对环境产生的影响。本书根据物质流分析思想，将水要素在区域经济社会系统中的流动分为五个阶段，每个阶段选择相应的评价指标，对耦合系统的水物质流结构状态进行评价。

效率是成本与收益之间的比值，它本身是经济学的概念。很多关于效率的研究是从资源配置的角度进行分析的，在不同的时代，效率的内涵有所变化。在生态平衡状态良好的情况下，效率是指资源配置实现了最大的价值，效率的核心就是资源的有效利用。本书从水资源开发效率、水资源利用效率、用水排污效率、污水处理设施投资、污水处理投资效率等方面分别进行评价，每个方面选择相应的评价指标，对水资源开发利用排放全过程进行评价。

3. 从水资源环境与区域经济发展脱钩关系视角进行评价

脱钩指数用于反映具有相应关系的两个或多个物理量之间的响应关系是否存在，即两者是否存在依赖关系。通过应用脱钩弹性模型以及脱钩弹性的分解详细计算水资源环境与区域经济发展间的脱钩关系。

4. 从水资源环境与区域经济系统耦合协调度视角进行评价

系统耦合是指两个或两个以上的系统之间存在紧密的联系，并且通过系统间的物质、能量和信息的不断交换与流动，使各个系统耦合成一个更紧密的整体，并按照某种结构和功能耦合而成的新系统，在功能和结构上能够弥补原有系统的不足，使新系统做到可持续发展。因此，通过耦合协调度的评价测度各子系统间的协调促进程度。

（三）水资源环境与区域经济耦合系统的协同治理

水资源治理涉及的主体多元，包括国家、国际组织、社会力量等方面，治理对象不仅仅是水资源，还包括使用水资源的行为体，因此，水资源治理通常运用可持续发展理念，并且需要适当的制度安排和治理机构的主导。通过水资源环境的协同治理，设定以系统演进的总体目标为总目标，在协同治理的过程中对多样的目标进行有效汇聚和整合，形成系统各方共同认同的根本目标——维护和实现公共利益。

1. 流域水资源环境协同治理的组织体系

首先分析水资源环境治理的对象和协同对象以及协同治理的目标，其次构建由纵向流域和行政区相结合、横向以地方政府和职能部门为中心的流域水资源环境协同治理的组织体系。

2. 协同治理重点之一：政府间的协同治理

政府间的协同治理首先是目标的协同，其次建立由信息公开、利益协调、相互沟通、水污染问责等机制构成的政府间协同治理机制。

3. 协同治理重点之二：政府主导的多主体参与网络协同治理

首先研究政府在网络协同治理中的地位和作用，其次分析网络协同治理模式的基本要素，最后提出由合作机制、协调机制、信任机制和维护机制构成的多主体协同治理机制。

4. 系统耦合全过程的水资源环境治理措施

水资源环境与区域经济系统耦合的过程可以分为水资源的开发利用过程、水资源的合作过程以及污水排放过程等阶段，分别研究每个阶段进行水资源环境治理的措施。

三　研究方法与技术路线

（一）主要的研究方法

本书在研究中注意运用多种方法进行分析和论述，以求从多方面、多角度来分析把握这一命题，主要有以下几种基本研究方法：

（1）运用系统理论观点将水资源环境与区域生态经济的耦合看成一个系统进行研究。既分析研究水资源环境和区域生态经济系统，又综合水资源环境与区域生态经济的耦合系统进行系统分析，体现了系统的整体性。

（2）采用多学科交叉的方法。本书以区域经济学、水资源经济学、系统理论、治理理论等为指导，在借鉴国内外相关研究成果，如水资源复合系统、评价理论等的基础上，针对水资源环境与区域生态经济耦合的特征，提出水资源环境与区域生态经济耦合系统的系统分析与评价的新概念、新思路和新方法。

（3）定量分析与定性分析相结合的方法。本书综合运用生态学、管理学、系统科学、水利工程及控制理论等多学科的理论，对跨流域调水对区域生态经济的影响进行定性的分析研究，又通过大量收集工作，取得一系列数据，反映跨流域调水对区域生态经济影响过程中的数量特征，从而分析客观现状，揭示发展趋势。

（4）理论分析与实证分析相结合的方法。本书的理论分析主要体现在吸收了区域经济学、资源经济学、环境经济学等理论成果，同时还力图将协同治理理论、系统科学及绿色经济理论运用于相关研究；实证研究主要体现在从多种维度和视角进行水资源环境与区域经济耦合的综合评价，以长江经济带的 11 个省市相关数据为案例来分析，以强化指标体系和评价方法的可行性。

（二）研究技术路线

本书研究技术路线如图 1 - 2 所示。

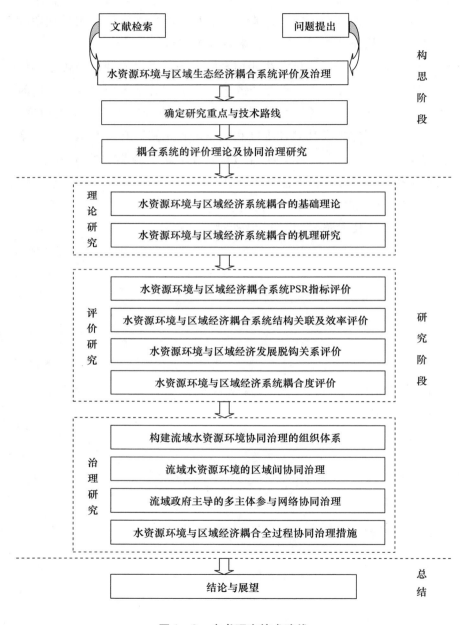

图 1－2　本书研究技术路线

第二章　基础理论

第一节　水资源环境相关概念辨析

一　水资源相关概念

（一）水资源的定义

1. 官方的水资源定义

"水资源"一词最早出现在机构名称中，随后便一直沿用至今，并且其内涵随着时代的变迁不断地丰富和发展。目前，水资源的含义已经比较丰富，对水资源概念的界定也是多种多样，定义有四五十种之多，国际上被公认的官方观点如下：

（1）1984年，美国地质调查局称"水资源指陆面地表水和地下水"。

（2）《不列颠百科全书》中，Kalinin 对水资源的定义为："地球上存在的不论属于哪种状态（气态、液态或固态）的，对人类有潜在用途的天然水体"。直至1963年，英国国会通过的《水资源法》中改写为"（地球上）具有足够数量的可用水源"，即自然界中水的特定部分。

（3）世界气象组织和联合国教科文组织（1988）的《International Glossary of Hydrology》中有关水资源的定义为，水资源是指可资利用或有可能被利用的水源，这个水源应具有足够的数量和合适的质量，并满足某一地方在一段时间内具体利用的需求。

国内官方认可的观点包括：

（1）1981年，全国水资源初步成果汇总技术小组在《中国水资源初步评价》中，定义水资源为"逐年可以得到恢复的淡水量，包括河川径流量和地下水补给量，而大气降水则是它们的补给来源"。[①]

（2）1992年，《中国大百科全书》在不同卷册中对水资源给予了不同解释。如在"大气科学、海洋科学、水文科学"卷中，水资源被定义为"地球表层可供人类利用的水，包括水量（水质）、水域和水能资源，一般指每年可更新的水量资源"。在"水利"卷中，水资源则被定义为"自然界各种形态（气态、固态或液态）的天然水"。

（3）1994年，《环境科学词典》的定义认为水资源是特定时空下可利用的水，是可再利用资源，不论其质与量，水的可利用性是有限制条件的。

（4）国家"七五"至"九五"科技攻关定义："水资源是指在现代水循环过程中可得到恢复和更新的淡水。"水资源总量为扣除重复计算量的地表水资源量与地下水资源量之和。其中地表水资源量是河流、湖泊、水库等地表水体的动态水量，其定量特征为河川径流量；地下水资源量主要是指参与现代水循环而且可以不断更新的地下水水量。

（5）2016年，新版《中华人民共和国水法》第2条规定："水资源包括地表水和地下水。"

2. 资源学视角的水资源定义

不同领域的专家学者对水资源的理解也有差异，如贺伟程（1983）认为，水资源主要指与人类社会用水密切相关而又能不断更新的淡水，包括地表水、地下水和土壤水，其补给来源为大气降水。[②] 黄万里（1989）认为，人类所利用的水资源包括农业用水、工业和生活用水，河槽水流是工农业用剩的水量，不应再计入全国水资源总量。[③] 曲耀光认为，水资源是指可供国民经济利用的淡水资源，它来

---

① 水利部水资源研究及区划办公室：《中国水资源初步评价》，水利部水资源研究及区划办公室全国水资源初步成果汇总技术小组，1981年。
② 贺伟程：《论区域水资源的基本概念和定量方法》，《海河水利》1983年第1期。
③ 黄万里：《增进我国水资源利用的途径》，《自然资源学报》1989年第4期。

源于大气降水，其数量为扣除降水期蒸发的总降水量。施德鸿
（1990）却认为，不能直接把降水、土壤水或地表水称为水资源，犹
如不能把海水、洪水、气态水当作水资源一样，而应把具有稳定径流
量、可供利用的相应数量的水定义为水资源。[①] 张家诚（2005）认
为，降水是大陆上一切水分的来源，但降水只是一种潜在的水资源，
只有降水量中可被利用的那一部分才是真正的水资源。刘昌明等
（2006）的观点是，从自然资源的观点出发，水资源可被定义为与人
类生产与生活有关的天然水源。[②] 陈梦熊则认为，一切具有利用价值，
包括各种不同来源或不同形式的水，均属于水资源范畴。

　　归纳总结水资源的内涵有：①从一般意义上来讲，水资源一般是
指狭义上的生活用水、工业用水和农业用水；也指广义上包括航运用
水、能源用水、渔业用水以及工矿水资源与热水资源等。概言之，一
切具有利用价值，包括各种不同来源或不同形式的水，均属于水资源
范畴。②降水是大陆上一切水分的来源，但它只是一种潜在的水资
源，只有降水中可被利用的那一部分水量，才是真正的水资源。在降
水中可以转变为水资源的部分是"四水"，即水文部门所计算的河川
径流、土壤水含量、蒸发量和区域间径流交换量。③从自然资源概念
出发，水资源可定义为人类生产与生活资料的天然水源，广义水资源
应为一切可被人类利用的天然水，狭义的水资源是指可被人们开发利
用的那部分淡水。因此，就有了水资源广义和狭义的概念，从广义上
讲，包括海洋水、地下水、河川水、湖泊水、沼泽水、冰川、大气水
和永久积雪等，但这些水能被我们直接使用的量很少。所以，通常人
们所说的水资源，主要是指在现有经济技术水平下，人们可以开发利
用的淡水资源，尤其是指江河湖泊地表水和浅层地下水部分，是狭义
的水资源概念。

　　① 施德鸿：《华北地区地下水资源的开发利用及其管理——"六五"（1984—1987）
国家重点科技攻关第 38 项成果简介》，《地球科学进展》1990 年第 4 期。
　　② 刘昌明、李云成：《"绿水"与节水：中国水资源内涵问题讨论》，《科学与社会》
2006 年第 1 期。

3. 经济学视角的水资源定义

从经济学的角度来看，资源主要指自然资源。资源 Resource 在英文中的原意是 "Something that can be used for support or help；An available supply that can be drawn on when needed"。从这个意义出发，并不是所有自然界中的存在物都能归为资源范畴，必须满足三个前提：一是必须有获得和利用它的知识和技术技能；二是必须对所产生的物质或服务有某种需求；三是人类具备开发利用所必需的社会经济条件。由此可以看出，资源是由人来界定的，正是人类的能力和需要，创造了资源的价值。2000 年《经济学解说》将 "资源" 定义为 "生产过程中所使用的投入"，反映了 "资源" 一词的经济学内涵，资源从本质上讲就是生产要素的代名词。也是从经济学中所说的天然禀赋，是重要的生产要素，并具有稀缺性。而在《资源与环境经济学》中，水资源是指具有经济利用价值的自然水，主要是指逐年可以恢复和更新的淡水，降雨是其恢复和更新的途径，地表水和地下水是其存在的形式。①

因此，本书从经济学视角定义水资源是在当前社会经济条件下可以开发利用的，能满足人类社会生产生活需求的重要资源要素。

（二）水资源的属性及功能

从资源的角度看，水资源就具有多重属性，如水资源是不可替代的生活资源，是战略性的经济资源，是控制性的生态资源和环境资源。下面从自然属性和经济属性来分析。

1. 水资源的自然属性

自然属性是指自身所具有的，未施加任何人类活动痕迹的特征。水是自然界的重要组成物质，具有其自身的特征和规律，其自然属性主要表现为循环性、储量的有限性、分布的不均衡性、必然性和随机性以及系统性。

（1）循环性和再生性。水从海洋蒸发，经过大气输送、冷凝，随降水降落至地面，经汇流、河流汇入海洋，周而复始，年复一年地演变，因此，水资源可以经过水循环再生、恢复，能得到永续利用。当

---

① 鲁传一：《资源与环境经济学》，清华大学出版社 2004 年版。

然，水资源的可再生性不是绝对的，而是有条件的，超量抽取地下水，会使一些地区的地下水在人为因素的作用下，由不可耗竭型的可再生资源转化为可耗竭型资源，因此，对不可耗竭型的可再生水资源的开发利用必须考虑其自然承载能力。

（2）储量有限性。水资源处在一个不断消耗和补给的过程之中，因而在某种意义上说水资源是"取之不竭"的。但从水量动态平衡的角度分析，只有水资源在某一期间的消耗量接近补给量时才能维持水资源的均衡状态。而事实上全球淡水资源的储量是十分有限的，且集中于极地冰川和冰盖之中，人类能直接利用的淡水资源仅占全球总水量的 0.26%。可见，水循环是无限的而水资源的储量是有限的。

（3）分布不均衡性。自然界中水资源的分布具有一定的时间性和空间性，全球目前水资源的分布情况是大洋洲的分布径流模数平均值为 51.0 升／秒·平方千米，亚洲为 10.5 升／秒·平方千米，最高与最低间存在数倍或十倍的差距。我国水资源的区域分布也极不均衡，表现为东南多、西北少，沿海多、内陆少，山区多、平原少，且时间分布差异也比较大，这种差异主要是因为季节的变化形成，呈夏多冬少的特点。

（4）流动性和随机性。流动性是指在重力作用下，水总是自高而低、自上而下流动，而最终汇入海洋。随机性是指水资源的演变受水文规律的影响，年、月之间的水量均发生变化，有丰水年、枯水年和平水年之分，有连丰、连枯情况，有丰水期和枯水期，而且这种变化是随机的。

（5）系统性和整体性。水资源是由一定的物质结构组织而成的统一整体，即无论地表水、地下水、土壤水都有一定的联系，是一个有机的整体。因此，孤立地将某一水源地或某一含水层单独看待、开发利用，将会引起各种水事纠纷、造成水资源浪费、导致水质恶化和水环境质量下降。

2. 水资源的经济属性

正确认识和把握水资源的稀缺性、不可替代性、再生性和波动性四大经济特性，对于水资源在开发利用过程中，通过价格机制的作用，达到水资源的优化配置具有重要意义。

（1）稀缺性。经济学认为，稀缺性是相对于消费者的需求来说可供给的数量有限，理论上分为经济稀缺性和物质稀缺性。如果水资源的绝对数量并不少，可以满足人类相当长时期的需要，但是由于获取水资源需要投入生产成本，而且在投入一定数量生产成本的条件下可以获取的水资源数量是有限的，供不应求，称为经济稀缺性，如果水资源的绝对数量短缺，不足以满足人类相当长时期的需要，称为物质稀缺性。当今世界，水资源既有物质稀缺性，可供水量不足；又有经济稀缺性，缺乏大量的开发资金。

（2）不可替代性。水是一切生命赖以生存的基本条件，是人类生存和发展不可或缺的物质，是不可替代的。水使人类及一切生物所需的养分溶解、传输。此外，水资源功能中的部分功能或工业生产的某些环节是可替代的，如工业冷却水可用风冷替代，水电可用火电或核电替代，但是这种替代在经济上较昂贵，缺乏经济可行性。在成本上是非对称的，即用水是低成本的，而替代物是相对高成本的，这种替代往往要付出更大的成本，在这种情况下，水的资源功能在经济上也是相对不可替代的。

（3）市场的区域性。水资源受区域自然条件的限制，受输水工程范围的控制，在供给上呈现明显的区域性。水资源只能在当地开发，在输水工程覆盖的范围内使用和消费。由于供水的区域性，水资源市场形成自然垄断，区域内只有一家或少数几家水企业进行水资源开发利用和供给，水价为垄断价格，不存在市场竞争，水价只有区域价格。

（4）公共物品性。公共物品和私人物品是对应的，是能提供给社会成员共享的物品。对公共物品的消费具有非竞争性，即某人对公共物品的消费不会影响他人同时对该公共物品进行消费。与水相关的很多产品或服务具有公共物品的特征，比如水情检测、水文研究、水环境保护，能够使公众普遍受益。各种水利设施，包括防洪设施、河道治理、水利枢纽、治污工程，所需投资一般较大，外部性较强。

（5）外部性。水资源的使用者在使用水后，将会在水的供给量、水的质量等方面对其他使用者产生影响。如河流用水中，同一流域的水用户之间存在着直接的外部影响，当在一条河流的上游进行抽水灌溉时，一方面减少了下游地区的用水量；另一方面上游地区一部分用过的灌溉用水要回流到河流的下游。地下水的使用也存在外部性，某个水泵先抽水时，将迅速降低水泵周围的地下水位，因而处于该水泵周围而后抽水的水泵抽水深度将增加，用水成本也相应增加。地下水与河流水的利用之间也存在外部性，地下水的抽取将引起河流水补充地下水，造成河流水量的减少，河流水的大量使用将引起地下水位下降。

（6）非排他性。非排他性指无法或很难排除他人对公共物品的同时使用，非排他性资源是个人可以免费使用而社会必须为个人的使用付出代价的资源。水通常是液体，通过流动、蒸发、渗透在水圈循环，在现有技术条件下，很难规定水圈中某部分水属于某人所有，即使规定，也无法保证这部分水不被别人使用。由于这种物理特性，水属于经济学中的排他成本很高的资源，因此，水资源的物理特性决定了很难对其规定与普通商品相同的排他性产权，水资源具有非排他性。

3. 水资源的功能

水资源是生态环境的基本要素之一，作为一种基础性资源创造并维持着人类生存与发展的生态环境。同时水资源也是一种社会经济商品，为人类的经济活动提供了源源不断的物质和能量，发挥着多种功能与作用，实现了生态系统与外部环境之间的物质循环与能量转化。对水资源功能的认识有助于全面认识水资源的价值和科学合理地开发利用水资源，达到水资源利用的生态效益和经济效益最优化。

（1）生态服务功能。水资源是整个地球生态系统的控制性要素，创造与维持了人类赖以生存与发展的生态环境条件。在经济建设中，水资源发挥着多种作用，如市政供水、灌溉、水力发电、航运、水产养殖、旅游娱乐等。同时，水资源又是人类的生存环境中不可替代的因子，具有维持自然生态系统结构、生态过程与区域生态环境的功能，表现为稀释降解污染物质、提供生境及美化环境等服务功能。

（2）经济服务功能。自社会经济系统取用水开始，水资源便具有了特定的社会经济服务功能，即维持人类的生产和生活活动的功能，为人类社会经济发展提供物质和精神产品。水资源经济服务功能主要体现在农业用水、工业用水、生活用水、发电、航运、渔业、景观等方面，也即第一产业用水、第二产业用水和第三产业用水产生的经济价值。

（三）水资源系统及水资源产业

1. 水资源系统

水资源系统是指在一定时间、空间内，可为人类利用的各类水体中水资源构成的统一体。水资源系统的水源包括大气水、地表水、土壤水和地下水，还包括经处理后的污水和从系统外调入的水。各类水源之间相互联系，并遵循一定规律进行相互转化，具有明显的整体性、层次性和功能性。在更广泛的意义上，水资源系统由多水源，包括地表水、地下水、外调水及污水处理回用水、土壤水等；多用户，包括生活、工业、农业、人工生态和天然生态用水等；多工程，包括蓄水工程、引水工程、提水工程、污水处理工程、小流域治理工程、节水改造工程等；多水传输系统，包括地表水传输系统、外调水传输系统、弃水污水传输系统和地下水的侧渗补给与排泄关系、补给天然生态的土壤系统等组成。因此，区域水资源系统是一个天然的、复杂的大系统，它不仅与降水、径流等自然规律有关，而且受人类活动的影响，改变了原有的水资源系统结构、径流工程及作用机理等，使原来的水资源系统更加复杂。

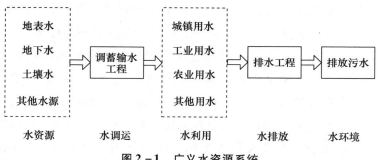

图 2-1　广义水资源系统

2. 水资源产业

目前，人们对于水资源产业的认识还处于讨论中，世界各国对水资源产业的定义尚没有统一的标准，对水资源产业的组成及其范围的理解也没有统一的说法。从资源产业视角界定出发，资源产业是通过政府和社会投入进行保护、恢复、再生、更新、增值和积累自然资源的生产和再生产活动的集合。广义上资源产业包括资源开采前、开采中、开采后的一切资源经济活动，是全部资源的生产和再生产活动的集合，包括狭义的资源产业和资源原料产业两个部分，如水资源产业包括水资源开发前的普查、监测、保护等生产活动为水资源产业，开发时的控制、调配、输水等开发利用水资源过程为水资源原料产业。赵敏、余文学认为，所谓的水资源产业，是指水资源的再生产活动。水资源再生产是根据人类进步和社会发展对水资源的需求，通过社会投入进行保护、恢复、再生、更新、增值和积累水资源的生产过程。[①]廖军、张进等认为，水资源产业可分为传统产业和现代产业。水资源的传统产业包括四大产业：一是城乡给水、排水、工业用水、居民用水、污水处理产业等；二是农业灌溉、防洪、防旱、跨流域供水产业等；三是节水、护水、修复生态、水循环经济产业等；四是水电、水运、水产、水设备设施及水科技教育产业等。[②] 随着引入市场机制和企业化产业化运作方式，将会涌现出四大新型的水资源产业：一是水资源金融产业，水银行、水股票、水期货、水交所、水基金等；二是为水产业服务的现代服务业，如水资源的多种中介、网站、评估、咨询机构；三是新型的融合了高新技术的"功能水"产业；四是代表未来发展趋势的海水淡化、固态水（南北极）、大气水的利用及其关联产业。王福林认为，水资源产业是以水资源为基础，以水资源的合理配置为对象，包括水资源的开发、利用，水资源的节约、保护，水害的治理与防治三类活动的产业。

---

① 赵敏、余文学：《论水资源产业管理》，《资源开发与市场》1993 年第 4 期。
② 廖军、张进、周浩：《从我国水资源特点看水资源产业化发展》，《农村经济与科技》2009 年第 11 期。

从产业经济学视角，产业通常指具有某种同类属性的，具有相互作用的经济活动组成的集合或系统。因此，水资源产业指以水资源合理开发、利用、节约、保护、治理等相关的经济活动的统称。随着人们对水资源的重视和利用程度，会演化和延伸出许多新型相关水资源产业。

二　水环境相关概念

（一）水环境的定义

1. 官方的水环境定义

水环境是构成环境的基本要素之一，是人类社会赖以生存和发展的重要场所。水环境问题是由于自然因素和人为影响，使水体的水文、资源与环境特征向不利于人类利用方向演变而产生的。

《中华人民共和国国家标准 GB/T50095—98》中，水环境（water environment）是指围绕人群空间及可直接或间接影响人类生活和发展的水体，是正常功能的各种自然因素和有关的社会因素的总体。

《中国水利百科全书》将水环境描述为由传输、储存和提供水资源的水体生物生存、繁衍的栖息地以及纳入的水、固体、大气污染物等组成的进行能量、物质交换的系统，它是水体影响人类生存和发展的因素以及人类经济社会活动影响水体的因素的总和。

《中国大百科全书·环境卷》中并无水环境条目。传统的水环境研究，通常比较单一地指向水体的质量状态，即水污染问题，这是狭义水环境的研究。至今，对于流域和水系的水环境问题研究，也经常指水污染问题。尽管水污染是水环境中一个重要因子，但并不能反映水环境的完整属性。

2. 专家学者的不同观点

陈晓宏、江涛认为，水环境包括地球表面上的各种水体，如海洋、河流、湖泊、水库以及储存于土壤、岩石空隙中的地下水。水体或水域是水汇集的场所，在各种水体中，除水之外，还包括底质和水生生物等。因此，全面研究水环境应包括研究水、底质和水生生物。[1]

---

① 陈晓宏、江涛：《水环境评价与规划》，中山大学出版社 2001 年版。

高升荣认为，水环境是以水资源为中心，与水资源有关诸要素的集合，这些要素既包含自然因素，又包括与人类相关的社会因素、经济因素等，因此，水环境分为自然水环境和制度水环境两大要素①，自然水环境是指一切影响水的存在、循环、分布以及其化学和物理特征的各种自然因素的总体，主要有气候、降水、植被、地形、河流水系、湖泊等，制度水环境是指确定个人或集体在开发、配置和利用水资源中行为的规则。薛惠锋等认为，水体污染是指排入水体的污染物在数量上超过了该物质在水体中的本底含量和自净能力，从而导致水体的物理特征、化学特征发生不良变化，破坏了水中固有的生态系统，破坏了水体的功能及其在人类生活和生产中的作用。② 彭静、李翀等把水环境理解为围绕人群空间，可直接或间接影响人类生活和社会发展的水体，是正常功能的各种自然要素和社会要素的总和，是以水体为核心，具有自然和社会双重属性的空间系统。③ 总结广义的水环境应具有两个方面的内涵意义：①水环境的单个要素，包括水体、流量及流态，水循环空间、下垫面及岸坡周边以及它们的组合方式。②与水体污染相对应的水体质量。前者可称为水环境的组成状态，它形成了水环境的物理空间。后者可称为水环境的质量状态，它与水环境的物理、化学及生态属性有着密切的关系。

综上所述，水环境有广义和狭义之分。广义的水环境是围绕人群空间、直接或者间接影响人类生活和社会发展的水体的全部，是与水体有反馈作用的各种自然要素和社会要素的总和，具有自然和社会双重属性的空间系统。狭义的水环境仅将水环境质量污染问题考虑在内，并仅以水质恶化、水体污染作为水环境的衡量标准。

① 高升荣：《水环境与农业水资源利用》，博士学位论文，陕西师范大学，2006 年。
② 薛惠锋等：《水资源与水环境系统工程》，国防工业出版社 2008 年版。
③ 彭静、李翀等：《广义水环境承载理论与评价方法》，中国水利水电出版社 2006 年版。

（二）水环境的特征

彭静等在研究可持续发展的水环境以及席凌[①]在对水环境治理管理问题的研究中，总结了水环境具有以下特征。

1. 动态性及容量有限性

水具有流动的特性，当水环境处于运动状态时，其质量状况是变化的，在受到诸如气候、生态环境等自然现象或者环境保护政策改变、公众环保意识增强等外界因素影响时而不断变化。水环境又并非是可以无限制利用的，它提供的资源具有稀缺性，它提供的污染物容纳场所具有容量限制性。

2. 系统性及整体性

水环境是由各种自然要素和社会要素构成的有机整体，这些构成要素并非单一存在，而是相辅相成的，既相互制约又相互依存，一方要素发生变化必定引起整个水环境系统的改变。一个区域的水环境状况，与整个流域息息相关，同时也反过来影响到其他区域乃至流域的水环境。如上游的水土流失造成中下游河段的淤积和萎缩；一个区域的水污染通过流动和扩散污染其他区域；水量的空间调控在改善一个区域水环境条件的同时，对另一区域造成不利影响；地表水的过度开发造成地下水的补充不足等。

3. 地域性及经济相关性

水环境与一个国家、地区、流域等的自然条件、社会经济发展阶段、经济发展水平、投资能力等诸多因素密切相关。我国水环境资源分布范围较广，不同地域的水环境存在的自然条件、水质状况等要素也不尽相同。需要保持一种利用和保护的平衡关系，协调经济发展和水环境的关系，其根本目标是支撑经济社会的可持续发展，即包括经济增长和生存环境质量改善的协调发展。

4. 公共物品性

从经济学方面看，水环境属于一种纯公共物品，同时兼具非排他

---

① 席凌：《当前我国水环境管理存在的问题与对策研究》，博士学位论文，山东大学，2008 年。

性和非竞争性，并且不只向具体的人或利益集团提供，而是面向一切消费者，无法在消费者之间进行分割。

三 水资源与水环境的辩证关系

（一）水资源与水环境概念范围之争

1. "水资源包含水环境"说

联合国环境规划署（1972）对资源的定义为：自然资源是指在一定条件下，能够产生经济价值，以提高人类当前和未来福利的自然环境因素的总和。由此，土壤、水、草地、森林、野生动植物、矿物、阳光、空气等自然要素和这些要素所构成的地理空间，也就是通常所说的生态环境，亦即自然环境，统称为自然资源。所以，自然资源从广义上来说，不但包括矿藏、森林、草原等能直接带来经济效益的资源，也包括阳光、空气等一部分自然要素，它们能间接带来经济效益。按照上述资源的定义，环境也是一种资源。李金昌[①]称各种自然资源都是构成环境的要素，环境也是一种自然资源。

由资源包含环境说可以得到水资源作为资源的重要组成部分，水环境是环境不可或缺的部分，则存在水资源包含水环境说。基于这样的角度，水环境因为有用而成为一种资源，水环境也因此成为水资源的一部分。水环境的状态恶化会使其作为资源的价值下降甚至消失，这是水环境改变水资源的一个重要方面。

2. "水环境包含水资源"说

《中华人民共和国环境保护法》（2015年版）第二条将环境定义为：环境是指影响人类生存和发展的各种天然的和经过人工改造的自然因素的总和，包括大气、水、海洋、土地、矿藏、森林、草原、湿地、野生生物、自然遗迹、人文遗迹、自然保护区、风景名胜区、城市和乡村等。霍斯特·西伯特著的《环境经济学》一书中指出，环境概念中包括自然资源，环境问题不仅包括一般的环境污染问题，还包

---

① 李金昌：《环境价值及其量化是综合决策的基础》，载《迎接新世纪的挑战：环境与发展理论文集》，中国环境科学出版社1996年版。

括自然资源耗竭的问题。①

环境是指所研究对象周围一切因素的总体。水环境是以水资源为中心，与水资源有关诸要素的集合。这些要素既包含自然因素，又包括与人类相关的社会因素、经济因素等。将水环境分为自然水环境和制度水环境两大要素，自然水环境和制度水环境共同作用，影响着地区的水资源利用状况的同时，自然水环境与制度水环境之间的关系又是相互影响、相互制约的。因此，形成了"水环境包含水资源"的观点。

（二）水资源与水环境关联分析

1."三位一体"观点

水的三个层面包括水资源、水环境、水生态，三者既有区别又有密切联系。水资源偏重于数量特征，水环境偏重于质量特征，水生态则是由两者共同支撑的功能体现。从目前的活动特点来看，水资源以开发利用为主，水环境以治理改善为主，水生态以保护修复为主。

（1）水资源开发利用强调水资源的合理配置和高效利用，通过合理开发、优化资源配置、全面节约水资源等手段，实现水资源利用效率和效益的提升，维持水资源承载力，提高水资源的可持续利用。

（2）水环境治理强调控制水资源使用过程中的工业污染、城镇生活污染，防治农业面源污染，实现预防、控制和减少水环境污染和生态破坏的目的。需要注意的是，水体本身并不含污染物，水污染物是在水资源使用过程中产生的，因此，水污染问题在于水资源的开发利用。

（3）水生态保护与修复强调为保障水生态系统健康及水资源安全而开展的防治水土流失、强化水源涵养、维护生物多样性、湿地保护、生态空间用途管制、管控水生态系统损害行为等工作。通过水生态保护与修复，避免水生态空间被压缩、保证水资源的可持续性、提高水生态系统自净能力、遏制水生态环境的恶化，推动水量—水质—水生态三方面的良性循环发展。

---

① 霍斯特·西伯特著：《环境经济学》，蒋敏元译，中国林业出版社2002年版。

2．同一事物不同视角的观点

宫本宪一（2004）认为，水取之于环境，可作为原料用于发电、冷却等过程。水经过资源——环境——资源的不断循环，成为资源的水（水利）和环境中的水（水保护）。[①] 资源在经济活动内部作为经济财富被利用，而环境就不是直接的经济财富，而是像河川及湖泊等景观一样，是人类活动的基本条件。毋庸置疑，一旦作为资源而利用的水被污染或因浪费而枯竭，就会发生环境破坏或公害，所以资源问题与环境问题又是相互关联的。彭静、李翀认为，水资源特指作为资源价值被人类生产、生活开发利用水的多少，即"水量"。而水环境特指水质状况，即"水质"。无论是从资源的开发利用，还是从水污染的控制与保护角度，水量和水质之间的联系都是如此的密切，决定了它们必定是同时属于一个水概念中的两个方面。贺瑞敏认为，水资源和水环境是从不同角度对水的理解和定义。[②] 从资源的角度，水资源重点强调在一定技术条件下，自然界的水对人类社会的有用性或有使用价值。基于经济学角度，狭义的水环境因为有用而成为一种资源，水环境也因此成为水资源的一部分。水环境的状态恶化会使其作为资源的价值下降甚至消失，这是水环境改变水资源的一个重要方面。从环境的角度看，水环境是人类和生物生存的水的空间存在，即生存环境，此时，水资源是水环境的一部分。

本书借鉴彭静、李翀等的观点，水资源和水环境是从不同角度对水的理解和定义。如果从环境的角度，我们所说的"水环境"是人类和生物生存的水的空间存在，即生存环境，此时，资源是环境的一部分，水资源条件不同，给予人类的生存环境也就不同。如果从生存环境看，水资源对人类社会的物质贡献是来源于水环境的，水资源开发利用是改变水环境的一个重要方面。

---

① 宫本宪一：《环境经济学》，生活·读书·新知三联书店 2004 年版。
② 贺瑞敏：《区域水环境承载能力理论及评价方法研究》，博士学位论文，河海大学，2007 年。

第二节　绿色理念下的区域经济系统分析

一　绿色经济概述

西方绿色运动起源于对自工业革命以来或现代化进程所出现的种种环境、经济和社会问题的反思。为解决世界经济发展的不可持续性难题，联合国环境规划署（UNEP）提出了"绿色新政"（Great Green New Deal）发展策略，旨在重新定位全球经济的发展方向，解决全球经济发展的碳依赖问题和环境生态问题。该计划拟通过在全球范围内大力发展绿色经济来扩大需求，提高就业率，刺激经济增长，建立可持续经济发展模式。"绿色新政"以发展绿色经济为中心，是对传统经济发展的重要转型。

（一）相关概念及辨析

1. 绿色经济

绿色经济概念最早是由英国环境经济学家 Pearce 于 1989 年在其著作《绿色经济蓝图》一书中提出，从社会及其生态条件出发建立起来的"可承受的经济"——自然环境和人类自身能够承受的、不因人类盲目追求经济增长而导致生态危机与社会分裂，不因自然资源耗竭而致使经济不可持续发展的经济发展模式。联合国环境规划署（2011）界定的绿色经济最为广泛接受和认可：可促成提高人类福祉和社会公平，同时显著降低环境风险和生态稀缺的经济，表明绿色经济不只是涉及经济增长和环境保护，更是综合考虑社会公平及人类发展，强调生态、经济、社会三者协同可持续发展。国际绿色经济协会给出的绿色经济定义为：以实现经济发展、社会进步并保护环境为方向，以产业经济的低碳发展、绿色发展、循环发展为基础，以资源节约、环境友好与经济增长成正比的可持续发展为表现形式，以提高人类福祉、引导人类社会形态由"工业文明"向"生态文明"转型为目标的经济发展模式。

季铸（2010）认为，绿色经济是以效率、和谐、持续为发展目标，以生态农业、循环工业和持续服务产业为基本内容的经济结构、增长方式和社会形态。① 绿色经济是一种全新的思想理论和发展体系。其中包括"效率、和谐、持续"三位一体的目标体系、"生态农业、循环工业、持续服务产业"三位一体的结构体系、"绿色经济、绿色新政、绿色社会"三位一体的发展体系。唐啸（2014）总结绿色经济的概念变迁是从最早的生态环境治理手段，到应对经济危机的系统经济改革，再到最后成为具有革命意义的经济—社会—生态复杂系统的人类发展模式变革。② 最新倡导的绿色经济理论的发展目标包括生态和谐、经济高效、社会包容。黄茂兴、杨雪星（2016）认为，绿色经济将自然资本作为经济发展的内生变量，以绿色文明为基本价值观，以资源节约、环境保护和消费合理为核心内容，以绿色创新为根本动力，通过技术创新与绿色投入，升级传统产业与培育新兴绿色产业，全面绿化整个经济系统，实现绿色增长与人类福祉最大化的经济形态。③

2. 生态经济

自 20 世纪 60 年代鲍尔丁先生提出"生态经济学"概念至今，人们对于"生态经济"及其核心概念并没有形成一致的认知。主流观点认为生态经济是指在生态系统承载能力范围内，运用生态学等原理和系统工程方法改变生产和消费方式，充分挖掘可利用的资源潜力发展经济和生态高效的产业，建设体制合理、社会和谐的文化及生态健康、景观适宜的环境，力求生产发展与环境保护、自然生态与人类生态、物质文明与精神文明高度统一和可持续发展的经济。周芳等④认为，生态经济核心概念主要有三个：生态经济系统、生态经济平衡和生态经济效益，其中生态经济系统是由生态系统、经济系统和技术系

---

① 季铸：《2009—2010 年中国经济分析展望报告（CEAOR2010）——后危机时代中国绿色经济结构增长》，《中国对外贸易》2010 年第 3 期。

② 唐啸：《绿色经济理论最新发展述评》，《国外理论动态》2014 年第 1 期。

③ 黄茂兴、杨雪星：《全球绿色经济竞争力评价与提升路径——以 G20 为例》，《经济研究参考》2016 年第 16 期。

④ 周芳、邹冬生：《生态经济核心概念与基本理念、运行规则刍议》，《湖南农业大学学报》（社会科学版）2016 年第 1 期。

统构成的复合系统，生态经济平衡既是检验生态经济系统中生态与经济协调的信号，又是推动生态与经济协调发展的动力，生态经济效益是包含经济效益和生态效益的复合效益，既包括人们投入一定劳动消耗后所获得的有形产品，也包括获得的各种对人有用的无形效应。唐石（2016）认为生态经济是把经济发展建立在生态环境承载范围内，实现经济发展和生态保护的"双赢"，建立经济、社会、自然良性循环的复合型生态系统。①

由此可见，生态经济的目的是从生态规律和经济规律的结合上来考虑人类经济活动与自然生态环境的关系。既从生态学的角度考虑经济活动的影响，又从经济学的角度考虑生态系统和经济系统相结合形成的更高层次的复杂系统，即生态经济系统的结构、功能及其规律的学科。生态经济强调的核心是经济与生态的协调，注重经济系统与生态系统的有机结合，强调宏观经济发展模式的转变。

3. 循环经济

"循环经济"由美国经济学家波尔丁在 20 世纪 60 年代提出，循环经济作为一个经济学概念，是在生态经济学的基础上发展起来的。1990 年，大卫·皮尔斯和凯利图纳在《自然资源与环境经济学》一书中明确提出"循环经济"目的是建立可持续发展的资源管理规则，使经济系统成为生态系统的组成部分，并构建一个包括自然循环和工业循环在内的循环经济模型，展示两种循环对于原生资源依赖减弱、降低对环境同化能力的压力并产生更多资源的潜力。在 2012 年 6 月联合国可持续发展大会上，人们讨论的重点放在以实际的行动减少资源和环境压力（Garcia，2012），称循环经济是有助于一个工业体系可持续发展的封闭的物质和能量循环（EAF，2012）。循环经济内涵强调资源的循环使用、废弃物的合理回收、综合利用率的技术性提高等。同时，循环经济除了表现在资源再利用、废弃物回收等方面之外，对环境的影响也势必降到最低，环境与经济的和谐增长也将是循

---

① 唐石：《生态经济视角下县域经济发展系统动力仿真研究》，《统计与决策》2016 年第 5 期。

环经济追求的最终目标。

国内学者大多把国外的基本定义"物质闭环流动型经济"作为关键词，即"循环经济"一词是对物质循环流动型经济的简称，是一种新的经济形态和经济发展模式。此外，关于循环经济，目前并没有统一的定义。公认的发改委定义为：循环经济是一种以资源的高效利用和循环利用为核心，以"减量化、再利用、资源化"为原则，以"低消耗、低排放、高效率"为基本特征，符合可持续发展理念的经济增长模式，是对"大量生产、大量消费、大量废弃"的传统增长模式的根本变革。从本质上讲循环经济要求把经济活动组成为"资源利用—绿色工业产品—资源再生"的闭环式物质流动，所有的物质和能源在经济循环中得到合理的利用。其中所指的"资源"不仅是自然资源，而且包括再生资源所指的"能源"，不仅是一般能源，如煤、石油、天然气等，而且包括太阳能、风能、潮汐能、地热能等绿色能源。而且注重推进资源、能源节约、资源综合利用和推行清洁生产，把经济活动对自然环境的影响降低到尽可能小的程度。尤其侧重于整个社会物质循环应用，强调的是循环和生态效率，资源被多次重复利用，并注重生产、流通、消费全过程的资源节约。

4. 概念辨析

绿色经济、生态经济和循环经济等概念是既相互区别又相互联系的，三者的内涵有一定的差异，在实践中应注意寻求三者的协同效应。三者提出的时代背景不同，分别针对环境问题、气候变化问题和资源问题提出；三者的研究角度和评价标准各有侧重，绿色经济侧重最小化生态损害和最大化人类福祉，生态经济强调经济与生态的协调发展，循环经济的核心也是资源循环利用，绿色经济和循环经济是生态经济的生产方式与实现路径。尽管绿色经济、生态经济和循环经济提法不同，但这三者间是内在关联的，都是为了节约资源、改善环境和保护生态，都以实现经济、社会、生态协调可持续发展为根本宗旨。

相对于其他的理论，绿色经济理论更符合社会发展和经济规律的要求。绿色经济是以人为本，不仅从生产领域、生活领域体现绿色化，要求绿色经济更注重从微观上着手，更强调效果而非手段。总之，绿色经济理论最根本地反映了环境与经济发展的本质需要，强调效率和效益，强调机会公平，更适合我国绿色经济发展的实践。

（二）绿色经济的内涵及特征

1. 绿色经济的内涵

（1）以经济、社会和环境效益统一为最终目标。绿色经济的资源配置具有双重标准，即增进个人利益最大化与社会利益最大化。它不仅需要最大限度地实现生态系统的和谐、社会系统的"以人为本"，而且还最为显著地实现经济系统的效率最大化。作为一种超越"唯生态主义"和"唯社会公平论"的经济，绿色经济更主要地体现在最小资源耗费与最大经济产出、清洁生产资源循环利用、用高新技术创新的生态系统的特征。它强调效率优先、兼顾公平，即经济可持续发展是强调以社会公平为主要目的而不仅仅是可持续发展的，重心强调的是结果公平。

（2）以资源节约、环境保护、消费合理为核心内容。在绿色经济模式下，人类以经济、自然和社会可持续发展为目标，将绿色生产生活和生态环境保护统一起来，突出资源节约与合理利用，强调环境保护与经济增长并举。具体来说，第一，绿色经济将自然资源作为研究的内生变量，看到自然资源的稀缺性，唯有节约资源、减少耗费，"经济"地使用资源才能解决资源稀缺性与人类无限需求的深刻矛盾；第二，环境是人类生存的条件和发展的基础，既能够造福人类，又能惩罚报复人类，绿色经济要求人类"自然"地保护环境，降低环境污染，改善生态环境；第三，绿色经济还引导大众走向绿色、适度、合理的消费方式，将从根本上扭转无节制的不可持续消费趋势。

（3）以绿色的生产、生活方式为重要途径。产业绿色化是一次全方位的产业革命，既包括传统黑色产业的"绿化"，又包括战略性新兴绿色产业的发展。一方面，新兴产业不能凭空而为，必须依赖传统产业的技术积累、制造能力和产业体系，传统产业已经形成完备的产业配套体系，能够为新兴绿色产业发展提供雄厚的产业支撑和广阔的市场需求；另一方面，要发挥绿色产业的技术优势，加快改造传统高耗能、高污染、高排放和低效益的产业，淘汰落后产业，提高资源利用效率，降低能耗和碳排放。生活方式绿色化是思想观念、消费模式、社会治理等方面的深刻变革，全社会自觉参与和践行节约资源和保护环境，实现生活方式和消费模式向绿色化转变，将带来巨大的环境效益和经济效益。

2. 绿色经济的特征

（1）以人为本的发展理念。绿色经济的概念紧紧围绕着人的全面发展，强调人类经济行为要尊重自然，实现人与生态环境的和谐发展，含义包含两个方面：一方面，绿色经济尊重自然，但更重视人类自身价值，任何片面地强调自然伦理而否认人类自身价值的观点，在实践中是难以成立的；另一方面，虽然绿色经济的发展目标是提高人类的生活质量和社会福利，但并不是只单纯追求人的物质占有能力和规模，而是要推动人的全面发展，尤其是在注重代际公平的基础上实现人的全面发展。

（2）以协调发展为动力。传统经济发展模式一味追求经济的快速发展，其发展指标通常以经济的增长来定义，以国民生产总值（GNP）或国民收入的增长为重要目标。这种单纯追求经济增长的结果导致最近一个世纪以来，人类赖以生存和发展的环境被破坏，资源耗竭、环境污染威胁着人类的安全，人类活动的结果影响了原有自然界的物质平衡和生态平衡。人类正是在改造自然界的同时，逐步认识人类与自然界的相互依赖关系。因此，只有在现有经济基础上优化经济结构，调整发展方式，实现经济、人口、资源、环境的协调发展，保证经济社会一代又一代永续发展，并以实现人类福利最大化为目标，这才是绿色经济发展的动力所在。

（3）以可持续发展为目标。绿色经济实质上是可持续发展理念的延续。在绿色经济发展中，既要考虑当代人生存发展的需要，又不能对下一代人生存发展造成危害，经济社会的发展规模必须控制在环境容量和资源承载力的范围之内，人类经济活动必须克服物质主义、过度消费、短期利益的思想，在工业化和科学技术给人类带来巨大物质财富的同时，一定要清醒地意识到是否给自然环境带来破坏，绿色经济发展观要求建立新的亲近自然、保护自然的消费方式和生产方式，可持续发展是既要考虑当期人们的开发利用，又要考虑跨期的可持续利用，这正是绿色经济发展的意义所在。

（4）发展新的经济形态。绿色经济的发展是以资源承载力和环境容量为约束条件，是可持续发展的体现形式和形象概括。它包含在生产、消费、交换等经济活动的全过程，也包括环境保护和生态建设，不仅是对特定经济发展载体优化、发展方式转变、经济评价方式的变革，又是对传统经济内在构成要素的提升与改进，是与绿色生产力相适应的新经济形态。

二　绿色理念下区域经济系统的演化

（一）区域发展绿色经济的时代背景

20 世纪 60 年代，西方的一些学者针对工业革命给环境、生态和资源所带来的巨大污染和破坏，开始对自工业革命以来所确定的社会、文化价值观念和生产、生活方式及经济发展模式进行全面反思，推动了绿色运动和可持续发展思想的兴起。当前，欧、美、日等主要发达国家及部分新兴的发展中国家纷纷制定实施了刺激经济复苏、以发展低碳经济为核心的绿色发展规划，力图利用此次全球经济转型带来的新机遇，在新一轮经济发展进程中抢占绿色经济发展的制高点，从而在全球新一轮产业技术革命中掌握主导权和控制权。

1. 新工业革命带来全球绿色发展潮流

当前全球生产和贸易格局产生重大变革，经济复苏依然乏力、资源能源相对短缺、生态环境压力持续加大，这是当前世界各国面临的共同挑战。传统的依靠高投入、高消耗、高污染、低效益的过度依赖自然资源消耗的增长方式是不可持续的，培育新的经济增长点、促进经济提质增效、破解资源环境制约已成为应对挑战的必然要求。在此背景下，国际上提出了"绿色新政"号召，得到世界各个国家的积极响应。美国、德国、丹麦、法国、英国、韩国、日本等国家都将绿色经济发展作为国家综合竞争力提升的有力引擎，纷纷提出了一系列绿色发展战略，涵盖构建绿色低碳社会、培育发展绿色产业、提升绿色创新能力、扩大绿色就业、提高绿色投融资等战略举措，拓宽经济增长与环境改善的"双赢"之路，使绿色经济竞争力成为占领全球竞争制高点的重要途径。

2. 环境规制对区域经济发展的影响

区域经济是在一定区域内经济发展的内部因素与外部条件相互作用而产生的生产综合体。随着环境保护观念的深入人心，生态环境也已成为吸引要素集聚的重要因素。如今全国很多城市都在创建环保模范城市、园林城市、卫生城市，目的就是打环境牌，吸引生产要素集聚。因此，良好的环境和合理的环境政策可以人为地或有意识地为要素集聚创造条件，环境主要通过区域比较优势影响要素流动及集聚。只有将环境因子纳入比较优势中，实现环境成本内生化，区域经济发展一方面需要依赖于资源环境的供给；另一方面又增强区域环境支撑能力，两者相互促进、相互依赖、协调发展为区域经济的可持续发展奠定基础。环境主要通过引导区域创新方向、优化区域经济结构、提升区域环境技术效率等方式影响区域经济的可持续发展。

3. 中央政府政策支持

"十三五"规划建议确立我国的发展理念是坚持创新发展、协调发展、绿色发展、开放发展、共享发展。并在提出全面建成小康社会新的目标要求时，将"生态环境质量"放在了"各方面制度"之前。因此，坚持绿色发展必须坚持节约资源和保护环境的基本国策，坚持可持续发展，坚定走生产发展、生活富裕、生态良好的文明发展道路，加快建设资源节约型、环境友好型社会，形成人与自然和谐发展的现代化建设新格局，推进美丽中国建设，为全球生态安全做出新贡献。

（二）区域绿色经济系统的演变

区域经济系统由人口、资源、科技、环境等重要经济要素构成，这些经济要素既存在各自的独立运动，又存在相互影响、相互制约的关联运动。通过调节控制各个经济要素的独立运动以及要素之间的关联运动，使经济要素之间相互配合、相互协作，从而实现经济要素合乎规律发展，促进区域经济社会全面协调可持续发展。从系统科学的角度看，区域经济发展是人们试图通过规范特定的有组织结构的经济系统来实现所追求一定目的的过程，也是一个从无序到有序的区域经济系统的演化发展的过程。

1. 传统经济视角下的区域经济系统

（1）区域经济系统是由各种经济部门构成的综合体。区域经济系统是国民经济的地域综合体和生产地域综合体，也就是组成国民经济的各个部门的有机整体，各种经济部门依照一定的关系约束在一定的区域内，从而构成地区经济系统的基本内容。在一定的地域范围内，由经济管理和社会大生产子系统组成的、相互作用着的各种经济组织实体集结而成。管理子系统主要是由营运经济管理职能的部门组成。它可以通过制定区域经济发展战略规划，及相应的政策法规等促进或抑制某种行业或特定地区的发展。大生产子系统又由生产、交换和分配子系统构成，生产子系统泛指由隶属于工业、农业、建筑业等的经济组织构成的系统，能提供最终或中间产品；交换子系统是由隶属于交通运输业、邮电通信业、批发商业、金融业等的经济组织构成的系统，能提供传递性质的服务，促成产品、资金和信息实现空间上的位移；分配子系统是由隶属于零售商业、旅游业、餐饮旅馆业等的经济组织构成的系统，完成为消费者提供最终产品的服务及相关形式的服务。在运动过程中与社会的生产、交换、分配、消费发生有机联系，同时与生态环境也发生有机联系，从而在更大范围构成一个集经济、社会、生态三个系统为一体的复合系统。

（2）生产要素的流动促进区域经济系统的演化发展。区域经济总是处于不断发展变化过程中，它是一个开放的系统，系统同周围环境、系统与要素之间、系统与结构和层次之间，相互联系、相互作用，进行物质、能量和信息的交换和转换。区域经济系统内存在诸多经济要素，经济要素间复杂的非线性耦合为系统的演化提供动力。将系统内诸要素流，如生产资料、土地、自然资源、产品、劳动力、资金、技术、知识、文化、管理等分为三类，即物质流、资本流和信息流。在区域经济系统发展中，一定要充分发挥系统开放性的作用，加速其物质流、资金流、信息流的交换，促进持续、健康、快速发展。

2. 绿色发展理念下的区域经济系统

（1）绿色发展理念下区域经济系统概念。绿色经济是以可持续发展为核心，遵循的是在人类社会的经济活动中正确处理人、自然、社会三者之间的关系，不断提高人类的生活福祉，以实现对自然资源长久利用的一种可持续经济发展模式。因此，绿色经济理念下的区域经济是一个由自然子系统、环境子系统、经济子系统、人文子系统组成的有机整体，其中自然子系统的要素主要由矿产、土地、水、生物等自然资源，气候、降水、地貌等自然条件，经纬度、山区、平川等自然地理位置，交通线、港口、城市、市场的相对位置等经济地理位置组成。经济子系统的要素主要由工业、农业和第三产业等组成。环境子系统的要素主要由大气环境、水环境、生物环境等生态环境，道路、通信、电力、居住条件等硬件环境，改革开放环境、政策环境、人才环境、科技环境等软环境组成。人文子系统的要素主要由人口与人力资源、社会组织与活动和政府与企业管理等组成。

（2）绿色发展理念下各要素的关系。绿色发展理念下区域经济系统是由自然要素、环境要素、经济要素、人文要素等重要要素相互作用所构成的统一体系。各个要素都有各自独立的自身的运动发展规律，它们都在各自的运动发展规律支配下进行发展变化，各个要素之间的协同突出地体现在区域经济的可持续发展。人类作为自然界的组成部分，在适应环境、改造环境的同时也要与环境互相协调，人类社会发展的历史已经证明，任何超过资源和环境承载能力的经济发展都是难以持续的。所以，绿色经济追求的就是人类经济、社会生活领域中的生产、消费和使用过程与环节就如同自然生态系统一般是密闭循环的，最终目的是达到生态系统内部资源的"零输入"、废弃物的"零排放"以及系统外部的总体能量守恒，既能保证人类经济活动的正常进行，又能兼顾环境持平和生态系统的平稳运行。

三 绿色理念下区域经济系统的构成

以上分析可见，区域经济系统是由各种经济部门构成的综合体，在绿色经济发展理念下，逐渐形成区域绿色经济系统，即区域经济系统的各种经济部门内部及相互之间均要实现绿色发展。为研究水资源环境与区域经济系统的耦合关系，将区域绿色经济系统定义为由城市生态经济系统、工业循环经济系统和农业生态经济系统等系统构成。

（一）城市生态经济系统

1. 城市生态经济系统的内涵

（1）具有人为性和社会功能性。刘洪奎等[1]认为，城市生态经济系统是城市地区以人为主体的生物群体与城市环境相互依赖构成的综合系统，分为自然、经济和社会三个子系统，重点强调了城市生态经济系统的人类主体性，突出人类及社会活动在系统中的主导作用。梁山、姜志德[2]将城市生态经济系统定义为在地球表层某些特殊地域上分布着的、人工形成的经济系统和以人为主体的生态系统结合而成的、具有一定结构和功能的空间集聚体。

（2）由多子系统构成的复杂系统。马传栋认为，城市生态经济系统是以城市生态、经济及社会为组成要素，以促进经济系统的健康发展、维护生态系统的协调发展、保证社会系统的稳定发展为最终目标的复杂系统。[3] 苏敬勤、宁小杰[4]认为，城市生态经济系统是由城市经济系统和城市生态系统结合而成的具有一定结构和功能的有机整体，城市经济系统是由生产、流通、分配和消费四个子系统组成，城市生态系统是对城市环境总的描述，包括自然与人工自然生态环境、经济社会环境和社会文化环境，城市生态系统和城市经济系统之间存在相互依赖、相互制约的内在联系。赵荣钦称城市生态经济系统是在一定地域范围和历史时期形成的、以人为主体的、具有高度复杂性、开放性和空间异质性的社会、经济和生态复合空间地域系统。[5]

（3）具有复合功能。贾广和（2006）认为，城市生态经济系统是一个具有特定功能和结构的生态经济复合体，具有自身的规律性，

---

① 刘洪奎等：《城市现代化建设与管理》，天津科学技术出版社1991年版。

② 梁山、姜志德：《生态经济学》，中国农业出版社2008年版。

③ 马传栋：《论现代化城市的生态经济综合管理》，《城市》1997年第2期。

④ 苏敬勤、宁小杰：《后发国家城市生态经济系统协调发展的突破口》，《软科学》2001年第1期。

⑤ 赵荣钦：《城市生态经济系统碳循环及其土地调控机制研究——以南京市为例》，博士学位论文，南京大学，2011年。

是一个能利用各种自然资源和社会经济、技术条件，形成生态经济合力，产生生态经济功能和效益的地域单元。吴晓军、薛惠锋[①]认为，城市生态经济系统是以人为主体，以聚集经济效益和社会效益为目的，融合人口、经济、科技、文化、资源、环境等各类要素的空间地域大系统，实现经济功能、社会功能和生态功能等基本功能，再通过经济再生产、人口再生产和生态环境再生产表现出来。

2. 城市生态经济系统的特征

城市生态经济系统作为一个多要素、多层次的生态、社会和经济复合系统，本质上是人类社会与自然的和谐统一，是以循环经济思想、可持续发展思想和系统论思想作为重要指导思想来处理城市发展和演变过程中经济、生态以及社会三者关系的必然结果。主要有以下几方面特征：

（1）社会性和经济性。城市生态经济系统是一个纯粹的人工生态系统，其主体是人类本身，它是由人类需要和人类劳动结合而形成的，具有明显的人工性和社会属性特征。梁山、姜志德称人类对城市生态经济系统中的自然生态系统改造得最彻底，自然生态景观大部分已被改为人工景观，自然的调控能力十分有限，表现出脆弱性的一面。同时生产功能和经济功能也是城市经济系统重要的特征与功能。

（2）高度开放性。城市生态经济系统的物质流可分为自然物质流、经济物质流和废弃物流三大类。王克英、朱铁臻[②]认为，城市生态经济系统要维持其经济功能和生态功能，必须源源不断地从外部输入自然能量，如食物能、化石燃料、水能等，并经过加工、储存、传输、使用、余能综合利用等环节，使能量在城市生态经济系统中进行流动。而且Churkina[③]称由于城市的高度开放性，其环境的影响范围要远远大于城市边界。

---

① 吴晓军、薛惠锋：《城市系统研究中的复杂性理论与应用》，西北工业大学出版社2007年版。

② 王克英、朱铁臻：《城市生态经济知识全书》，经济科学出版社1998年版。

③ Churkina G.，"Modeling the Carbon Cycle of Urban Systems"，*Ecological Modelling*，2008，216（2）.

（3）功能多样性。城市生态经济系统的功能表现出多样化特征，生产功能包括除第二产业之外的所有产业，有时还包括部分第一产业；生活功能承载着各式各样的人群、各式各样的生活方式；梁山、姜志德认为还有政治功能、军事功能、物质集散功能和政权功能等。

（4）外部依赖性。城市生态经济系统属于完全依赖燃料供能的生态系统。当前，以化石燃料为主的能源使用是城市生产的基础和运行的根本保证，同时工业生产的原料也依赖于外部的输入，产品的生产量和销售量也依赖于外界的需求量。因此，城市生态经济系统具有强烈的外部依赖性。

（5）空间异质性。不同区域的城市生态经济系统，同一城市内部的不同功能区之间具有较大的差异，这取决于自然环境条件、经济区位、产业结构、政府政策和城市内部交通和微环境的区别，因此具有高度的空间异质性，这进一步决定城市生态经济系统具有较大的复杂性和不确定性。

（6）动态扩展性。随着经济的发展和人类活动的影响，城市生态经济系统具有动态变化和扩展的特点，以中国当前城市发展来讲，人口、经济要素和面积等的扩展是城市化进程的一个基本特征。因此城市生态经济系统研究应该从一个动态的时间尺度的角度考虑其空间形态、经济发展和社会功能的变化及其对环境的影响或适应。

（二）工业循环经济系统

1. 工业循环经济系统的内涵

（1）工业循环经济是依照生态系统物质循环的工业发展模式。传统的工业发展模式是由"资源—产品—污染物排放"单向流动的线性经济，对资源的利用是粗放的、一次性的，在管理思想和方式上较注重末端控制、单纯的浓度控制、政府行政调控，而这种方式不能根本地解决经济增长和资源消耗的矛盾。工业循环经济起源于 20 世纪 80 年代末 R. Frosch 等模拟生物的新陈代谢过程和生态系统的循环再生过程所开展的"工业代谢"研究[①]，是仿照自然界生态过程物质循环的方式来规划工业生产系统的一种工业发展模式。[②] 在工业循环经济系统中各生产过程不是孤立的，而是通过物质流、能量流和信息流互相关联，一个生产过程的废弃物可以作为另一过程的原料加以利用。只有通过构建工业循环经济系统，才能实现资源优化配置、结构优化调整、废物优化利用，才能最大限度地减少资源浪费，降低资源开采对生态的破坏程度，才能实现经济、生态和社会效益的共赢。循环经济的实质是通过模仿生态系统的构造，增加经济系统中的分解者角色，打造经济系统中的物质循环流动的闭合回路，并对不可再利用的废弃物进行无害化处理，使物质顺畅地重新流入生态系统之中，从而将经济系统中的物质循环与生态系统中的物质循环统一起来，促进经济系统和生态系统之间的共生协调。

（2）工业循环经济的本质是建立高效、低污染的新型工业体系。李宏宇、周传蛟[③]认为，循环型工业是运用循环经济理论、工业生态学和可持续发展思想指导下的一种新型工业。它是通过调整工业产业结构，在充分利用高新技术的基础上，通过减少生产过程中物质的投入，提高工业系统物质的利用效率和物质能量的多级循环利用，消除工业废弃物的产生，使工业生产真正纳入生态系统循环中，实现工业的可持续发展。冯华、宋振湖[④]称工业循环经济是以"减量化、再使用、再循环"为基本原则，以物质、能量的梯次和闭路循环使用为特征，通过物质流、能量流和信息流的紧密关联，实现国家、企业间、企业内多层次的循环。工业循环经济是一种新型的工业发展模式，它把工业清洁生产和对废弃物的综合利用、环保技术等融为一体，参与循环的物质和能源都尽量得到合理持久利用，对自然环境、人类社会

---

① 刘薇：《北京工业循环经济发展模式与发展重点分析》，《中国人口·资源与环境》2008 年第 2 期。

② 王军生：《区域工业循环经济发展的综合评价研究——以西安市为例》，《统计与信息论坛》2008 年第 9 期。

③ 李宏宇、周传蛟：《对发展我国循环型工业的思考》，《学习与探索》2005 年第 5 期。

④ 冯华、宋振湖：《中国工业循环经济发展评价研究》，《国家行政学院学报》2008 年第 3 期。

的影响能降低到尽可能小的程度。占绍文、冯全等①则认为，工业循环经济是指在工业生产过程中通过对工业废弃物的回收再利用，以达到节能减排、提高工业生产效率的工业发展方式。循环型工业也称生态工业，本质上是一种低投入、低消耗、低污染、高技术、高效率、高循环的新型工业体系。要改变传统的"先污染、后治理""高能耗、低产出"的粗放式生产方式，必须大力发展工业循环经济。

2. 工业循环经济的特征

工业循环经济在遵循自然生态系统的物质循环和能量流动规律下，按照自然生态系统的循环模式，将经济活动高效有序地组织成一个"资源利用——清洁生产——资源再生"接近封闭型物质能量循环的反馈式流程，保持经济生产的低消耗、高质量、低废弃，从而将经济活动对自然环境的影响破坏降低到最低程度。因此，工业循环经济的特征主要体现在以下几方面：

（1）资源利用高效性。循环型工业按照自然生态系统物质循环流动方式组织生产，使物质、能源在不断进行的活动中得到梯次利用或最合理的利用，使资源的消耗维持在生态系统的承载能力之内。从技术经济的角度考虑废弃物回收利用的产品设计，减少和防止消耗性污染，消除污染物的扩散，模拟生态系统而建立的生产工艺体系，在生产过程中，物质和能量在各个生产企业和环节之间进行循环、多级利用，减少资源浪费，做到污染"零排放"。

（2）低污染性。最大限度地减少废弃物排放，保护生态环境，使整个经济系统不产生或只产生生态系统的承载能力之内的废弃物。充分利用每一个生产环节的废料，把它作为下一个生产环节或另一部门的原料，以实现物质的循环使用和再利用。

（3）产品与服务的非物质化。产品与服务的非物质化是指用同样的物质或更少的物质获得更多的产品与服务，提高资源的利用率。这要求依据功能设计产品，努力做到在生产、使用、维护、修理、回收

---

① 占绍文、冯全、郭紫红：《区域工业循环经济效率研究——以陕西省为例》，《科技管理研究》2014 年第 12 期。

和最终弃置的过程中减少物质和能量的消耗。

（三）农业生态经济系统

1. 由农业生态系统和农业经济系统耦合形成复合系统

林小伍、吴坚[①]认为，农业生态经济系统是由农业生态系统和经济系统耦合而成的复合系统，是一个能利用各种自然资源和社会经济、技术条件，形成农业生态经济合力，产生农业生态经济功能和效益的复合整体。王平[②]则认为，农业生态经济系统主要由三大子系统组成，即环境系统、生物系统和经济系统。环境系统由阳光、大气、水分、土壤等因子构成，是整个农业生态经济系统中物质和能量的源泉；生物系统由各种植物群落、各种畜禽和各种微生物所组成，是系统中物质和能量转化的加工厂；经济系统由社会经济政策和科学技术措施所组成，是系统中调节和控制的机构。海江波[③]认为，农业生态经济系统是由农业生态系统和农业经济系统耦合而成的复合系统，是人地关系地域系统的重要组成部分。农业生态系统由于所处的地域自然特征和生物特征，使其具有明显的差异性，同时农业经济系统的形成更多地与不同区域的社会经济、历史文化以及消费习惯紧密相关联，在多重因素的作用下，会出现多种形式。牛媛媛、任志远等[④]认为，农业生态经济系统是在人类活动干预下，农业生物与非生物环境之间相互作用形成的一个有机综合体，这个系统既包括生物和非生物，又包括人为调节控制系统。因此，是一个"社会—经济—自然复合生态系统"。陈锋正等则称农业生态经济系统是由农业生态环境子系统和农业经济子系统相互交织、相互作用、相互耦合而成的复合系

---

① 林小伍、吴坚：《农业生态经济系统评价的一个整体特性指标》，《农业技术经济》1995 年第 5 期。

② 王平：《农业生态经济系统与农业生产结构调整——理论探讨与实证分析》，硕士学位论文，沈阳农业大学，2001 年。

③ 海江波：《农业生态经济系统生态流与价值流耦合机制》，博士学位论文，西北农林科技大学，2009 年。

④ 牛媛媛、任志远、杨忍：《关中—天水经济区人口—经济—生态协调发展研究》，《城市环境与城市生态》2010 年第 6 期。

统，包含人口、资源、环境、物质、资金和科技六大基本要素。[①]

2. 农业生态经济系统的功能

农业生态经济系统是由农业生态系统与农业经济系统相互融合的生态经济复合系统，其中农业生态系统是农业经济系统赖以存在和发展的基础，是农业生态经济系统结构的基础系统，农业经济系统是由人工主导作用调控而成的具有一定目的的社会经济活动系统，是农业生态经济系统结构的主体系统。相互作用实现以下功能：

（1）能量转化。农业生态经济系统的能量主要来自太阳的辐射，绿色植物通过光合作用，把太阳能转化为化学能储存在合成的有机物中，成为地球上所有生物生命活动所需能量的来源。植物物质中的化学潜能会沿着食物链传递。另外，人类在从事农业生产中除了利用自然能外，还有人工辅助能的投入。辅助能的投入有利于促进植物对辐射能的吸收和利用，以及动物、微生物对生物能的转化，可以提高系统的物质生产力。但辅助能的不合理投入，也会给环境造成污染，反而影响系统的生产力提高。按照农业生态经济理论，农业生态经济系统中的能流有自然能流和经济能流之分，辅助能的投入就是经济能流向自然能流的转化。

（2）物质循环。农业生态经济系统中的物流分为自然物流和经济物流。自然物流指绿色植物吸收环境中的营养元素合成植物有机物，植物有机物被动物取食，营养元素进入食物链，不断转化循环。每次转化都伴随新的有机物质合成，但同时也有废弃物的丢失。丢失的物质再进入大气、水体或土壤，再次为绿色植物吸收利用，形成一个新的循环。经济物流是通过"生产—分配—交换—消费—环境"的流动过程，是物质在社会经济部门之间周而复始的循环流动。生产部门的产品通过运输进入流通领域，流通领域的物质交换后，进入消费领域，经消费后残渣归还自然界，参与自然物质的再循环。由此可以看出，经济物流和自然物流是可以转化的，农业生态经济系统中的自然

---

① 陈锋正、刘向晖、刘新平：《农业生态经济系统的耦合模型及其应用——以河南省为例》，《中南林业科技大学学报》（社会科学版）2015年第3期。

物质流动到经济系统中，便形成了经济物流。同时，经济物流向农业生态系统流动便形成了自然物流的一部分。

（3）价值增值。在农业生产过程中，劳动者运用一定的技术，通过劳动形成价值，当这些劳动产品进入物质流动和循环时，便形成价值流。价值流的运动过程是从生产开始，经过分配和交换两个环节，最终到达消费领域。在这个运动过程中，物质流遵循物质转化和守恒定律，能流则由于逐级耗散而递减，但价值流由于在循环过程中各环节的人类劳动投入而逐渐增大。对于一个农业生态经济系统来说，物流经过的加工环节越多，其能量损失就越多，注入的人类劳动就越多，价值流就越大。能量流的逐级减少，就意味着最终可以被人类所利用的能量就会减少。这正好和农业生态经济系统中能流递减和价值流递增相一致。价值增值可以给农业生态经济系统中的能动生产者——人类带来收入。对于一个转化环节，在价格一定的条件下，其能量转化的效率越高，那么其能量价值比也就越高。在能量转换率一定的条件下，该种形式能量的价格越高，它的能量价值比就越低。[①]

第三节　水资源环境与区域经济系统的耦合理论

一　系统耦合理论

（一）相关概念辨析

1. 耦合与系统耦合

（1）耦合的概念。"耦合"（coupling）在《辞海》中的解释是源于物理学的概念，指两个或两个以上的电路元件或电网络的输入与输出之间存在密切联系并相互影响，通过相互作用从一端向另一端传输能量的现象，后被引申为两个或两个以上的体系或两种运动形式之

---

① 曹洪华：《生态文明视角下流域生态—经济系统耦合模式研究》，科学出版社 2015 年版。

间，通过相互作用，而彼此影响，进而联合起来的现象，或者是通过各种内在机制互为作用，形成一体化的现象。耦合作为对两个或两个以上系统之间以各种相互作用而彼此影响关系的刻画，用以表征各子系统之间非线性、非均衡，并且相互依赖—反馈—促进的动态关联特征。随着跨学科研究的相互渗透和不断发展完善，"耦合"一词已经被广泛引入到城市化、经济、社会、土地与生态环境发展等各个领域中，或是研究任意两个以上子系统的相互作用关系现象中。耦合形式按从弱到强的顺序可分为以下几种类型：非直接耦合、数据耦合、标记耦合、控制耦合、公共耦合、内容耦合。耦合度是描述系统或要素相互影响程度的指标，从协同学的角度看，耦合作用及其协调程度决定了系统由无序走向有序的趋势，系统由无序走向有序机理的关键在于系统内部序参量之间的协同作用，它左右着系统变化的特征与规律，耦合度正是反映这种协同作用的度量。耦合度越高，表明两个模块中共同的内容越多，相互依存的程度也就越高。耦合度越低，表示两者之间的联系越少，各个模块的独立性也就越强。

（2）系统耦合的概念。系统耦合同样源于物理学，是指两个或两个以上具有内在联系的子系统，在一定的条件下能够形成更高级别的结构—功能体，也就是耦合系统。两个或两个以上性质相近的生态系统具有互相亲合的趋势，当条件成熟时，它们结合为一个新的、高一级的结构—功能体，这就是系统耦合。系统耦合是两个或两个以上的系统通过系统间的物质、能量和信息的不断交换与流动，从而产生两种效果：一方面打破原有的系统之间相互孤立、独立运作的局面，促进各个系统耦合成为一个更紧密的整体；另一方面按照某种结构和功能耦合而成的新系统在功能和结构上能够弥补原有系统的不足，使新系统得到可持续发展。实质上就是多个系统在一定的条件下，形成新的高级系统—耦合系统的系统进化过程。只有良好的系统耦合状态可以使系统内部各个要素配置更加合理，系统功能更加趋于完善，推动新的耦合系统的产生。系统耦合理论是以系统论、控制论、耗散结构理论、协同学、系统动力学等系统科学理论作为基础，主要研究耦合系统关系的协调、反馈和发展的机理、机制。

2. 协调发展与耦合

协调本意为和谐一致、配合得当，是指两个或两个以上的系统或系统内部各要素之间的良性互动关系，是多个系统或要素健康发展的保证，是事物发展的理想状态。协调作为一个系统概念，既表现为一种状态，也表现为一个过程，是指系统之间或系统组成要素之间的融洽关系，以及为实现系统总体演进的目标，系统或要素之间相互协作、相互促进、和谐一致、共同发展的一种良性循环态势。协调发展是对协调概念的进一步深化，是系统或系统内要素之间在配合得当、和谐一致、良性循环的基础上，由低级到高级，由简单到复杂，由无序到有序的总体演进过程。它强调发展的整体性和综合性，注重多个系统或要素在"协调"约束下的综合、全面的发展，而不是单个系统或要素的发展。从某种意义上讲，可持续发展是协调发展的最高目标，而协调发展是实现可持续发展的基本手段。

由此可见，耦合是指具有内在联系的子系统间相互影响的程度，而协调是系统间的良性互动关系。因此，可以理解为耦合为系统间相互影响的过程，协调是系统间达到良好的互动目标。

（二）系统耦合的条件

系统耦合往往是在外界干扰作用下发生的，可以通过人为手段干扰、调控和优化各子系统，使子系统发生系统耦合。耦合系统较之单个的子系统具有更为复杂的内部组织和更为合理的结构，因此，系统耦合可以强化系统的整体功能，放大系统的整体效益，从而显著提高系统的生产水平。但是，两个和两个以上的系统发生耦合需要具备以下条件：

（1）存在异质性。两个或两个以上具有异质性的子系统在物质、能量上存在明显的差异，具有绝对多样性和差异性的子系统间通过物质、能量的交互产生相互联系和影响，促进耦合系统不断演化。

（2）具有内在联系。各子系统或影响因子之间存在固有的关联性，因子变量的变化程度决定系统各要素相互作用、交互制约、不断转化的内联系机制，促进耦合系统整体不断演化。

（3）拥有系统规则。各子系统的要素之间作用机制必须遵循系统规则，规则既能约束组成要素，又能促进耦合系统主体功能的实现。

（4）实现整体功能。系统各单个要素所具有的功能的影响力有限，各要素通过相互作用，形成耦合系统，具有整体功能。

实际上，系统耦合正是不同系统相互协作、相互融合以优化系统结构的过程。因此，系统耦合的过程强化了耦合系统的功能，提高了耦合系统的资源利用率和整体效益，同时也大大释放了系统生产力。

二 水资源环境与区域经济耦合系统分析

水资源环境是区域经济发展的基础和保证，经济发展在物质和能量上依赖于水资源环境，同时反作用于水资源环境。当经济发展维持在一定限制内，可以保护水资源环境的持续发展，但当经济发展对水资源环境的过度掠取超出其承载限度，将对水资源环境造成严重的破坏，则水资源环境的恶化将反作用于区域经济发展，甚至阻碍经济的发展。水资源环境与区域经济发展之间的这种密切关系，表现为经济发展通过一系列的经济行为改变水资源环境，反过来水资源环境也作用于区域经济的发展，前者称为行为过程，后者称为反馈过程。区域经济与水资源环境在这种行为与反馈关系中形成水资源环境与区域经济耦合系统。

（一）水资源环境与区域经济系统的耦合关系

水资源环境与区域经济系统耦合问题研究表明：水资源经济耦合系统内部存在紧密的互动关系，经济的快速发展需要水资源环境的物质要素投入。水资源利用强度作为约束经济发展的关键要素，驱动经济与水资源环境关系呈 S 形波动。本书认为，水资源环境与区域经济的耦合是深度双向耦合，目标是实现区域水资源的可持续利用。为保证水资源环境与区域经济在耦合过程中更好发挥作用，必须受到水资源环境承载力的限制，如图 2-2 所示。

耦合关系体现在水资源环境与城市生态经济系统、工业循环经济系统、农业生态经济系统和生态环境系统四个主要子系统的耦合。工业企业在生产过程中，如制造、加工、冷却、空调、净化、洗涤等方面都需要用水，即工业用水，参与工业生产后形成工业污水排放到环境中。城市生态系统需要的水资源包括生态环境用水、城市生活用水、自然环境用水，产生污水的随意排放对水资源的时空分布、水循环及水体的物理化学性质产生影响。水资源与农业生态经济的耦合是从转换成土壤水,直到参与动植物体内生长的全过程,是深度耦合,农业水资源在利用过程中受农田化肥施用、禽畜粪便、农田固体废弃物、水产养殖垃圾以及农村生活污染等影响。

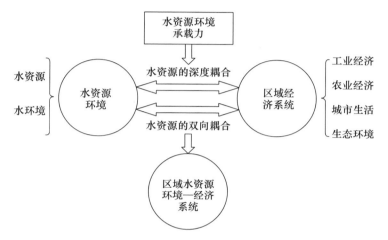

图 2 - 2 水资源环境与区域经济系统的耦合关系

(二)水资源环境与区域经济系统的耦合目标及特征

水资源环境与区域经济耦合系统的可持续演进是系统协同发展的根本,是引导系统内各种要素相互联系、彼此作用、共同发展的客观规律。耦合系统的协同目标是在物质流、能量流、信息流和价值流的"四流畅通",生态、生产和生活的"三生共赢",以及政府、市场、企业和用户的"多主体共治"过程中,更加注重经济社会—水资源环境的综合效益,在不损害水资源环境的前提下,保障区域经济发展、社会进步和水资源环境安全。因此,耦合系统协同发展的目标体现在耦合系统的高效与集约目标、协调与和谐目标、可持续演进目标三个层面。

1. 水资源环境与区域经济系统的耦合目标

(1)区域经济系统的高效集约目标。现阶段区域经济发展普遍处于低效率和粗放式的发展状态,致使水资源环境与区域经济耦合总体表现为效率低下、集约化程度不高,表现为水资源的高投入与低产出

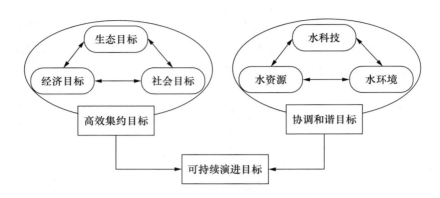

图 2 - 3　水资源环境与区域经济系统耦合的目标

并存，水资源等生产要素的高消耗与水生态环境的恶化并存，生产效率低于发达国家经济效率。要改变低效和粗放的发展模式，就必须确立科学的生态目标、经济目标和社会目标，突出高效与集约的发展模式。在生态目标方面，做到直接生态目标与间接生态目标的统一，即一方面要提高自然资源的产出率和水资源的持续生产力，另一方面要控制生产生活对水环境的负面影响，提高抗灾能力和抵御风险的能力，维持水环境安全和生态效率持续稳定增长。在经济目标方面，通过市场行为、政府行为、企业行为和用户行为对水环境的正面影响，形成区域经济的高效与集约发展模式，促进可持续发展。在社会目标方面，以生态目标和经济目标的实现为基础，深化经济体制改革，完善生态—经济—社会统筹管理体制，建立高效集约的生态经济发展机制，协调市场、政府和公众的合理结构，实现水资源环境与区域经济耦合的高效集约发展目标。

　　（2）水资源环境系统的协调和谐目标。水资源环境与区域经济耦合发展的一个重要特征就是协调性与和谐发展。首先是数量协调，一方面要保证区域经济社会投入水资源要素的数量配比关系有序合理，从而保持整个区域经济社会系统的持续生产力。另一方面，人们对水环境系统的干预、对水资源的开发利用必须有数量界限，要达到水资源环境生态平衡和区域经济平衡的协调。其次是质量协调。水资源环境系统与区域经济社会系统在微观层次上互相协调的一种关联状态。

这种关联状态的表现形式是技术、经济、生态联系的统一,物质流、价值流、信息流的统一,从此形成能够自我调节、自我修复的自组织能力。再次是空间协调。不同地区由于自然条件、生产力水平、水资源状况、社会发展程度等方面的差异,形成不同的水资源环境与区域经济社会耦合系统,而不同区域的耦合系统,其管理的方式、手段、措施等不尽相同,因此,就要根据水资源环境自然规律科学地选择与之相匹配的空间组合方式,使不同地区的区域经济与社会互补。最后是时间协调,指区域水资源环境、经济、社会效益的同步运行与协调。一方面要在区域生态经济社会系统运行中,正确运用水资源环境的自然规律,处理好生产过程中资源环境、经济效益的辩证关系,并使之相互促进,内向增长;另一方面就是要在兼顾区域生态效益、经济效益和社会效益的基础上,强化水资源环境的生态效益,促进经济发展的正效应,保持区域生态经济社会效益的持续稳定提高。

(3)耦合系统的可持续演进目标。人类经济社会的发展不仅仅是简单再生产过程,而且是不断扩大的再生产过程,水资源环境与区域经济系统耦合过程也是如此,扩大再生产过程包括水资源环境的扩大再生产和区域经济的扩大再生产,以及两者结构、功能、关系、潜势等扩大再生产,总体表现为系统耦合的再造与优化,即可持续性的演进。系统耦合可持续演进目标是以系统高效与集约目标、协调与和谐目标的实现为基础,通过水资源环境系统与区域经济系统的相互作用和演进,实现可持续发展的目标。具体而言,耦合系统的可持续演进包含了不可再生资源的合理利用与保护,可再生资源的循环利用与开发,人口、资源、环境、物质、资金、技术等要素关系的协调与和谐,物质流、能量流、信息流、价值流的顺畅与高效运转。可持续演进目标总体表现为水资源环境与区域经济的统一,水资源环境的优化和区域经济的可持续发展。

2. 水资源环境与区域经济系统的耦合特征

水资源环境与区域经济系统耦合具备了生态经济系统所共有的整体性、有序性、平衡性等特征,还具备系统耦合的异质性、内在联系、系统规则、整体功能等基本条件和特征。

（1）整体关联性。在水资源环境与区域经济系统耦合中，水资源直接参与区域经济生产，是区域经济再生产的基础，而区域经济再生产反作用于水环境，两者通过物质和能量的转化循环，以及相互适应和调整，从而使水资源环境的自然再生产与区域经济的再生产构成统一的过程。在耦合系统中，区域经济系统起到主导作用，人类根据自身发展需要，通过技术手段组织区域经济生产，改变、影响和适应水资源环境，而水资源环境中的物质、能量转化效率成为衡量区域经济发展水平高低和评价区域经济效益水平的重要内容。因此，水资源环境与区域经济系统耦合形成一个高度统一的整体。

（2）区域差异性。就水资源环境与区域经济系统耦合而言，不同时期或同一时期的不同区域内，耦合的各个要素和由各要素构成的结构—功能体存在于动态的演变过程中，表现出时空维度的差异性，即不同自然环境和社会条件下的特殊性。同时，水资源环境与区域经济又具有一定的运行规律，如耦合与协同规律、延迟与速变规律、生态效益与经济效益统一规律等。因此，耦合系统的差异性与规律性相统一，是指导和调控区域经济生产，促进区域可持续发展的重要理论基础和现实依据。

（3）能动可控性。在水资源环境与区域经济系统耦合的各要素按照不同的质、不同的量和不同的比例相互组合起来，形成一定的结构，具有一定的功能。不仅要受自然规律的制约，而且更重要的是随着科学技术的发展与应用，人类活动行为对系统耦合的影响范围越来越广、程度越来越深，控制能力也越来越强。通过改变耦合中各要素的重新组合与比例结构，对系统耦合发展可以起到引导和控制的作用。这也正是本书的根本出发点和落脚点，即以影响系统耦合的行为主体调控耦合系统，改变、适应和优化系统的结构和功能，从而促进人与自然和谐发展。

（4）多层次多主体性。耦合过程从不同层次来看，可以分为全球的、国家的、地区的等各层次水资源环境与区域经济系统耦合。从子系统来看，也体现出多层次的结构，经济发展系统又可分为宏观经济、中观经济、微观经济等多层次多体系结构。我国《水法》明确规定，水资源的产权归国家所有，国家可以根据需要选择适当的方式行使财产权利，赋予社团提取权，使用户享有用水权。因此，我国的水资源利益相关者应该是全体人民。但从有效治理的角度看，全体人民是没有办法达到理想的治理效果的，尤其是对于这种具有公共品性质的水资源来说，"公地悲剧""集体行动的逻辑"是现实生活中的真实选择和体现。因此，如果从公共物品有效治理角度看，不能简单地认为水资源的利益相关者就是全体人民，而是应该根据具体的生态治理目标选择合适的利益相关者。利益相关者中政府层面包括中央政府管理者、地方政府管理者、流域管理者等主体，用户层面包括企业、城镇居民、农户等主体。

（三）水资源环境与区域经济系统耦合的驱动力及发展阶段

任何系统的运动都需要驱动力，驱动力作为事物发展变化的基本作用力是普遍存在的。水资源环境与区域经济系统耦合也需要驱动力，这种驱动力就是推动系统耦合向着稳定、有序化方向发展变化的各种本质力量，驱动力主要来源于两个方面：一是自然驱动力；二是社会经济驱动力。

1. 水资源环境与区域经济系统耦合的驱动力

（1）自然驱动力。自然动力是指对系统耦合构成影响的一切自然条件或自然因素所形成的促使生态经济协调、持续发展的力量。自然动力是人类赖以生存的基本条件，是自然界的再生动力，是一种自我调节机制。自然动力机制的核心是自然生产力，自然生产力就是由自然形成的各种自然要素相互作用所产生的一种对人类经济活动的作用能力。自然驱动力主要包括水生态系统的物质循环、能量流动的驱动力和自然条件的区域分异产生的驱动力。水资源环境系统的物质循环和能量流动是通过水资源在自然界的自然循环实现的。在这些过程中，物质循环和能量转化耦合在一起，不可分割，促进水资源系统的内部循环和生态系统平衡。同时，考虑到自然条件的分异规律，使水资源在不同区域表现出明显的区域性特征，会导致区域水资源优势互补，这为耦合提供了物质基础和可能。

（2）社会经济驱动力。谋求生存与发展是人类的生物进化本能，而人类生存与发展的最基本条件，是要有可供人类生存发展的、以物质资料为主要内容的经济利益。经济利益有其自然基础，追求经济利益是不以社会经济形态为转移的人类必然动机和行为，这种以人类自身需要为目的对经济利益的追求，构成系统耦合的经济动力。尽管自然动力下耦合可以为水资源环境系统的耦合发展奠定基础，但由于自然驱动力方向不明确，导致生产力水平十分低下，而且不稳定。因此，必须通过人类有目的的干扰，调整优化自然驱动力，促进自然耦合过程，最大限度地提高耦合的综合生产力水平。因此，社会经济驱动力主要表现在以下方面。

（1）社会发展需求。随着科学技术的不断进步和社会不断发展，人类对物质文化的需求日益增强，区域生态经济系统的功能不单单是物质生产，而需要把区域生态的服务功能进一步提升，有效开发区域生态服务功能，实现区域经济生产、生态服务和经济建设全面发展。

（2）科学技术。实践证明，科学技术可以有效增强经济发展集约化程度，大幅度地提高水资源利用效率，并能扩大人们对水资源开发深度和利用广度，实现水资源多级利用，最终使水资源环境与区域经济系统耦合空间和尺度扩大。

（3）制度与政策。水资源环境与区域经济系统的耦合发展是建立在一系列科学合理的经济制度和政策体系上，加上经济制度的建设和法律法规以及政策的制定，对促进水资源环境保护和资源合理开发利用具有重要的保障作用。

2. 水资源环境与区域经济系统耦合的发展阶段

水资源环境与区域经济系统的良好耦合关系是区域经济社会可持续发展的前提条件。经济子系统是耦合存在的根源与动因，经济发展水平决定着耦合程度与质量；而水资源环境系统是耦合的基础和先决条件，是承载经济生产、分配、交换与消费各个环节的纽带与载体，构成了区域内各项产业发展的基础条件和区域投资环境的主体，保证了社会经济活动得以可持续发展。从经济系统发展过程、驱动机制，以及经济系统与水资源环境系统之间的关系划分，区域水资源环境系统与经济系统交互耦合的发展过程具有下列阶段特征：

（1）低水平耦合阶段。水资源环境与区域经济耦合水平处于初期，以区域内人口聚落零星分布在区域边缘，人类的生产生活对区域生态环境系统的干扰程度较弱，区域生态环境系统自净能力与人类活动相抵消，经济子系统与生态子系统相互约束、相互制约，导致系统整体均保持低水平稳定状态。区域具有生态环境承载力高，经济社会发展水平低，经济增加缓慢，产业结构以传统农业为主，经济子系统尚未能对区域生态环境承载力构成威胁，生态环境子系统的负荷压力小。因此，生态压力变化的幅度不显著。

（2）拮抗耦合阶段。随着人口规模与生产技术的提升，区域经济系统处于加速活跃发展阶段，区域内以及跨区域的经济社会要素流、物质流与信息流交流频繁，工业化成为阶段的典型特征，人口与产业要素向该区域快速集聚，城镇聚落形态与边界不断扩张，并向临近地区蔓延，水资源环境系统压力明显增大，系统之间产生互相拮抗效应，水资源环境承载力对区域经济系统的响应程度加速。此阶段城市化发展进入初步增速发展期，水环境质量受城市化发展胁迫作用有所减弱，城市化发展尽管对水环境造成一定影响，但影响处于水环境承载力范围之内。

（3）磨合耦合阶段。磨合耦合阶段处于工业化的中末期，快速工业化过程中对水资源环境系统的透支不断显现，区域经济系统发展到较高水平并达到"瓶颈"期，水环境系统不断退化并迅速接近临界点，水资源环境系统与区域经济系统间的矛盾不断交替，导致区域内水体富氧化、城镇聚落入侵湖泊、工业生产与居民生活受生态环境的影响与制约，呈现由尖锐到缓和、由缓和再到尖锐，响应、波动与磨合是区域生态—经济系统耦合的阶段特征。此阶段城市化进入增速发展期，随着各项环保设施的投入及政府、企业等水环境污染治理力度的增强，城市化发展对水环境造成的影响逐渐减小，水环境质量处于好转状态。

（4）优化耦合阶段。此阶段处于传统工业化过渡到生态经济的转型阶段，区域经济系统对水资源环境系统恶化产生了积极响应与反馈，以生态—经济协调发展的区域生态文明建设替代了片面工业化模式，区域行为主体主导实施生产技术进步、产业结构转型、区域水资源环境治理与保护等优化策略，开展落后工业产能淘汰与搬迁等积极响应活动，生态环境承载力不断提升，人地关系矛盾不断缓解。城市化进入快速发展期，环保投资及污染治理力度继续加强，城市化发展对水环境影响进一步减小。

（5）高水平耦合阶段。在区域经济系统优化升级的影响下，区域内水资源环境系统不断响应并回归良性自调节规律，不断修复与自净。经济系统对水生态环境污染，区域水资源环境系统承载力得到恢复，且对区域经济系统形成支撑，人地关系和谐共生，实现区域生态—经济系统协调耦合。该阶段城市化水平较高，环保投资及污染治理力度到位，城市化与水环境保护共同步入良性发展阶段。

三　水资源环境与区域经济耦合系统的层次结构

水资源环境与区域经济系统耦合形成耦合系统，该耦合系统的结构是在一定的经济社会条件下，以耦合系统的相关主体利益诉求为导向，通过行为主体的生产和生活活动，在水资源环境系统与区域经济系统之间，由人口、资源、环境、物质、资金和技术等要素的输入和输出形成耦合系统内的物质流、能量流、价值流和信息流，并维持相对稳定和有序发展，构成具有整体性、相关性和层次性等特征的耦合系统结构框架。水资源环境与区域经济耦合系统的结构可以分为三个层次，即要素层次、行为层次和治理层次。

（一）水资源环境与区域经济耦合系统的要素层次

在自然再生产和经济社会再生产的过程中，要素层面的分析成为系统耦合逻辑关系研究的起点。水资源要素、水环境要素、人口要素、物质要素、资金要素和技术要素相互结合、相互影响，构成了水资源环境系统与区域经济系统逻辑关系的有机整体。

1. 水资源要素

水资源具有分布与组合的区域性、更新与利用的循环性、数量的有限性和不可替代性等特征及日益突出的水污染和水短缺矛盾，使水资源对国民经济发展的限制和制约作用越来越突出。特别是在一定技术条件下，因水资源的数量和质量等条件差异，以及人们利用水资源能力的局限性，使当今水资源出现枯竭和恶化等一系列问题。同时，随着科学技术的进步，人类不断促进水资源的更新和循环利用。因此，人们在不断认识水资源的重要性和珍惜水资源的过程中，加大科学技术的研发、推广和应用，实现水资源的合理开发、更新、循环和永续利用。

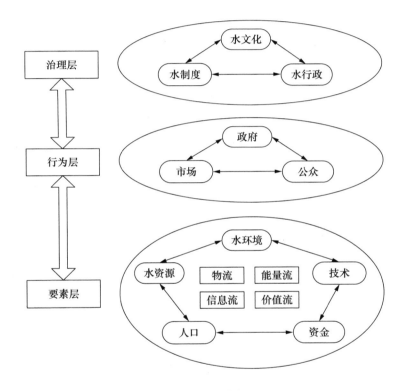

图 2 – 4　水资源环境与区域经济耦合系统的层次结构框架

2. 水环境要素

水环境是指自然界中水的形成、分布和转化所处空间的环境。在区域生态经济系统中，由于处于主体地位的人具有自然和社会的双重属性，与之相联系的水环境也必然有自然环境和社会环境两个方面。水的自然环境因人类活动的参与而具有人工化了的自然环境特征，水的社会环境包括政治制度、经济制度、文化氛围、道德风尚等，水的自然环境和社会环境成为影响耦合系统的基础因素。水环境要素的基础地位与作用主要是通过人与水环境的相互关系得以体现。一方面，人类通过能动地适应、控制、改造和利用水环境，为人类发展服务；另一方面，水环境要素以其特有的容量特征、结构特征和发展规律，影响和规范着人类的经济社会活动。

3. 人口要素

人是自然环境的产物，经过长期的进化和发展成为自然界的重要组成部分，并从自然界中分化出来，居于经济社会的主体地位，具有自然和社会的双重属性。无论是自然属性，还是社会属性，人都是生产者和消费者的统一。在水资源环境与区域经济系统的耦合关系中，人的主体地位能动地支配着水资源、水环境、物质、资金和技术等客体要素，而客体要素按照自然和社会规律反作用于人类，形成主体和客体的对立统一。一方面，人类活动给水生态环境造成压力和破坏，或者是促进生态经济系统向更高级的稳定状态演化；另一方面，恶化或优化的水生态环境必将以不同的方式反作用于人类，阻碍或促进人类的生存与发展。在主体决定客体和客体反作用于主体的过程中，人的因素始终是整个耦合系统的核心。因此，人口的数量和质量成为自然再生产与社会再生产，以及两者相互适应、协调发展的基本条件，主体行为成为影响水资源环境系统与区域经济系统耦合的决定性要素。

4. 资金要素

资金是市场经济条件下再生产过程中不断运动着的价值，包括货币形态的资金和物质形态的资金，具体表现为人们劳动创造的财富，是社会生产的物质条件和增加社会财富的重要手段。在区域经济系统的生产和流通过程中，资金具有启动功能和增值功能，包括生产工具和劳动对象在内的各种物质资料通过资金相互结合、相互作用，使产品进入正常的商品生产和流通过程。在区域经济系统的再生产过程中，资金规模及其经营规模不断扩大，往复运动、循环增值，对系统水资源环境与经济的耦合发展具有重要意义。

5. 技术要素

技术要素贯穿于区域水资源开发利用及污水治理活动的全过程，并影响着区域经济生产方式的演变和发展。具体而言，先进的技术或落后的技术在不同程度上促进或延缓区域经济系统的物质循环、能量流动、价值转移和信息交换。因此，技术要素在区域经济系统中的功能实现就是通过认识、掌握和运用自然运动规律和经济运行规律，有计划、有目的地调节和控制水资源环境与区域经济发展的相互关系，促进耦合系统的和谐发展。

（二）水资源环境与区域经济耦合系统的行为层次

政府、企业和社会是水资源环境与区域经济耦合系统协同治理的主体，是协同治理决策的制定者和执行者。协同治理不仅要求不同地方政府间的协同合作，而且还需要政府—企业—社会间的协同合作，即将各级政府、企业和社会看作一个统一的协同整体，协商合作共同治理水资源环境问题。因此，政府主体、企业主体和社会主体的行为决策将对协同治理及其效果产生直接的或间接的影响。

1. 政府的主导行为

政府是协同治理的主导者、矛盾冲突协调者、制度政策供给者、机制设计者、交流协调平台提供者。因此，政府在环境协同治理中的认知、态度、职能转变等行为对协同治理具有重要影响。

（1）政府是协同治理顶层机制设计者。顶层机制设计是指中央政府为区域水资源环境的协同治理机制的建立提供一个科学的制度性框架，科学的顶层机制设计往往能带来好的协同治理效果。

（2）建立跨区域治理机构和完善利益协调机制。建立跨区域环境治理机构是为了区域水资源环境协同治理事务，缓解协同治理中的矛盾与冲突；完善利益协调机制是为了协调在协同治理中利益不平衡问题。一方面由于水资源环境问题的负外部性，水环境污染的制造者产生的成本却需要其他主体承担，这对协同治理具有严重的消极影响；另一方面，协同治理过程中，必然某些地区处于弱势地位和为其带来利益损失，阻碍水资源环境协同治理。因此，建立跨区域治理机构和利益协调机制可以平衡各相关利益主体或地区的利益，缓解矛盾与冲突，减小协同治理的阻力。

（3）完善协同治理法律体系和制定实施统一政策。法律和政策是协同治理的强制手段，其中法律体系的完善能有效约束水资源环境协同治理主体行为，对破坏协同治理的行为依法惩处，提高治理主体参与水资源环境协同治理的规范性；政策的统一有利于协同政策的实施和对协同治理主体行为尤其是排污企业的行为的监督，增强协同治理效果。

2. 企业的主体行为

水资源的终端用户包括具有不同需求的有关企业以及营利性组织、各种涉水行为的直接或间接的受益者或受害者。从形式上讲，水资源终端用户包括当地直接用户、水资源开发利用企业和需要用水的相关企业。企业既是水资源的重要使用者，也是水环境污染的主要制造者，更是水环境治理的直接执行主体，其行为在环境协同治理中起到至关重要的作用。因此，企业的认知、态度、环保意识以及受益等行为对区域水资源环境协同治理具有重要的影响。

（1）企业追求的是经济利益最大化。企业在协同治理中能够获得利益是企业支持参与协同治理的根本动机。协同治理中企业越是有利可图，则其参与协同治理的动力越强，越有助于企业采取有利于与其他治理主体行为协同的决策。

（2）企业协同环保意识。企业对环境的认知水平，既指企业的水环境价值观念，又指企业环保行为的自觉程度。正确的环境价值理念和环保行为自觉性能提高企业对水环境协同治理的重视程度，进而主动承担水环境协同治理责任。一般来讲，拥有较强环保理念的企业更愿意承担水环境治理的责任，参与积极性较高，更加容易与政府在水环境治理行为上实现协同。

（3）协同治理中的企业交流合作。既包括水环境治理技术的交流合作，也包括水环境治理经验的总结交流，有助于水资源环境协同治理信息的流通，增强交流各方之间的信任，进而促使治理主体间的协同合作。

3. 社会组织和公众的参与

社会中介组织及社会公众是指以水资源管理为关注的重要内容、直接或间接参与到水资源管理的事务中、不以经济利益为追逐目标的非营利性公共团体和社会公众。社团通过监督政府和企业行为、协调环保社会行动、影响政府政策等途径，维护社会和公众的水环境权益。社会公众基于对公共事务的关注而产生的言论会形成一定的社会舆论制约力量，直接或间接地对决策者产生影响，成为制度执行中的监督力量。

（1）协同治理中社会组织/媒体的宣传。社会组织/媒体的宣传能加快社会公众对水资源环境协同治理全面的了解，科学有效的宣传能引导社会公众改变对协同治理的态度，促使社会积极参与水资源环境协同治理。

（2）社会公众对协同治理的认知。社会公众对水资源环境协同治理认知的全面化和科学化可加快公众了解和接受协同治理理念，一方面，从自身生活方式上适应并支持协同治理；另一方面，监督协同治理中其他主体的行为和协同政策措施的执行和落实。

（3）社会公众的环保意识及责任感。正确的水资源环境价值理念和环保行为自觉性能提高社会公众对协同治理的重视程度，主动承担协同治理中的责任，通过积极主动改变生活方式或采取绿色生活方式参与到协同治理的实施中。提高社会公众和组织在水环境治理中的责任感，激发社会参与积极性，降低水资源环境协同治理实施过程中来自社会方面的阻力。

（4）社会舆论对协同治理的监督。社会组织和公众作为环境治理的坚定支持者，具有监督环境协同治理政策和决策落实的意愿。因此，社会公众和组织对协同治理政策及决策等实施的监督能有效约束协同治理中其他主体的行为，保障水资源环境协同治理的实施。

在行为主体层面，政府、企业、社会组织及公众既是耦合系统的参与者，更是促进系统和谐发展的推动者，一方面要尊重水资源环境与区域经济的客观规律，另一方面还要从行为主体发展意愿出发，结合各种自然条件和经济社会条件，运用科学技术方法和手段，增强水资源环境与区域经济的可持续性，促进耦合系统的协同发展。

（三）水资源环境与区域经济耦合系统的治理层次

21 世纪伊始，我国政府就提出了一系列旨在遏制水资源短缺、水环境恶化的举措，2011 年实施的"最严格水资源管理制度"就是针对我国国情、水情所提出的一项全新的水资源管理制度。为落实这项管理制度，需要在经济社会层面，通过经济、政治、文化、法律等途径，增强系统内各要素的联系，调整和规范水资源环境与区域经济的关系，促进耦合系统的协同发展。

1. 形成水文化伦理软规则

水文化伦理软规则在水资源保护中主要体现在水资源节约保护的意识、道德、文化、价值观等方面。从现实情况来看，水文化与水伦理道德的失范已成为社会生活中的"常见病"，并逐渐被人们漠视或忽视，长期以来形成的对水资源的浪费和污染看作习以为常，水资源认识理念偏颇、水资源利用价值观的迷失、全民节水意识淡薄等社会问题是导致当前水危机的主要因素，是水资源保护与管理领域的"软肋"，是造成当前我国水危机愈演愈烈又难以根治的社会原因。因此，必须通过水资源保护知识的普及、教育、引导的手段，强化文化伦理软规则建设，改变社会意识领域对水的认识危机，重塑社会对水资源的尊重与敬畏，将人与自然界的关系放置在平等的位置，使人与自然相互尊重、相互依存的自然观深入人心，并成为意识形态领域的基本伦理价值观，水资源的保护与管理才可能成为国人持久有效的集体共识。

2. 建设法律法规硬制度

落实最严格水资源管理制度涉及方方面面的个人和单位，必须要有一系列可落实、有效的政策法律体系作保障。首先，需要对目前执行的政策法律文件进行甄别、修改或补充，体现"最严格"水资源管理的用语，构建比较完善的政策法律体系。其次，通过构建"违法成本＞守法成本"机制、强化政府责任机制、强化社会公众和利益相关者参与的保障机制、强化宣传和普及法律规制等一系列措施，来保障最严格水资源管理制度的实施。

3. 规范有序的水行政管理体系

落实最严格水资源管理制度同样是一项具有"最严格"特点的行政管理工作，必须要形成相适应的行政管理体系作支撑。首先，需强调中央与地方政府间的合作与交流，中央与地方充分且持续的信息交换和资源分享，有利于减少机会主义及信息由中央向地方传导的"地方性解读"与"选择性过滤"，以实现中央政府宏观调控，统一规划。其次，需要地方政府积极配合，主动协调。最后，需要企业、非营利组织和公民等社会力量充分参与，从而形成共同治理的环境协同治理模式，以实现环境治理的最大效果。水环境协同治理模式是将区域内的相关参与主体全部纳入环境治理的进程中，即中央政府、地方政府、公众、企业等主体都参与到区域环境治理中，并在治理过程中形成中央地方政府间、地方政府间、地方政府—公众、地方政府—企业等多元主体参与、多元主体互动的协同治理模式，其突破了传统的以行政区划为界限的治理模式，从而形成了一种新的治理结构与制度安排。

第四节　水资源环境协同治理的相关理论

一　协同治理理论

（一）协同治理基础

1. 协同与治理的概念

（1）协同的概念与内涵。"协同"（collaboration）一词最早在19世纪开始使用，当时工业化进程不断加快，更加复杂的组织出现，而且劳动分工越来越细。协同成为功利主义、社会自由主义、集体主义、科学管理以及人类关系组织理论的基本概念。协同指的是与他人一起工作，意味着行动人，包括个人、团体或组织，一起努力合作。既可以通过描述性/实用性的角度去解释，强调与他人合作的特性，即协同的深度；也可以通过规范性/内在性的角度去解释，突出对参与及信任关系建立的强调，即协同行为背后的大环境、目的或动机。

因此，协同是一种更加持续和固定的关系，需要建立新的结构，以便构建权力体系，发展共同愿景，开展广泛的共同规划。

协同需要各方为了实现互利和共同目标具备提高各自能力的意愿，帮助其他组织达到自身的最佳。在协同关系中，各方共担风险和责任，共享收益，投入足够多的时间，具备很高程度的信任，共享权力范围。它强调的是来自不同部门的参与方采取集体行动的这一过程，而在这个过程中，各参与方之间会建立起一种比较正式和紧密的关系，而且各参与方都会对最终的结果和自己的行为承担一定的责任。

（2）治理的概念与内涵。英语中的"治理"（governance）一词源于拉丁文和古希腊语，原意是控制、引导和操纵。1992 年，联合国教科文组织全球治理委员会在《我们的全球伙伴关系》的研究报告中对治理做出权威界定：治理是个人与机构、公家与私人管理共同事务的诸多方式的总和。它是一个持续不断的过程。在这个过程中，可以使对立的或各异的利益彼此适应，可以采取合作的行动。它既包括为保证人们服从的正式制度和体制，也包括人们同意或以为符合其利益的非正式的安排。现代意义上的"治理"，依托强大的公民社会，实现政府、市场、公民社会三方面的参与合作，它打破单一的政府公共权力中心，强调上下互动的管理过程；它实际上是国家权力向社会回归的过程，是还政于民的过程，是政府、市场和公民社会共同决策资源配置的过程，最终目的是公共利益的最大化。

总的来看，治理是以共同利益为价值导向，多元行为主体平等对话、协商合作、协同应对共同挑战的一种新型的管理公共事务的规则、机制、方法和活动。它注重社会组织、各利益群体，以及公民个人在国家和社会生活管理过程中的责任与义务，不仅明确其权力，也赋予其合法性，注重在解决社会冲突和分配利益过程中非正式制度社会习惯、道德、习俗等的重要作用。

2. 治理与管理概念辨析

（1）治理与管理的概念。"政府管理"是指"政府运用依法获授的国家公共行政权力，并在法律原则规定的范围内运用行政裁量权，以行政效率和社会效益为基本考量标准，处理公共行政事务的过程和活动。"简言之，政府管理就是政府依法对国家公共事务进行的组织管理活动。格里·斯托克在梳理各种治理概念后指出，各国学者对治理已经提出五种主要观点：一是治理意味着一系列来自政府，但又不限于政府的社会公共机构和行为者。各种公共的和私人的机构只要其行使的权力得到了公众的认可，就都可能成为在各个不同层面上的权力中心。二是治理意味着在现代社会，国家正在把原先由其独自承担的责任转移给社会。三是治理明确肯定了在涉及集体行为的各个社会公共机构之间存在权力依赖。四是治理意味着参与者最终将形成一个自主的网络。这一自主的网络在某个特定的领域中拥有发号施令的权威，它与政府在特定的领域中进行合作，分担政府的行政管理责任。五是治理意味着在公共事务的管理中，不仅限于政府的权力，还存在其他的管理方法和技术，政府有责任使用这些新的方法和技术来更好地对公共事务进行控制和引导。

（2）治理是更高层次的管理。治理是管理的升华。第一，从参与者来看，管理存在主体与客体的界分，即管理者与被管理者。治理则消除了这种主体与客体的区别。治理往往指"协同治理"，强调社会多元主体的共同管理，政府、社会组织、个人等不同行为主体间形成了一种有机合作关系。第二，从目标来看，管理强调由管理者控制目标的实现，治理则更注重多元主体设定的共同目标，让更多行为主体共同管理社会事务，关心公共利益，承担公共责任，实现共同目标。第三，从过程来看，管理更侧重自上而下的过程，治理则是一个自上而下与自下而上互动的过程，强调政府与社会通过合作、协商、建立伙伴关系，寻求政府与公民对公共生活的合作管理和实现公共利益最大化。

3. 协同治理的概念与内涵

（1）协同治理的概念。协同治理是在治理理论的基础上有机融合了协同理论及其思想方法，进而形成的一种新的治理策略，其实质是将协同的理论与思想方法运用到治理过程中，进而实现基于治理角度的善治或基于协同角度的整体协同效应。联合国全球治理委员会把协同治理界定为，"协同治理是覆盖公共和私人机构以及个人管理他们共同事务的全部行动。这是一个连续性的过程，在这个过程中，各种矛盾的利益和由此产生的冲突得到调和，并产生合作。这一过程既建立在现有的机构和具有法律约束力的体制之上，也离不开非正式的协商与和解"。

国外学者的研究包括：Padilla 和 Daigle（1998）将协同治理解释为一种结构化安排，拥有正式的组织、安排和结构。Walter 和 Peter（2000）认为，协同治理是一种包含共同结构、共同活动和共享资源的正式活动。Ansell 和 Gash（2008）认为，协同治理是一种使多个政府部门和非政府部门的利益相关者直接参与制定或执行公共政策或管理公共事务，以共识为导向的正式集体决策过程的制度安排。Johnston 等（2010）则深入分析了协同治理模型中的制度设计、协同过程和协同治理结构之间的关系。Emerson 等（2012）的研究提出了协同治理的框架，并对不同领域的协同治理效果、利益相关者博弈都进行了评价和分析。Eva Sorensen 和 Jacob Torfing（2012）认为，协同治理效果的评价分析需要运用多个评估标准，且协同治理需要六个层面的客观条件支撑。

国内学者也从不同的角度对协同治理进行了研究。何水（2008）认为，协同治理是指在公共管理活动中，政府、非政府组织、企业、公民个人等社会多元要素在网络技术与信息技术的支持下，相互协调合作治理公共事务，以追求最大化的管理效能，最终达到最大限度地维护和增进公共利益目的。刘光容（2008）将协同治理定义为为了实现与增进公共利益，政府部门和非政府部门、私营部门、第三部门或公民个人等多元合法治理主体在既定的范围内，运用公威、协同规则、治理机制和治理方式，共同合作，共同管理公共事务的诸多方式的总和。杨华峰（2008）则认为，协同治理是致力于推动合作结构生成的一种解释性话语结构，其着力于探讨协同治理的序参结构，主张通过对地方性知识、地方性团体、地方精英与地方舆情的挖掘与拓展来勾绘作为关系集合的地方区域，从而推动社会协同治理的实践。而郭炜煜（2016）认为协同治理是指在社会公共生活中，在一个由各权力主体构成的开放系统中，通过行政、法律、技术以及舆论等手段，使原本混乱无序的各要素之间相互协调和共同作用以产生一个有序的协作系统，从而高效地进行公共事务的治理，最终达到维护公共利益的目的。

协同治理理论认为，政府、社会、利益集团和企业等均可作为公共事务的参与者，而共同利益成为不同参与者谈判的关键点，且参与者能否介入和表达取决于"建议和定时间表的能力"。因此，协同治理可以理解为在组织活动范围之内，政府、企业、非政府组织和社会公众等为达到增加并保护社会公共利益的目的，在现有政策法规的约束下，以政府为主导，以广泛参与、平等协商和通力合作为形式，并对社会公共事务进行管理的所有活动以及所采用的方式的总和。

（2）协同治理的内涵。协同治理是为最大限度实现公共利益，政府、市场、社会组织和公民等参与主体，相互协商、相互合作、相互竞争，同时综合运用经济手段、法律手段、行政手段、伦理手段等多种工具，实现治理对象由无序到有序状态的过程。因此，协同治理至少包含如下几层含义：①治理主体的多元性。政府不再是治理公共事务的唯一主体，而且由于政府官员也常是"理性经济人"，出于自身利益的考虑，会利用手中的权力进行"寻租"。为了更好地提供公共服务、管理公共事务和减少公共开支，政府需要加强与企业、社会团体及公众的沟通、协作。②治理权威的多样性。社会的发展及公众受教育水平的提高，使得公众越来越愿意参与到公共事务的管理中，发表个人的意见；公共事务治理的权威不必一定是政府机构，其他社会治理主体也可以参与管理并发挥其作用，体现其在某些领域的权威性。③子系统的协作性。政府的管理方式不再仅仅依赖强制力，更多的是同社会团体、企业和社会公众协商合作，积极引导社会治理主体参与到公共事务中来，以实现多元主体协同治理，提高政府决策的科学性和执行效果。④自组织的协调性。协同治理中包含政府、社会团体、企业、公众等社会治理主体，这些主体之间既相互依赖，也存在相互干扰和相互影响的因素。协同治理的目的就是协调各子系统的关系，使之对公共事务治理达成一定共识，并各自利用自身的优势，最大限度地增进社会公共利益。⑤系统的动态性。协同治理认为，社会是一个正处于迅速地变化过程中的复杂系统，各种公共事务日趋复杂和多样化，治理主体之间应该加强协作和沟通配合，形成多元互动、多方协作的运作模式。

4. 协同治理的关键要素

性状良好的协同性特征是对协同信息要素的完整反映，在寻找性状良好协同性特征的过程中，需要界定协同治理的关键要素。

（1）网络关系。网络组织与协同效应之间并非简单的线性关系，也并不具备与生俱来的协同效应能力。只有对网络组织进行治理，合作各方的协同效应预期才可实现。网络多元节点之间是平等合作关系，节点之间的关系及节点地位变化皆由利益、资源、目标变动所致。同时，节点之间的关系是多维的。既有网络内部节点之间的关系，又有节点与外部网络的关系；既有市场交易关系，又有社会交往关系；节点之间的关系既可以通过科层、市场等正式机制来维护，又可以借助信任、声誉等非正式机制予以强化。网络能较好地表达协同治理中多元主体关系结构，网络关系结构能够充分发挥多元主体力量，消除其机会主义价值取向，保证主体关系结构的有序性。

（2）协作互动。互动是协作的重要特征。协作互动既是对协同治理网络关系结构的维护，又是协同效应实现的动态机制和协同关系结构产生协同效应的桥梁。协同治理重视利益协调和资源配置，强调多元主体之间的互动激励。同时，多维网络关系结构的维护，要求加深协作主体之间的横纵向互动，既包括横向节点之间的关系黏合，也包括纵向节点与网络之间关系的嵌入。此外，协作可以通过正式或非正式互动机制，进一步优化网络关系结构，推进协同主体互动过程的可持续和协同效应的实现。在协同治理中，动态治理方法强调互动的过程和变化方面，缺乏约束的动态性将导致系统的无法定位甚至解体，因此，协作互动的机制化约束着其动态变化的可能偏离，有利于进一步通向协同增效。

（3）关系整合。协同治理重视对网络关系结构的整合，追求结构的有序性。一是强调平衡网络内节点之间的利益关系，重视节点之间的沟通、协调以及目标冲突的化解。网络节点须立足资源优势，嵌入外部网络，开展多维跨界合作，实现内外资源整合和自身持续、有序发展。二是重视对协作互动机制的整合，确保协作互动的方向性。协作互动机制是实现协同效应的关键，强调协同效应是互动机制的目标走向，易于控制机制变动的随意性、保证不同机制的协调进而促进协同效应的实现。三是重视功能整合，以期获得有效结果。协同增效不是关系结构、互动机制的自然延伸，其实现过程可能存在功能断裂、功能异化现象。通过对功能的整合，有利于克服"碎片化"现象以及保障协同治理整合功能的发挥及其结果的有效。

（二）协同治理的影响因素

协同治理是在政治、法律、社会经济和其他各种影响力的多层复杂环境中缘起和发展的。这些外部环境成为协同治理制度发展的机遇、制约和各种影响因素。根据这些因素之间的关联程度，可将其划分为利益状况、社会资本、制度和信息技术三类因素。

1. 网络结构中的利益状况

利益状况显著影响网络关系结构的形成。网络关系结构作为利益凝结的产物，其形成过程必然伴随多元主体讨价还价式的博弈行为，其中资源和目标是两个重要因素。同时，多元主体基于共同目标形成合作关系，而各自对个体目标的强调使利益博弈公开化，利益格局进而促进网络关系结构形成。利益状况通过协作、整合变量的调节作用，推动网络关系结构变化、发展。利益状况影响主体协作互动的热情，当预期互动能够带来利益状况正向变化时，主体互动的激励效应便会产生。在一定程度上，主体之间内外、横纵向互动关系的建立以及正式互动机制的运行，皆由预期利益状况正向变化所引致。

2. 协作互动中的社会资本

社会资本是协同治理的关键，协同治理广度、深度和效度皆取决于其存在状况。社会资本的生成路径决定了其具有累加性、非正式性、不易外显等特征，因而是影响协同治理的隐性因素。作为隐性因素的社会资本具有信任、互惠规范等要素的内在关联结构。社会资本与主体互动存在紧密关系，互动是其主要作用域。社会资本的累加效应途径主体互动而获得；反之，有价值的社会资本会促进主体之间走向更深层次的互动。社会资本影响主体之间的互动激励、横纵向互动关系、正式与非正式互动机制，进而影响协作互动机制对网络关系结构的维护以及协同效应的实现。

3. 关系整合下的制度和信息技术

制度和信息技术因素是影响协同治理的共享因素，作用于协同治理的各个变量，本质上具有整合功能。整合的前提在于主体共识达成，而制度是合作共识的理性表达，它可以防范和化解合作冲突，并加速协同治理的整合进程。信息技术是重要的整合工具，能够促进整合功能发挥。制度、信息技术因素与整合功能的同构性，决定了其对整合功能模块的显著作用。作为外生变量的制度，影响主体关系结构的有序性和协作互动的方向性。

（三）协同治理的实现路径

1. 激发显性因素优化网络关系结构

利益、资源、目标等显性因素的表达，能够稳定多元主体的协同治理预期，优化网络关系结构。因此，首先要激励相关主体利益表达，正视其利益需求。相关主体之间应开诚布公，尊重彼此利益关系，要重视阶段性合作利益分配，稳定多元主体合作预期，以此促进合作的持续健康发展。其次要使资产专有和资源互依并重，实现主体优势互补。协同治理旨在多元主体协同效应的实现，资产专有在确权资产归属的同时，更加强调产权明晰对多元主体交易、合作深化的激励，以此实现资源最优配置和主体之间的优势互补。最后要制定清晰的协同战略目标，确保主体关系结构的有序性。目标是利益主张的公开化，协同战略目标能够平衡主体之间的短期和长期利益，有助于防范、化解合作冲突。同时，清晰协同战略目标，也是对主体之间角色的明确界定，有利于主体关系结构的有序化。

2. 注重隐性因素建设协作互动机制

作为隐性因素的社会资本，与协作互动机制紧密关联。社会资本的累加效应经由互动而生，社会资本的培育有助于深化协作互动机制建设。首先要弘扬协同精神，强化主体互动激励。协同治理所内蕴的协同精神，不仅有利于保障集体决策的科学化和民主化，而且有利于公共领域善治目标的实现。协同精神的弘扬，要求公众以主人翁心态积极参与公共事务治理，与利益相关者开展对话、辩论和协商，从而激励主体互动和促进社会良性发展。其次要培育社会资本，推进主体之间横纵向互动关系的纵深发展。多元主体应积极参与协作互动平台建设，提高互动频率、提升互动质量；采取措施，惩罚不合规主体，培育具有正向效应的社会资本，净化多维网络关系。最后要重视协同治理中的互惠规范建设，充分发挥主体之间非正式互动机制的作用。

3. 通过共享因素发挥整合功能

制度和信息技术等共享因素的有效供给，有利于整合功能的发挥与协同效应的实现。一方面，要强化制度的有效供给。完善相关配套制度建设，促进制度之间的良性互动，为整合功能的实现创造良好的政策环境。制度互动是影响制度有效性及协同治理目标实现的重要因素，相关配套制度的完善将为整合功能进而协同效应的实现提供法律制度保障。在宏观架构上，既要促进多元主体之间横纵向互动制度的衔接、配套，又要通过制度保障主体之间的正式互动机制与非正式互动机制的互补以发挥协同作用；在具体内容上，政府应营造有利于激发多元主体协同治理的外部环境，建立与之相适应的体制和机制。为此，应积极发挥协作平台的利益协调功能，完善主体参与、谈判沟通以及权责体系、监督、绩效评估等制度建设，促进网络关系结构的优化和协作互动机制的深化。另一方面，要重视信息技术的有效供给。信息技术是整合功能发挥的必要手段，通过引入计算机、网络、广播电视等信息技术，促使网内外资源的整合，拓展协同治理多元主体协作互动的平台，促进组织之间的协作互动，改善沟通效果，优化组织决策。

二　水资源环境的协同治理

（一）水资源环境治理的困境

1. 水权界定不完善

在法律意义上，我国水资源产权的界定是明晰的。但是，我国水资源产权的界定又存在诸多不科学之处，主要表现在：

（1）《水法》禁止水权的转让，这会导致两个问题：一是用水单位在获得取水权后，将以自身利益最大化为原则来取水，而不顾全整个水体的水资源量的维护问题，用水单位将缺乏改进技术、效率从而节约水资源的动机，这势必导致水资源的浪费；二是取水权的转让被禁止，水资源将无法在用水效率有差别的用水主体之间流转，水资源的配置将缺乏效率。

（2）清洁水由市场配置，但市场价格被政府管制得过死，一旦清洁水价格不能真实反映水资源的稀缺程度，对市场供给和需求的调节作用将受极大的限制。

（3）污水处理权由政府强制管理。政府要求城市生活污水要集中处理、达标排放，但现有污水管网多数是在各水资源管理部门、城市各区域是相对分割的计划经济体制下的产物，其设计、运营往往难以与污水处理厂的建设运营相匹配，缺乏污水集中处理的合理设计规划，污水处理厂通常得不到足够的污水而使设备闲置，另外，污水经营的定价等权力也被管得过死，污水处理企业往往处于亏损状态。

2. 水资源环境的公共物品性

水资源环境是公共资源，其产权常具有模糊性。区域内的每个团体或个人都难以具备界定明确的权力去维持区域环境不受污染和可持续利用。巴泽尔指出，当产权无法充分界定时，部分有价值的产权总是存在于公共领域，对公共领域中存在的可被攫取的资产价值将导致人们的"寻租"行为。当生产和消费行为带来水资源污染时，其污染成本由全社会共同承担，而产生的收益由排放者独自占有；而且水资源污染给排放者自身所带来的损失远远小于污染治理成本，从个人理性的角度出发，排放者没有治理污染的动机，从而必然导致对水资源的过度污染和使用，陷入"公共悲剧"。

3. 政府监管困难

政府面临信息不对称和隐性行为的监管困境。企业排污是私人信息，环境保护部门不可能每天24小时监督全国所有排污者的排污状况，这必然导致一些排污者利用没有监督的空当增大排污。同时，当采用矫正性税收对污染排放量征税时，税率往往难以确定，税率过高，成本转嫁给消费者，造成消费者福利损失；当采用使用量、排放量、排放物含量标准时，若排污权数量过大，会使区域内污染物的排放量超过环境容量；若数量过小，排污成本会超过社会经济技术承受能力，严重影响生产和生活，甚至会导致非法排污或偷排。

（二）水资源环境协同治理与协同治理理论的契合

当前我国区域水资源环境治理遵循属地管理原则，各级政府的环保部门负责区域内水资源的开发、利用和保护工作。由于政府具有"理性经济人"的属性，它会追求自身的利益最大化，区域内不同利益主体出于自身利益考虑难以通过集体行动实现跨界水资源环境治理，在治理的过程中会产生"搭便车"的情况。协同治理理论强调治理主体的多元性及治理主体间的协同合作，而跨界水资源环境治理中存在地方政府各自为政、政府内部职能部门职能交叉及单一政府管制的治理方式等问题使治理难以摆脱低效的困境。这就要求政府、企业、公众都能充分发挥治理主体的作用，实现多元主体协同治理跨界水资源环境问题。

1. 复杂过程的契合

协同治理是在一个复杂开放的系统中完成的。区域水资源开发利用与水环境保护就是一个复杂开放的系统，在这个系统中不停地发生着信息流和物质流的交换，这些交换使区域成为一个有生命力的系统。

2. 长期治理的契合

协同治理致力于实现长期有效的治理，达到善治的目标。区域水资源环境治理是区域内公共事务的主要部分，良好的水资源环境代表着区域内各个社会主体的利益和福祉，而且水资源环境的治理也是一个长期、动态的过程，需要内部主体之间不停地对话、妥协甚至是冲突最后达成一致的政策意见。

3. 多主体参与的契合

协同治理所追求的是在公共事务治理上政府部门、社会公众、民间团体、企业之间如何实现合作共治的努力，并维持这种治理体系的长期有效性和动态性，破除长期形成的单一主体的管理体系。区域内各个社会主体对于水资源环境有着不同的利益需求，从短期来看利益的差异性还很大，任何单一主体所形成的权威话语都只会从本身的利益出发，从长期来看这种利益的差异性和多元性是阻碍区域水资源环境治理的主要障碍，所以只有从多元协同视角出发，才会在尊重各自利益的前提下达成利益的协同。

4. 动态过程的契合

协同治理所倡导的是一个连续不断的动态过程，治理视域内政策和规则的形成是经过各个主体不断地协商、谈判、妥协而完成的。这与区域水资源环境治理的过程是契合的，如上文所述，区域水资源环境本身具有整体性、动态性、长期性、脆弱性，所以对水资源环境的治理也将是一个持续不断的过程，每一个阶段都需要根据更新的环境信息、改变了的主体利益偏好、调整了的政策目标来具体协同。

（三）水资源环境协同治理的任务

水资源环境治理中存在同级政府之间、同一政府不同职能部门之间的"横向协同"。此外，还有上下级政府之间的"纵向协同"，政府公共部门与非政府组织之间的"内外协同"。经济合作发展组织（OECD）把跨部门协同机制分为"结构性机制"（structural mechanisms）和"程序性机制"（procedural mechanisms）两大类：结构性协同机制侧重于构建协同的组织载体，即为实现跨部门协同而设计的结构性安排；程序性协同机制则侧重于实现协同的程序性安排和辅助技术工具。

1. 结构性协同

（1）纵向协同模式。以权威为依托的等级制"纵向协同模式"被进一步分为"以职务权威为依托"和"以组织权威为依托"两种基本类型。以职务权威为依托的协同结构载体是各级各部门大量的副职岗位及副职间的分口管理：跨部门事项如果发生在同一个"职能口"，共同权威基本上能较快实现部门间的协调配合；如果发生在不同的"职能口"，不同职能口主管领导需要以特定形式进行协调。由于水环境治理相关部门多不仅导致了"职能口"和分管领导较多，而且相关议事协调机构也比较多，需要设置"以组织权威为依托"的协同机制，是政治规格较高的常设或临时议事协调机构。

（2）横向协同模式。我国水资源环境治理领域的"横向协同"有两种组织形式："部际联席会议"和"部际协商机制"。部际联席会议是为了协商办理涉及国务院多个部门职责的事项，由国务院批准建立，各成员单位按照共同商定的工作制度，及时沟通情况，协调不同意见，以推动某项任务顺利落实的工作机制。部际联席会议以自愿、平等、共识为特征，因而体现了当代跨部门协同的方向。但我国对建立部际联席会议从严控制，规定不刻制印章也不正式行文，而且工作任务结束后应予撤销。因而，部际联席会议严格说是一种"工作机制"而非协同的结构性安排。围绕专项任务开展的条块间横向协同的组织形式是"省部际联席会议"。

在跨部门协同的多种组织形式中，"部际协商机制"和"省部际联席会议"应用范围有限，"部际联席会议"具有临时性质且权力有限。因此，以权威为依托的等级制"纵向协同模式"特别是副职分口管理占据了主导地位。

2. 程序性协同

把程序性协同机制进一步分为协同的"程序性安排"和"配套技术"两大块。"程序性安排"包括常设性专门协调机构的运作管理程序、非常设性机构以及所有纵向和横向协同面临跨界问题时的程序性安排。"配套技术"则包括信息交流平台和交流的程序规则等。

（1）程序性安排。当前我国水资源环境治理中跨部门协同的程序性安排还属于粗放式行政管理，存在以下程序性细节的缺失。第一，作为协同主导机制的副职分口管理具有权威性和有效性等优势，但受领导者个人特质影响比较大，制度化和信息透明度不足。第二，政治规格较高的常设或临时协调机构，同样是以权威为依托的等级制协同。该类机构往往注重任务分工和工作要求，而非运作的具体程序性安排。第三，横向协同的组织形式同样存在程序性安排缺失的问题。按照规定，建立部际联席会议均需正式履行报批手续，"具体由牵头部门请示，明确部际联席会议的名称、召集人、牵头单位、成员单位、工作任务与规则等事项，经有关部门同意后，报国务院审批"。

虽然请示的前提之一是明确"工作任务与规则",但外界难以从中获取运作规则的信息。

（2）配套技术。关于跨部门协同的配套技术,目前受到重视的包括激励机制（如污染排放交易制度、能效领跑者制度）、问责机制（如目标考核责任制）、信息共享机制等。信息作为一种资源,不仅具有多方面的经济功能,而且是传统政府维系统治秩序的重要手段之一。遗憾的是,虽然国家投入巨资进行监测网络和信息平台建设,虽然相关法规一直强调加强信息共享机制,但信息割裂、"信息孤岛"现象依然存在,且在实践中导致严重后果。理论与现实间鸿沟的背后,是程序性规则和配套机制的缺失,特别是问责机制的缺失。

三 流域与行政区域相结合的水资源环境管理体制

实行流域管理与行政区域管理相结合的水资源管理体制,符合水资源的自然条件和行政管理客观情况,有助于发挥流域和区域的管理优势,有利于实现水资源的可持续利用。

（一）流域管理与行政区域管理的特点

水资源的流域管理与水资源的行政区域管理各有其特殊性,流域管理更趋向总体性和系统性,行政区域管理更注重效益性和具体性,二者在特点上的差异为实行结合管理提供了可能。

1. 流域管理的特点

流域管理一般从整个流域出发考虑效益和管理措施。因此,相对于区域管理,流域管理无论是规划、工程还是具体的用水管理,都更加注重整体性和宏观性,且流域管理不是仅仅把水资源作为流域经济的支撑,着眼于流域经济效益,而是更注重流域水资源和生态系统的统一性与和谐性。

（1）整体性。整体性是流域管理的最基本特性,是由水资源的系统性和自然统一性所决定的。流域是一个相对独立的系统,流域内的各要素之间关联性极强,相互间存在较高的互动性,这些要素相互依赖、相互作用,共同构成了一个可循环的整体流域管理。必须尊重流域的这种整体性,实行统一管理,把流域内的各项要素作为一个统一的整体进行管理,综合考虑流域防洪、水质、环境、泥沙、土地、移民、国防、经济效益等各个方面。在管理内容方面，并非集中在水资源的经济效益功能方面，而是统筹考虑水资源的各种属性，特别是流域的生态效益和环境保护等公益型效益，考虑流域内的资源、自然、环境条件，在管理中体现这种全方位的水资源管理。

（2）协调性。流域管理的范围是整个流域，因此，河流的干支流、上下游、左右岸均在流域管理的范围之内。这些区域的地理位置不同，自然条件、生态环境、经济发展水平、社会组织结构及管理程度各异，各方在水资源的利用和管理方面，在一定程度上存在利益冲突。流域管理机构必须考虑不同区域间的差异，平衡各方利益，在进行流域管理时，协调处理各方面的关系，达到全流域共同发展的目的。

（3）长远性。流域管理的统一性与协调性决定了其具有长远性的特点，即流域管理更注重流域的长远利益，这是流域管理与区域管理的一项重要差异。如前所述，流域是一个自身循环的整体系统，任何对流域内局部的破坏最终必须通过流域加以修复。同时，流域内公益性事务的受益方也终将是全流域，即任何对流域的破坏在未来将在本流域得到反映，而流域管理的着眼点正在于全流域的发展。因此，流域管理不同于区域管理，更加重视流域的长远利益，以全流域为基点，不仅关注水资源的短期经济效益功能，而且更加注重水资源的长期社会效益功能。

（4）宏观性。流域管理的宏观性是由流域管理的范围以及流域管理的性质决定的。流域管理着眼于整个流域水资源的各个方面，其地域范围广泛、管理内容多样，且流域内设有不同的行政区域以管理区域内的具体涉水事务，因此，流域不必也不可能进行具体、细致的管理。从流域管理的性质来看，流域管理是位于区域管理之上的管理和监督。因此，流域管理机构应当管理全流域的宏观事务，包括流域规划、水资源配置、流域项目审批、流域监督和纠纷解决，对属于行政区域管理的具体、微观的涉水事务，流域管理机构不宜进行管理，以防涉入过深，失去统管全流域的能力和平衡流域各方利益的公正性。

2. 行政区域管理的特点

由于行政区域与流域并非完全重合，且现代社会中，行政区域是国家的基本组成部分，国家以行政区域为单位考察经济和社会发展水平。因此，无论基于区域在本国的地位，还是考虑区域行政首长自身职责，行政区域对水资源的管理更加注重本区域的经济和社会效益，在管理内容上偏重于服务于本行政区域的基础功能，而相对忽视同流域其他区域的利益，这就导致了行政区域管理具有管理范围局限性、管理事务具体性和稳定性等特点。

（1）管理范围的局限性。行政区域管理一般只注重本区域范围内的水资源效益，对同流域非本行政区域的其他区域，不作过多考虑，在水资源的配置、开发利用和保护方面，不考虑上下游其他区域，只关注流域的局部地区。行政区域管理的局部性还体现在割裂水资源特性，只注重其经济效益功能，忽视其社会效益功能。当然，在现代政治下，水资源的社会效益已经得到世界多数国家的认同，行政区域管理也不能完全忽略水资源的社会效益方面，但仍然只考虑那些给本行政区域带来社会效益的部分，对全流域受益的部分，一般难以纳入区域管理的范畴。

（2）管理事务具体性。具体性特征是指管理内容的具体化。行政区域管理是国家政府管理的基本模式，行政区域实行层级式管理，每一级的管理内容都有具体规定，其层级和权限划分非常明确、具体。水资源的行政区域管理机构必须依照规定管理本区域范围内的具体涉水事务，包括区域规划和水资源的开发、利用、配置、节约、保护等各项具体内容，这是国家性质所决定的。同时，行政机构熟悉本行政区域的资源情况、经济和社会发展情况，因此，管理机构能够对本行政区域的水资源实行具体、深入的管理，以贴合区域需要，充分发挥水资源的基础作用。

（3）稳定性。稳定性是指区域管理的范围确定、内容固定、手段确定，这是由行政区划的稳定性和政府组织结构的稳定性所决定的。一国的行政区划完成后，为维护社会的稳定，一般不会发生变化。相应地，政府组织模式也具有稳定性的特征，其结构一旦确定，将保持长期稳定。在此前提下，由法律法规或政府文件确定的政府组织机构的职责和管理方式也相对固定和明确，即使改革，也大多数为平缓变动。作为政府组成部分的水资源行政区域管理机构，其管理范围、管理内容和管理方式都由政府管理模式所确定，在没有进行政府改革或政治变革的情况下，一般都保持稳定。

（二）流域管理与行政区域管理的地位与作用

1. 流域管理的地位和作用

流域管理机构具有其特殊性。它不在我国正常的行政管理序列中，不是某一级行政机关，在国家的一些基本法律中没有对流域机构作相关规定，《组织法》中没有对流域机构的组织设置作出规定，《立法法》也同样没有对流域机构的立法权限作出规定。要想在流域内行使水行政管理职责，就必须得到法律法规的授权或者行政机关的授权，才能成为水行政主体。新《水法》明确规定国家对水资源实行流域管理与行政区域管理相结合的管理体制，流域管理机构在所管辖的范围内行使法律、法规规定的和国务院水行政主管部门授予的水资源管理和监督职责，从根本上确立了流域管理机构的法律地位。中编办批复的流域机构"三定"方案更加明确地指出，流域管理机构代表水利部行使所在流域及授权区域内的水行政主管职责，是具有行政职能的事业单位。

在流域与行政区域相结合的水资源管理体制中，流域管理处于统管全局的地位，从流域全局的高度管理水资源，管理关系全流域的重要事项。流域管理还负责行政区域管理难以协调、难以办到的事项，管理涉及多方利益的事项，为行政区域实现水资源统一管理创造良好的条件。总之，在相结合的管理体制中，流域管理更多地发挥宏观决策和监督功能。

2. 行政区域管理的地位和作用

我国重要江河的流域面积大，跨行政区域范围广，流域内社会与经济发展水平差距也较大。针对这些特点，我国实行流域管理与行政区域管理相结合，在国务院水行政主管部门的统一管理与监督下，应当发挥各级水行政主管部门的管理作用。

在流域与行政区域相结合的水资源管理体制中，行政区域管理处于基础地位，在流域统一管理的指导下，负责本区域涉水事务的具体管理。管理本区域内的水资源，落实流域各项制度和计划，协调区域内各用水户的利益，为本区域的经济社会发展和实现水资源的流域统一管理提供基础和保障。在相结合的管理体制中，行政区域管理更侧重于决策的执行，以及为决策提供基础和保障的作用。

（三）流域管理与行政区域管理的关系

在流域与行政区域相结合的水资源管理体制中，流域管理处于统管全局的地位，从流域全局的高度管理水资源，管理关系全流域的重要事项，引导行政区域管理。流域管理的重点应是管理和监督，而地方政策管理的重点应是管理和组织实施。流域管理对区域管理具有引导、推动和制约的作用，而区域管理对流域管理有配合、补充和延伸的作用。水资源的流域管理与行政区域管理各有优势，实现两种管理的结合，形成优势互补，可以充分调动两个积极性，而要使流域管理与区域管理能够有效地结合，就需要明确它们之间的关系，合理划分流域管理与区域管理的职责，使这种管理模式具有广泛的适用性。流域管理与区域管理之间存在以下几方面关系：

1. 指导与服从关系

流域管理的全局性特点和行政区域管理的局部性特点以及管理层次决定了在流域层面的管理事务，行政区域必须服从流域的关系，流域管理对行政区域管理进行指导。流域管理重视全流域的宏观管理，注重流域的整体利益，而行政区域管理主要关注各行政区域的相对局部地区利益，根据局部利益服从总体利益、眼前利益服从长远利益的原则，行政区域管理应当服从流域管理。具体而言，是指在关系全流域的宏观管理事项时，行政区域管理必须根据流域管理的要求和目标，决定本行政区域水资源管理的目标和方式，在区域利益与流域利益发生冲突时，必须服从流域整体利益。

2. 合作与分工关系

流域管理与行政区域管理在管理范围上的重合性决定了两者必须合作。流域管理是对地方工作提供服务和支撑。流域管理不是空中楼阁，其管理对象也处于行政区域管理的范围内，当流域管理涉及上下游、左右岸、跨行政区域的事项时，以及当流域管理必须以水资源基础资料作支撑时，流域管理必须与各行政区域管理合作，由两者共同完成。而地方工作是对流域工作的支持和延伸。在实行合作的同时，流域管理与行政区域管理也有明确的分工。因此，流域管理与区域管理各有所长，应当各有侧重。流域管理偏重宏观、统一管理以及处理各利益方的关系；行政区域管理应当侧重于本行政区域内的具体事务的管理。两者按照管理对象的规模、地理位置、影响范围、重要程度、受益范围等进行明确分工，各司其职，分别行使自己的管理职能。

3. 相互监督关系

流域内部不同行政区域间存在的利害冲突决定了流域管理必须对行政区域管理进行监督。对于行政区域管理中可能涉及或影响他方利益的事务，流域机构必须进行监督，以防发生纠纷；对已经发生纠纷的各方，流域机构还必须监督各方对解决方案的执行；最后，流域机构还必须进行违法监督，防止各行政区域在管理中发生违法的情况。而对流域管理工作的公允性，流域管理是否越权，还是失职，地方机构也要进行监督。

4. 相互协调关系

流域管理与行政区域管理的对象都是水资源，总体目标是一致的，即兴水利、除水害，造福于民，也是协调关系的基础与前提。水资源既具有流域性和自然统一性，需要按流域实行统一管理，同时，由于一个行政区域内的水资源与当地的自然资源、生态环境、经济发展、社会进步等密切相关，而这些因素正是划分区域的标准，因此，各地治水方式、用水模式、经济社会发展水平等受传统影响，具有区域差异，宜按区域实行管理。水资源的流域特性和区域差异导致流域管理和区域管理的协调统一。

第三章 水资源环境与区域经济系统耦合的机理研究

第一节 基于水循环的水资源环境与区域经济系统耦合机理

一 自然水循环系统

（一）自然水循环系统的构成

地球是一个充满水的星球，水是地球系统许多子系统中必不可少的成分，许多过程都是在水的参与下得以实现的。水也是地球上唯一在天然状态下同时以液态、固态或气态的形式存在的物质。全球水体积约为 13.8 立方千米 × 108 立方千米，其中的 99% 以上存在于世界大洋和冰川，其余的水存在于陆地上的江河、湖泊、井泉等水体之内，土壤的孔隙与岩石的缝隙之中和大气之中。水在相互作用的各种水体之间不停地相互迁移转换，构成天然水循环过程。自人类出现以来，天然水循环过程的某些环节便成为生产、生活的用水来源，因此，天然水循环过程是人类赖以生存的重要基础，是人类社会经济发展的重要保障。

在自然界中水的周而复始的循环运动就是水的自然循环：在太阳辐射和地心引力的作用下，水从海洋蒸发变成云也就是水汽和云，地表的风又将云送到陆地上空，以降雨、降雪或者冰雹的形式落回地面，一部分蒸发，另一部分在地表形成径流汇入江河或者渗入地下水层形成地下径流，最终流入大海并开始了新一轮的循环，如图 3 - 1

所示。可见，水通过不停地运动积极参与自然环境中一系列物理、化学和生物过程，在循环过程中形成一种动态资源。

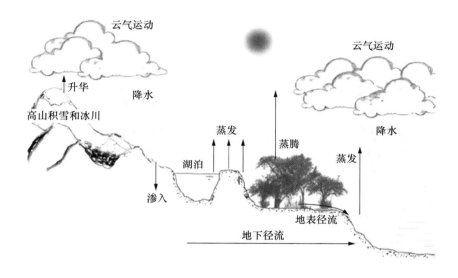

图 3-1　水的自然循环①

按照其运动方式，可将水的自然循环系统分为以下几个子系统：

（1）蒸发子系统。太阳辐射使水从海洋和陆地表面蒸发，从植物表面散发变为水汽，成为大气的一部分的过程。

（2）水汽输送子系统。水汽随着气流从一个地区输送到另一个地区，或由低空被输送到高空的过程。

（3）降水子系统。进入大气的水汽在适当条件下凝结，并在重力作用下以雨、雪和雹等形态降落的过程。

（4）径流子系统。径流一般是指由降水形成的。降水在下落过程中一部分蒸发，返回大气，一部分植物残留、下渗、填洼及地面滞留后，通过不同途径形成地面径流、表层径流和地下径流，汇入江河、流入湖海的过程。

---

① 彭澄瑶：《城市水资源可持续规划与水生态环境修复》，博士学位论文，北京工业大学，2011 年。

（二）自然水循环系统的特点

1. 动态性和循环性

水的自然循环是一个错综复杂却又相对稳定的动态系统。水在自然界中通过蒸发、降水、径流等过程循环流动，给人类带来丰富的自然资源和潜在的巨大能源，但是水的循环又绝非是简单的蒸发、降水、径流的重复过程。水资源在地球上的分布、水质、水量等既是自然历史发展的产物，也在随着人类生产生活不断发展而动态变化。即使是在水的自然循环系统过程中，也涉及蒸发、蒸腾、降水、径流和下渗等多个环节，这些环节相互交错地进行，正是水的自然循环这种复杂动态系统的特性，使水能够不断地得以循环并且更新。

2. 平衡性

水的自然循环过程存在水量和水质的动态平衡关系。水质的动态平衡体现在水随着降水、降雪、冰雹等落到地面和地表水体后，势必会携带一定量的有机或无机物质跟随下渗或者径流，在水的地下、地表径流运动中，这些有机或无机物质通过稀释、吸附、沉淀、化学反应或被水中的微生物所分解，使地下和地表水质维持在原有水平上，在水的整个运动过程中形成一个动态平衡。在整个水资源的自然循环过程中，总水量保持平衡。在全球范围内，在相当长期的水循环中，地球表面的蒸发量与返回地球表面的降水量相等，处于相对平衡状态。

3. 补给性和更新性

水资源的自然循环在调节全球与局部气候的同时，还为水资源不断再生提供条件。参与循环的水，无论是从地球表面到大气，从海洋到陆地，还是从陆地到海洋，都处于不断地更替与自净过程中。

4. 时空差异性

水资源的自然循环中，水量的时空变异非常显著，一些地区河川径流的丰水年、枯水年往往交替出现。

（三）自然水循环系统的作用

水的自然循环是一个庞大的系统，各种水体通过蒸发、蒸腾、水汽输送、降水、地表径流、下渗、地下径流等一系列环环相扣的过程，把水圈与大气圈、岩石圈、生物圈等有机地联系了起来。在这个循环系统中，只有水这一要素是守恒的，但是它也是在不断转化、运动的，也因此地球上的各类水体的状态一直在变化而形成一个动态的平衡。

1. 对全球的气候变化有着至关重要的影响

通过蒸发进入大气的水汽是产生云、雨和闪电等现象的物质基础，而空气中水汽的含量将直接决定一个区域内的湿润情况。水的自然循环还带动了部分海洋的水汽随着大气流动深入到大陆地区，缓解内陆地区的干燥气候，改善其自然景观和生活舒适度。

2. 帮助维持着地球热量的平衡

不同地域、不同时段的水热状况因为水的循环而得到了重新分配。比如水通过蒸发在某个时间和地区将太阳辐射转化为潜能，通过水的循环在另一个时间和地区以降水的形式得以释放。海洋中的暖流由低纬度地区流向高纬度地区时所释放的热量提高了周围海域和沿岸地区的温度，寒流的作用又恰恰相反，从高纬度地区流向低纬度地区时吸收了热量并且降低周围海域和沿岸地区的温度。

3. 人类的生产生活必需的物质

人类生活、农业生产、工业生产等无一不依靠水。随着社会的发展，人类的生产生活方式更加先进，对水的需求量也与日俱增。全球的年用水量已经较300年前增长了35倍。

4. 在地表形成水体还具有多种功能

由于地貌和地质条件不同形成了水位落差的地表水体又为水力发电和利用提供了一个巨大的能源库。在地下形成的水体可以取汲，在含热的岩石层中流动的水体还可以作为一种清洁的新型能源——地热能而被利用。

二　社会水循环系统

（一）社会水循环系统的构成

水资源的社会循环是指在水的自然循环基础上，人类通过利用地表径流、地下径流来满足生产生活需要，再将使用后的污水、废水排入自然水体，产生了新的人工水循环。社会水循环基于人类社会生活与生产等的需求，从自然水循环当中获取部分水资源，在使用后又再一次重新排放到自然界水体的过程，涉及其取水、净化、输送、利用、污水收集与处理、回收利用等环节，是各种供排水设施与过程的汇总。社会水循环过程划分为取水过程、用水过程、排水过程与水再生回用过程。

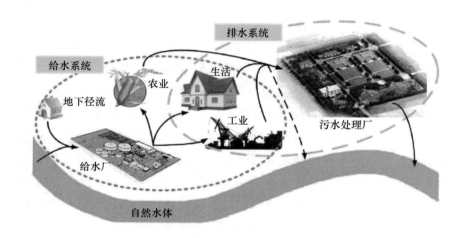

图 3 – 2　水的社会循环①

1. 取供水系统

从河流或地下提取基本符合要求的水，输送到原水处理设施处理后再经一定方式输送到用水户或直接以其他产品形式输送到用户的过程，主要包括取水、供水过程。

取水过程，水源包括地表水、地下水与土壤水系统。地表水系统包括水库、江河、湖泊、海洋等，地下水系统包括深层及浅层地下水、泉水等，土壤水水源过去常常被忽略掉，而在社会水循环过程中，也需要密切关注其对经济社会系统的作用。取水过程一般需要遵循水资源开发利用量不超过允许开采量。一般而言，在确保流

---

① 彭澄瑶：《城市水资源可持续规划与水生态环境修复》，博士学位论文，北京工业大学，2011 年。

域生态环境需水情况下，水资源合理开发利用率一般不超过40%，当其大于40%，可能会造成用水十分紧张，生态环境用水得不到保障。因此，在取水过程中，需要加强用水量控制，一方面针对取用水户加强取水许可管理，另一方面对分水区域实行水资源优化配置与调度。

供水过程是取水后，按照用水对水质要求进行处理，通过输水系统输送水到用水区，再进行用水的配水，包括给水、输配水过程。输水系统主要通过输水河道、水泵供水、混合供水系统等输水。给水系统按照目的分为生活供水、生产供水等，按照服务对象分为城市供水、工业供水。

2. 用耗水系统

用耗水系统是社会水循环的核心，是经济社会系统利用水资源的各种价值及其价值不断耗散的过程。用水是社会水循环的核心或"消化系统"，包括农业用水、工业用水、生活用水和人工景观生态用水四个基本环节及子过程。耗水过程是用水过程中的水分消耗与损失，包括输水损失、渗透损失、蒸散发损失等，耗水量与用水量之比为耗水系数，耗水系数根据各类别用水有所差异，因此，回归自然水体的水量也不相同。

3. 排水系统

排水是社会水循环的"汇"及与自然水循环的联结点，发挥"肾"功能和"异化"社会经济系统废污水重要作用。排水过程主要包括排水收集、输送、污水处理与排放等。在污水管理中，主要涉及污水排放许可管理与污水排放权配置管理，主要将主要污染物入江湖总量控制在水功能区纳污能力范围内，达到水功能区水质标准。

4. 再生回用系统

再生回收过程指污水经过适当处理，达到一致的水质标准，满足某种需求应用。与跨流域调水、海水淡化相比，再生水回用具有明显的优势。从环保方面看，有助于改善环境，保护水生态；从经济方面看，成本低。

（二）社会水循环系统的基本特征

1. 广泛性

当今人类足迹几乎已无处不至，有人类活动的地方，社会水循环就会或多或少地发生，水与人类及其活动时刻相伴并发生作用。随着人类活动范围的不断扩大和强度的不断增加，社会水循环已成为水运动的一个基本过程，具有最宽的广泛性。

2. 开放性

社会水循环附着于自然水循环中，与自然水循环的径流环节紧密连接，处于不封闭的循环状态。自然水循环串联着许多大大小小的社会水循环。自然水循环是社会水循环的输入体及社会水循环内核运行结果输出的受纳体。自然水循环中降水和径流为输入，蒸发和径流为输出，取水系统的水通过社会水循环运动机制后由排水系统排放到天然水体，以径流形式参与自然水循环。

3. 增值性

社会水循环的增值性与水资源的经济属性密切相关。社会水循环的过程，也是人类创造、积累财富的过程。随着人口增加和科技进步，社会水循环过程逐渐延长，循环频率加快，效率效益不断提高，社会经济发展水平不断上升，社会水循环过程具有明显的增值性。

4. 时空性

不同地区不同时间段的自然地理、人文条件、经济发展和社会发展进度不同，用水情况也有差异。社会水循环描述了水资源被人类利用满足不同时空的用水需求，伴随着循环路径的演变，形成特有的时空分布。社会水循环与自然水循环同属相同时间、不同空间，自然水循环降水环节的时空分布不均影响社会水循环中水资源的调控分配。

5. 外部性

水资源是水量和水质的统一体。社会水循环的水耗散过程，使其多数时候伴随着负外部性；人类调控自然水循环的演替方向为社会经济系统所用，因此对于人类而言，健康的社会水循环以正外部性居多。从社会水循环的时空性分析，时间上社会水循环对后代既有正的外部性，也有负的外部性，其关键是看净效益；在空间上，上游地区的社会水循环一般会给下游带来不同程度的负外部性。

（三）社会水循环系统模型

1. 社会水循环简要模型

水资源开发利用是社会水循环的重要组成。针对社会水循环，国内外专家学者试图构建概念性模型进行描述。1997 年，英国专家 Stephen Merrett 提出"Hydrosocial Cycle"，并参考城市水循环的模型勾勒出社会水循环的简单模型。

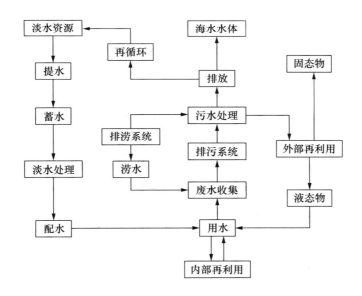

图 3 - 3　社会水循环简要模型①

2. 社会水循环概念框架

陈庆秋等（2004）提出了社会水循环概念模型。Hardy（2005）提出了综合水循环管理框架，建立了城市水循环模型。该模型由城市供水、耗水、排水、回用以及雨水等多个基本单元，基于分层网络模

---

① Stephen Merrett, *Introduction the Economics of Water Resources*, University Coolege London Press，1977.

式描述多尺度城市水循环过程。

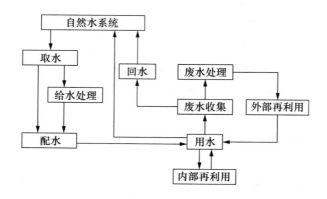

图 3 - 4 社会水循环概念框架①

三 耦合水循环系统

（一）自然水循环与社会水循环的耦合关系

开发利用水资源是指人类对水资源在时间和空间上的再分配。水的社会循环依托于水的自然循环，又对水的自然循环造成了不可忽视的负面影响，如图 3 - 5 所示。

从水循环路径看，水资源开发利用改变了江河湖泊关系，改变了地下水的赋存环境，也改变了地表水和地下水的转化路径。在天然水循环的大框架内，由于人类的用水活动形成了由取水—输水—用水—净化—回用—排水六个基本环节构成的人工侧支循环圈。流域人工侧支水循环的形成和发展，增加了水循环的路径，也减少了天然水循环过程的总水量，而人工循环侧支的循环水量随着社会用水量的增加在不断增加。

从水循环特征看，人类社会、生产活动形成的人工循环侧支加入到了天然水循环过程中，改变了水循环的原有循环路径和各部分的循

① 李东琴：《水资源开发利用程度评价方法及应用研究》，硕士学位论文，华北水利水电大学，2016 年。

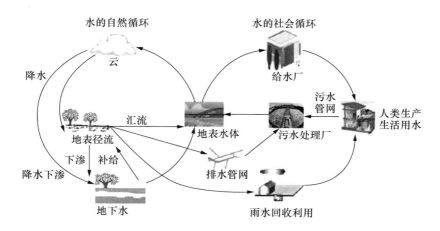

图 3-5　自然水循环与社会水循环的耦合关系①

环水量，引起流域降水和蒸发特性的相应变化。土地利用和城市化，大范围改变了地貌与植被分布，使流域地表水的产汇流特性和地下水的补给排泄特性发生相应变化。人类取水—输水—用水—净化—排水过程中产生的蒸发、渗漏，同样对流域水文特性产生了直接影响。人类的用水过程改变了水循环过程中的水质特征，更对原有的水环境自净过程产生了重要的影响。因此，人类活动的存在，使天然状态下降水、蒸发、产流、汇流、入渗、排泄等流域水循环特性也发生全面改变。

（二）耦合水循环系统的影响因素

耦合水循环是自然和社会双重驱动的水循环过程，从全球水系统角度看，自然水循环系统是社会水循环的终极边界，因此，社会水循环极大地受到自然因素的制约；另外，驱动社会水循环发展演变的最根本因素是人及其社会经济系统，因此，影响社会水循环的因素包括自然和社会两大类。

1. 自然因素

影响耦合水循环的自然因素主要包括区域位置、水资源禀赋和气

---

① 彭澄瑶：《城市水资源可持续规划与水生态环境修复》，博士学位论文，北京工业大学，2011 年。

候变化等。首先，不同区域位置的地表组成物质和形态各不相同，因而不同区域人类的生产和生活的水资源利用也会差异较大；其次，水资源禀赋对耦合水循环具有决定性的影响，水资源总量对一个地区的总用水量具有一定的正向作用，水资源丰裕程度的不同相应会形成不同的经济结构、产业布局、水量分配制度、用水结构、用水习惯乃至节水文化；最后，水气相互作用是气候系统的基本特征之一，气候变化影响区域降水量、降水分布和产汇流，最终影响水资源的耦合水循环。

2. 社会因素

影响耦合水循环的社会因素主要包括人口、经济水平、科技水平、制度与管理水平、水价值与水文化等。

（1）人口是主导耦合水循环演变的第一要素。人口数量是所有影响用水总量中相关关系最大的因素。人口增加直接引致用水需求增加，加大耦合水循环的通量，加快其循环频率，加重水体代谢负荷，最终导致水短缺和水污染。控制人口是解决全球水问题的关键措施之一，这已取得全世界的共识。

（2）经济水平是影响社会水循环的社会因素。随着经济水平的提高，很多区域的总取水量或人均取水量变化已总体上呈现出倒"U"形曲线态势。从经济水平的产业结构看，第一产业是耗水密集型产业，具有需水量与节水潜力大、单位用水产出相对较低的特点；第二产业需水量一般比第一产业小，而单位用水产出较高；第三产业则一般耗水较少，但单位用水产出较大。若以第三产业比重衡量经济发达程度，英国、美国、德国、法国、日本等国社会经济用水总量之所以呈倒"U"形曲线演变态势，与其增长最快的服务业尤其是生产性服务业的发展密切相关，第三产业比重增加是驱动用水总量从上升过渡到下降的主要驱动力之一。

（3）科技是推动积极水循环的重要因素。研究表明，现代经济增长的主要源泉并不是资本投入，而是技术进步和效率提高。一方面，科技对水分生产效率、节水、水污染治理等耦合水循环过程和环节具有极大的积极推动作用，可不断提高区域水资源承载能力；另一方面，科技进步使人类调控自然水循环的能力日益增加，使社会水循环的涉水地理空间逐步扩大，循环路径不断延展，循环结构日趋复杂，对自然水循环的干扰也越来越强烈。

（4）制度是水循环不断适应外界环境的规程。人们的偏好及与此有关的目标以及实现目标的手段均受制度的左右，不同的制度安排产生的结果不同。制度是控制社会水循环演化方向的基本规则之一，影响耦合水循环的过程、结构、通量和调控。管理是制度实施的载体，水资源及其与水有关的规划、开发、利用和保护等工作的管理水平，直接影响社会水循环演替的方向、速度、效率、效益以及水环境安全。

（5）水价值观及水文化是水资源可持续利用的思想观。"取之不尽，用之不竭""公共免费品"等传统水价值观以及对水资源价值认知的片面性，是导致当前水及生态与环境问题的重要原因。水文化作为人类对水利工作和事业总结与评价其效果、效益及其价值的准则，以及其思想观念、思维模式、指导原则和行为方式，对水资源可持续利用具有战略指导作用。如长期以来对高效水资源利用的判别准则偏重纯粹的经济效益，而忽视其生态价值、世代交替与遗产继承价值，导致了许多地区水及其生态与环境的快速衰败。

综上所述，水循环受各种自然和社会因素影响，而各影响因子存在极为紧密的耦合关联作用。区域位置从总体上框定了社会水循环的范畴，水资源禀赋也基本决定了社会水循环的产业发展类别，如是否可以发展耗水密集型产业，是否适合布局高污染产业等；气候变化改变地理环境和自然主循环，增加社会经济系统的脆弱性，同时人类也相应采取适应性对策来应对或减缓区域本身及全球气候变化新增的脆弱性，如改变取水、用水和排水行为，将科技全方面、全过程地推广到社会水循环中，形成影响因素间的相互关系，如图 3 - 6 所示。

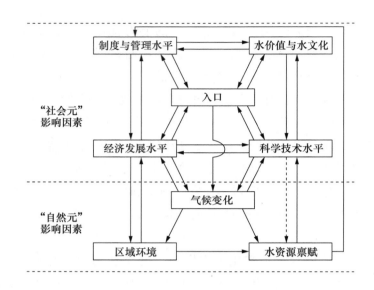

图 3-6　耦合水循环系统影响因素间的相互关系①

第二节　基本物质流分析的水资源环境与区域经济系统耦合机理

一　耦合系统的物质流分析模型

（一）物质流分析的内涵及类型

1. 概念

物质流分析研究的是经济生产中物质的转换代谢和流动，通过定量分析资源的新陈代谢来评价循环经济的发展程度。物质流分析认为，人类生产生活对环境的影响取决于两部分物质的数量和质量，一部分是从自然环境进入经济系统的资源和物质，另一部分是从经济系统向自然环境系统排放的废弃物。由自然环境系统向产业经济系统的

---

① 王浩、龙爱华、于福亮等：《社会水循环理论基础探析Ⅰ：定义内涵与动力机制》，《水利学报》2011 年第 4 期。

物质转移会产生对自然环境的扰动，引起环境功能的退化；而由产业经济系统向自然环境系统的废弃物输出则导致环境的破坏。

物质流分析框架指导整个物质流核算是进行物质流分析研究与应用的关键。同时，物质流分析指标可以刻画区域内资源的投入、加工、回收、废弃及再利用情况，是循环经济评价的核心参考依据。人类活动对环境产生影响的大小取决于经济活动从自然系统中获得的输入系统中物质的种类和数量，以及由经济活动产生的进入到自然系统中废弃物引起的污染，以及由此带来的物质资源枯竭和环境退化程度。分析人类对自然资源和物质的开发、加工、流通、消费、废弃过程，考察特定系统中的物质流动转化的特征和效率，揭示产生环境压力的"短板"，探讨解决途径，为可持续发展提供科学依据。

2．内涵

物质流分析方法将经济发展同环境的资源供应力、污染容量联系起来思考，基本思想有三层含义：

（1）经济系统可以看作一个能够进行新陈代谢的活的有机体，"消化"原材料将其转换为产品和服务，"排泄"废弃物和污染。

（2）人类活动对环境的影响，主要取决于经济系统从环境中获得的自然资源数量和向环境排放的废弃物数量。资源获取产生资源消耗和环境扰动，废弃物排放则造成环境污染问题，两种效应叠加深刻地改变了自然环境的本来面貌。

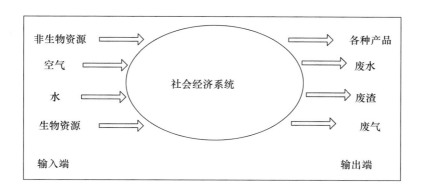

图3-7　社会经济系统的物质流分析模型

（3）根据质量守恒定律，对于特定的经济系统，一定时期内输入经济系统的物质总量，等于输出系统的物质总量与留在系统内部的物质总量之和。

3. 类型

物质流分析分为宏观物质流总量分析和微观物质流平衡分析两大类。

（1）宏观物质流分析。宏观物质流分析主要是对国家层面或者区域层面的经济系统进行分析（Economy – Wide Material Flow Analysis，EW – MFA），该方法追踪进入国家或者区域经济系统的全部物质流状况。EW – MFA 的基本观点是，人类活动所产生的环境影响在很大程度上取决于进入经济系统的自然资源和物质的数量与质量，以及从经济系统排入环境的废物的数量与质量。前者对环境产生扰动，引起环境退化；后者则引起环境污染。以质量守恒定律为依据，从实物质量出发，把通过经济系统的物质分为输入、贮存、输出三部分。通过质量核算和分析，揭示物质在特定区域内的流动特征、转化效率及环境影响效果，并将其作为区域发展的可持续性指标，为区域可持续发展目标的设定提供依据。

（2）微观物质流分析。微观物质流分析可以分别对元素、原料和产品进行核算，其中元素分析又称为"实物流分析 SFA"（Substance Flow Analysis），主要分析特定元素在使用过程中不同阶段的流向和地理分布，以及在不同时间、地点、以不同的形态对环境的潜在影响。目前，世界各国主要关注的是重金属、氮、磷、碳、氯等元素。原料分析主要是分析原料在开采、使用、再利用和最终处置等一系列环节中的流向与流量，主要关注的原料有能源、金属、木材、塑料等产品分析主要采用"生命周期评价"（LCA）方法，将一个产品看作一个"有机物"，对其生命周期中的各个阶段的作用、存在方式、环境影响等做出评价。

（二）物质流分析模型的结构

在人类社会经济活动中，系统功能会随着活动的发生而衰退，而避免衰退迅速发生的方法之一是减少经济活动中的物质数量。生态环

境退化是由物质通过经济系统的流动引起，在物质的输入量、输出量
和储存量发生变化时，会对生态环境造成污染和扰动，而循环经济的
核心调控就是在多层面的物质流分析方法基础上进行的物质流分析模
型的结构，如图3-8所示。

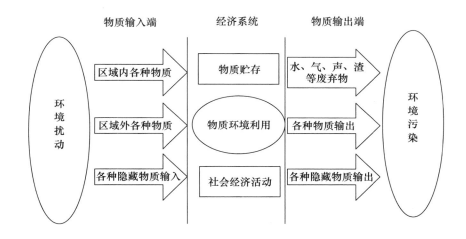

图3-8　物质流分析模型的结构

　　物质流分析通过对一个国家或区域的物质输入、消耗、储存和输
出等过程进行评测和分析，以循环经济的物质流分析为框架，得出可
持续发展的指标体系，描述自然资源的消耗情况，促进经济生产资料
的再利用和再循环。

　　1. 物质输入端

　　物质输入是最重要的区域内物质输入总量。人类活动通过自然物
质的输入对自然环境产生影响，影响的大小取决于实际的物质输入总
量，受物质需求量的影响较小。用总的物质投入衡量一个国家或地区
资源的可持续性和生态利用率比物质总需求量更为精准。

　　2. 物质消耗端

　　物质消耗反映的是人类社会经济活动对自然界的干扰。物质消耗
越大，越不利于可持续性经济的发展，若要建立资源节约型社会，应
该降低总的物质消耗。物质消耗效率反映的是单位物质消耗产生的，

物质生产力越高，物质消耗的经济效率越高，这是降低物质消耗，实施经济与环境的和谐可持续发展应该追求的目标。

3. 物质输出端

物质输出是最重要的区域内物质输出总量，包括固体、气体、水和其他区域内的废物和隐藏流，它们是直接造成环境污染的来源，与一个国家或区域的环境可持续发展的程度直接相关。一般而言，物质输出总量的大小与该区域环境友好的程度成反比。

（三）水资源环境与区域经济耦合系统的物质流模型总体框架

物质流分析是在特定的时间和空间范围下对经济环境系统的物质输入和输出进行定量分析，从而追踪物质在系统中流动的源、路径和汇的研究方法，既可以研究系统内的各种物质（如资源、能源、产品、废弃物等），也可以是某种元素。主要思想是进入经济系统的物质数量与质量和在物质开发利用过程中所产生排入环境的废弃物质的数量和质量直接关系到人类活动对环境的影响。将物质流分析思想应用于水资源要素在经济社会系统中的流动过程，将该过程划分为水资源投入、水资源开发、水资源利用、水污染治理和水环境 5 个阶段，如图 3 – 9 所示。

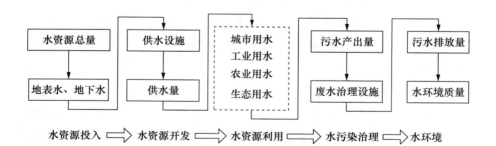

图 3 – 9 区域水资源环境—经济—社会中水要素的物质流分析模型

水资源投入阶段，区域水资源以地表水、地下水及自然降水等形式存在，人类通过各种水利设施对自然界的水资源进行开发形成可供利用的供水量。水资源利用主要集中在城市用水、工业用水、农业用水和生态用水等方面，其中农业用水约占总供水量的2/3，其次是工业用水，约占1/4，再次是生活用水，最后是较少量的生态用水。水资源经过人类生产生活的使用，形成污水，污水需要通过废水治理设施的处理达标后排放到水环境，污水的质量和数量直接影响水环境的质量，这一过程构成水要素在经济社会系统物质流的全过程。

二　输入端水资源与区域经济系统的耦合关系

（一）水资源与城市生态经济系统耦合

水资源既是人类生活不可替代的重要资源，也是生态环境中影响最广泛的重要要素。城市需要的水资源包括生态环境用水、城市生活用水、自然环境用水以及产业用水等。生态环境需水是维持生态系统生物群落的组成和结构动态稳定所需的水量，是为满足水质改善、生态和谐与环境美化目标所需的水资源量，包括绿地、河湖及地下水、休闲旅游和环境卫生等用水。城市生活需水包括居民生活需水和市政公共需水，城市规模、人口数量、所处地域、生活水平、卫生条件、市政公共设施、水资源条件等都会影响生活需水。随着我国城市人口规模的不断扩大，对水资源总量的需求随之加大。充足的生态水、环境水、生活水是提升居民生活质量的必要保障，而产业用水是进行城市

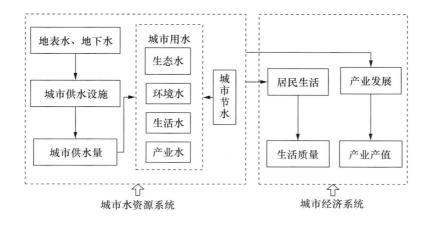

图 3－10　城市水资源系统与城市经济系统的耦合

生产的必备生产要素，城市用水量增加必然实现居民生活质量提升及产业增加值的增加。这一过程称为城市水资源系统与城市经济系统耦合形成城市水资源经济系统的过程。

（二）水资源与工业循环经济系统的耦合

水资源作为工业的重要生产要素，作用无可替代。工业企业在生产过程中，如制造、加工、冷却、空调、净化、洗涤等方面都需要用水，即工业用水。在我国水资源消耗结构中，工业用水量仅次于农业用水，高于生活用水和生态用水。随着我国工业经济规模的不断扩大，对水资源总量的需求随之加大，为进一步减少工业用水总量和提高工业用水效率，2012 年国务院颁布《国务院关于实行最严格水资源管理制度的意见》，对未来的万元工业增加值用水量、用水效率都提出了明确的要求，目的是更好地促进水资源与区域工业经济系统的耦合。

工业水资源系统与工业经济系统耦合形成工业水资源经济系统。水资源系统通过开采地下水和地表水，经过工业供水设施向工业经济系统提供工业供水量。在工业经济系统中，工业用水量增加必然实现工业总产值的增加。

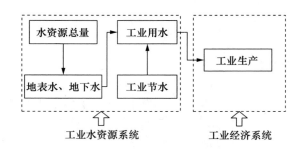

图 3-11 工业水资源系统与工业经济系统的耦合

（三）水资源与农业生态经济系统的耦合

农业水资源对于种植业来说土壤水是最关键的，所有水资源都必须转化为土壤水才能被农作物所利用。此外，水资源还是农作物生长的基本要素，农作物的正常生长必须在一定细胞水分状况下才能进行，水资源被吸收利用后，形成动植物的生命维系和生长发育所需要的体水。水分在农作物体重中占有 70%—90% 的比重，还是进行光合、呼吸以及有机物合成的重要参与元素。因此，水资源与农业经济的耦合是从转换成土壤水，直到参与动植物体内生长的全过程，是深度耦合。

农业水资源与农业经济系统相互耦合构成区域农业经济—农业水资源复合系统，它们之间相互作用、相互依存，形成一个有机的整体。水资源通过水利工程设施或者直接降水成为农业所利用的农业供水，农业用水主要有种植业灌溉用水、畜牧业和养殖业等部分，其中充足的农业用水是提升农村居民生活质量和正常农业生产的必要保障。

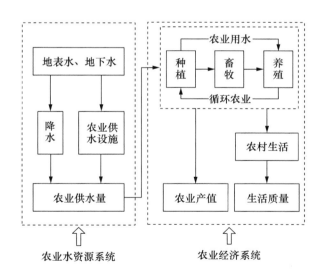

图 3−12　农业水资源系统与农业经济系统的耦合

三　消耗端区域经济系统与水处理系统的耦合关系

（一）城市循环用水系统

城市经济系统与城市水处理系统耦合形成水生态文明背景下的城

市生态系统。按照城市水生态文明建设要求，城市用水需要经过城市水处理系统的污水处理，污水处理后一部分重新回到城市用水中使用，而另一部分经过处理后形成污水排放到水环境中，这些城市污水量是否达标直接影响水环境质量，如果超过水环境系统的承载能力，将直接影响区域地下水和地表水的供给，实现城市生态系统与水环境系统的耦合。

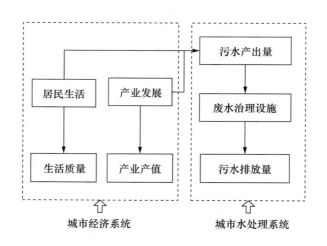

图 3-13　城市经济系统与城市水处理系统的耦合

（二）工业循环用水系统

工业经济系统与工业水循环系统耦合形成生态工业。按照《水污染防治法》第四十五条规定，排放工业废水的企业应当采取有效措施，收集和处理产生的全部废水，防止污染环境，以及含有毒有害水污染物的工业废水应当分类收集和处理，不得稀释排放。因此，工业用水需要经过工业水循环系统的污水处理，污水处理后一部分重新回到工业用水中使用，而另一部分经过处理后形成污水排放到水环境中，这些工业污水量是否达标直接影响水环境质量，如果超过水环境系统的承载能力，将直接影响区域地下水和地表水的供给，实现生态工业与水环境系统的耦合。

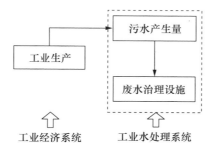

图 3 - 14　工业经济系统与工业水处理系统的耦合

（三）农业循环用水系统

农业经济系统与农业水处理系统耦合形成农业水生态经济系统。按照农业水生态文明建设要求，以及《水污染防治法》第五十二条规定，地方各级人民政府应当统筹规划建设农村污水、垃圾处理设施，并保障其正常运行。农业污水需要经过水处理系统，处理后一部分重新回到农业用水中使用，而另一部分经过处理后形成污水排放到水环境。

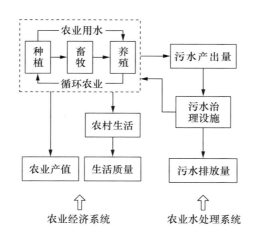

图 3 - 15　农业经济系统与农业水处理系统的耦合

四 输出端水环境与区域经济系统的耦合关系

（一）水环境与城市循环用水系统耦合

随着我国城市化进程和城市建设速度不断加快，人口密集程度越来越大，城市用水量增长迅速，相应的废水污水数量也相应增多，污水的随意排放对水资源的时空分布、水循环及水体的物理化学性质产生影响，进而对水环境产生重要影响，水环境问题已经成为城市飞速发展带来的新挑战。由于废水、污染物的无序排放，污水治理设施建设严重滞后及管理不善等问题突出，我国约90%的城市河流受到不同程度的污染，水生生态系统受到严重破坏，水体的生态功能和使用功能逐渐在衰退。

水资源作为城市生活重要的资源要素，是城市水资源系统的系统投入，经过城市供水设施的系统生产，产出城市供水量。城市用水量是城市经济系统的投入，经过居民生活和工业生产的使用，是居民生活质量和工业产值的物质保障，另外城市用水中的生态用水和环境用水量的增加可改善城市水环境质量。城市用水量的多少直接关系到污水产出量，污水量是城市水处理系统的投入，经过废水处理设施的处理，一部分重新回到城市用水中继续使用，另一部分形成污水排放，进入到水环境系统。

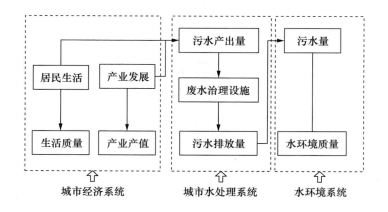

图 3-16　城市水环境系统与城市循环用水系统的耦合

（二）水环境与工业循环用水系统的耦合

水资源进入区域工业生产，参与工业生产后形成工业污水排放到环境中，由于工业污水具有成分复杂、污染浓度大等特点，未达标的排放会对水环境产生重要影响。杨梦飞（2015）采用 COD 排放量和氨氮排放量两个指标分析赣江流域工业结构与水污染负荷的相关性，结果表明，COD 排放量与氨氮排放量与工业的相关性均高于与其他产业的相关性，这说明水污染负荷主要受到了工业的影响。《水污染防治法》规定，国务院有关部门和县级以上地方人民政府应当合理规划工业布局，要求造成水污染的企业进行技术改造，采取综合防治措施，提高水的重复利用率，减少废水和污染物排放量。因此，必须严格控制工业生产污染的不达标排放。

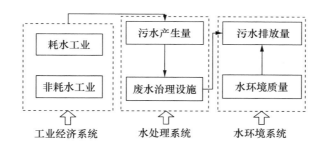

图 3 - 17　工业水环境系统与工业循环用水系统的耦合

（三）水环境与农业循环用水系统的耦合

农业活动与农业水污染有直接关系，不合理的农业活动会给水环境造成负面影响。目前，农业水污染问题在中国俨然非常严峻，数据显示，我国水资源总量占到全世界水资源总量的 6%，但是在人均水资源占有量中却仅仅达到世界水资源人均占有量平均水平的 1/4，水资源短缺问题是农业生产活动中不容忽视的危机。农业部发布数据显示，我国农业生产中每年因水资源短缺而遭受的粮食损失在 600 亿斤以上。而过度使用化肥、农药等造成的水体污染使水资源短缺问题愈加严重，对我国的水安全构成了极大威胁。水体质量遭受破坏、水体污染加重对农业生产产生的制约作用逐渐显现出来。污水灌溉不仅使农作物产量减产，也对农作物的质量造成极大影响。

　　农业水处理系统与水环境系统耦合形成农业水生态系统。在农业生产活动中，由农药化肥、禽畜粪便、生活垃圾等污染源引起的农村河流、湖泊、河岸等生态系统污染，致使水环境质量下降，直接影响地下水和地表水对农业用水的供给，进而影响农村居民生活质量及农业经济总产出。

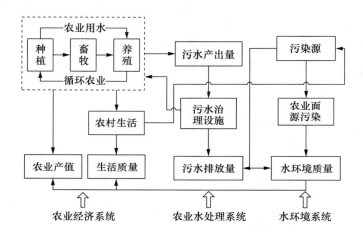

图 3 - 18　农业水环境系统与农业循环用水系统的耦合

第三节　基于 PSR 模型的水资源环境与区域经济系统耦合机理

一　水资源环境与区域经济耦合系统的 PSR 模型

（一）压力—状态—影响（PSR）基础模型

　　人类活动同自然资源、生态环境之间不断发生的相互作用关系是可持续发展研究的重点。人类从自然环境系统中获取生存、繁衍和发展所必需的资源与能量，又通过生产和消费等环节向环境排放废弃物，从而改变资源存量和环境质量，而后者反过来又作用于人类系统。如此循环往复，构成了人类与自然之间的压力—状态—反应—潜力关系。20 世纪 70 年代，加拿大政府首先使用压力—状态—响应框架（Pressure – State – Response，PSR）模型建立经济预算与环境问题的指标体系，其指标体系建立全面、内在关系明晰的特点得到了一致认可。

1990 年经济合作和开发组织（OECD）启动了一个专门开展环境指标的研究计划，将这一方法应用于环境指标研究并获得了广泛的支持。其后，世界银行（The World Bank）、美国环境保护局（EPA）、新泽西环境保护处（NJDEP）、瑞典环境部（SME）等组织和机构都以 PSR 框架为基础，根据自己的研究对象的特点提出了适用的评价指标体系。PSR 框架模型在社会、经济、环境、农业、水利等领域，在影响评价和决策过程中得到了广泛应用。

PSR 框架使用"压力—效应—响应"这一逻辑思维体现了人类与环境之间的相互作用关系。人类通过经济和社会活动从自然环境中获取其生存繁衍和发展所必需的资源，通过生产、消费等环节又向环境排放废弃物，从而改变了自然资源存量与环境质量，而自然和环境状态的变化又反过来影响人类的社会经济活动和福利，进而社会通过环境政策、经济政策和部门政策，以及通过意识和行为的变化而对这些变化做出反应。如此循环往复，构成了人类与环境之间的压力—状态—响应关系。

图 3 - 19 是经济合作与发展组织给出的环境影响指标体系的压力—状态—响应概念框架。在这一框架内，某一类环境问题，可以由三个不同但又相互联系的指标类型来表达：压力指标描述人类活动给资源环境造成的负荷，通常反映排放和资源利用强度，回答为什么会发生如此变化的问题；状态指标描述自然界的物理或生态状态以及因此造成的社会经济发展状态，回答系统正在发生什么样的变化问题；响应指标描述对各种问题采取的政策和措施，回答做了什么以及应该做什么的问题。PRS 概念框架从人类与环境系统的相互作用与影响出发，对环境指标进行组织分类，具有较强的系统性。

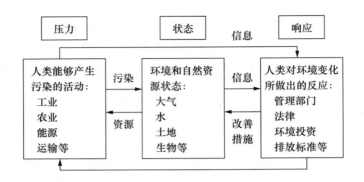

图 3 – 19 经合组织压力—状态—响应框架

（二）耦合系统 PSR 模型总体框架

在 PSR 概念框架内，某一类环境问题可以由三个不同但又相互联系的指标类型来表达。压力指标反映人类活动给环境造成的负荷，回答为什么会发生如此变化的问题；状态指标表征环境质量、自然资源与生态系统的状况，回答发生了什么样变化的问题；响应指标表征人类面临环境问题所采取的对策与措施，回答做了什么以及应该做什么的问题。因此，一般意义上的 PSR 模型如图 3 – 20 所示。

图 3 – 20 PSR 概念模型的结构

人类活动对于环境施加的压力主要表现在三个方面：①污染；②对于自然资源的过度开发；③引起景观结构如景观格局和廊道和生态系统功能等发生变化。状态反映那些受到人类活动压力影响的环境要素状态的变化，如景观结构中景观格局和廊道的变化，水生态与水环境状态的变化，土壤结构与功能的变化，森林面积、质量及其生命生态支持功能的变化等。响应反映了政府、企业和公众为了预防和改善那些不利于人类生存与发展的环境状态的变化所提出的政策与采取的措施。因此，按照压力—状态—响应的概念框架，将这一思想具体应用于区域水生态与水环境安全系统的指标评价体系中，水资源环境与区域经济系统耦合的 PSR 模型表述如图 3 - 21 所示。

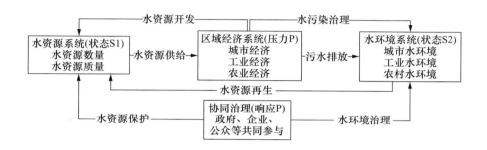

图 3 - 21 水资源环境与区域经济系统耦合的 PSR 模型

1. 压力系统

在经济发展与生态环境相互作用而构成的耦合系统中，人是调控耦合系统的真正主体，在适应赖以生存的生态环境的同时，也通过一系列的社会经济活动对资源、环境产生作用，形成压力（P）。在水资源环境与区域经济耦合的过程中，压力系统指人类区域经济活动对水生态与水环境所施加的压力，与区域城市发展水平、工业生产规模、农业经济生产方式等密切相关。

2. 状态系统

在压力的影响下，与生态环境有关的要素的数量、质量、功能等随之发生变化（S），这一系列变化也制约着人类经济活动的规模、强度和效果。耦合状态系统与水环境质量以及水资源的数量、质量有关，旨在给出一个有关水生态与水环境现状情况的描述。

3. 响应系统

为应对变化带来的制约效应，人类对生态环境的反馈通过政策调整、技术改进等形式做出进一步的响应（R），最终实现经济建设能力的提升和生态环境的良性转变。在水资源环境与区域经济耦合过程中，响应系统就是各级层次的管理者、决策者和政策制定者对水生态与水环境压力、状态及其变化所做出的响应，基于减缓、修正或防止人类对环境导致的负面效应，终止或逆转已经发生的水环境破坏，保存和保护水资源。

二 区域经济对水资源环境压力的作用机理

(一) 城市经济对水资源环境的影响

1. 人口增长对水资源总量的需求增加

城市人口增长对水资源刚性需求的增加并不仅仅是数量上的增加，也是空间上需求的紧凑和叠加。如果说一个现有的城市因为人口增长对水的需求在不断地增长，那么这个增长速度在一定程度上既是可以被预期的，也是可以被消纳的。但是，新兴城市的人口增长是从无到有的一个过程，绝大部分新兴城市的人口来自原本分散的农村，这部分人口对于水资源的需求也随之从农村转移到了城市，使原本分散的、能够被就地解决的需求集聚。从一方面来看，这是对城市发展的一个挑战；从另一方面来看，因为水是人类生活生产的基本需求之一，这也带动了城市发展和规划过程中对水资源战略意义的重新思考。

2. 生活水平提高增加水资源总量的需求

在我国和世界上很多地区都存在一种普遍的现象，就是城市的经济发展指数和人均用水量成比例地同进退。比如上海人均生活用水量在 2003 年统计数据是 160 升每人每天，预计到 2020 年这个数值不但不会下降，还会增加到 180 升每人每天。再比如宁夏的人均生活用水定额仅为 90—130 升每人每天，而经济较发达的厦门市人均生活用水定额是 150—180 升每人每天，我国香港特区达到 203 升每人每天。虽然这是一个普遍现象，但并不意味着这是一个被肯定、被鼓励的用水趋势。在新加坡，人均生活用水定额仅为 154 升每人每天，而且政府还有降低 10 升每人每天的节水计划，德国的科隆人均生活用水量是 137 升每人每天，北京 2007 年的统计数据人均生活用水量为 130 升每人每天。可见，全球都在积极开展节水运动的氛围下，人均用水量并不一定与经济增长速度完全挂钩，如何突破被经济发展束缚的水资源消耗，从需水模式上管控，才是实现快速发展的城市内部水资源可持续利用的合理路径。

3. 城市发展对水资源的多元化需求

远古时期，人们从河流、湖泊取水用于饮用和炊煮，行为简单、过程简短。而现代城市对水的需求更加的多元化，如20世纪80年代的城市里的大众浴池，只是为了洗澡，渐渐有了很多浴池的附加服务，比如搓澡、泡澡、水疗等，到现在洗浴也慢慢发展成城市娱乐业中非常重要的一个支柱产业，洗浴中心、温泉度假群等应运而生，泡汤池、游泳池、嬉水池等规模宏大，不仅直观的消耗量巨大，为保证水质和健康指标，不断的水体循环和更换也消耗了大量的水资源。另外，还有饮料商品种类越来越丰富、样式也层出不穷，增加饮用水的消耗量是相当可观的数字，这也就意味着我们实际饮用的水是600毫升，但其实我们消耗掉的水资源可能是1000毫升甚至更多。

4. 城市经济发展加剧水环境恶化

在城市经济发展的过程中，城市生产和居民生活中会产生大量的污染物。这些污染物大部分被排放进城市的水环境当中，污染的途径主要有降水、地表和城市污水系统。具体来说，城市发展过程中会产生大量的悬浮颗粒、重金属、富营养化物质、细菌、病毒和有毒有害物质，这些物质有的质量较小，排出以后会分散在大气当中，又伴随着降水过程，最终落到地面或者地表径流当中。而一些城市中的生产生活污水，被任意排放在地表当中，随着雨水的冲刷和下渗污染地表径流和地下水。城市的排污系统如果不完善，或者存在渗漏现象，在排放的过程中也会对水体造成污染。一旦城市水体当中的污染物数量超出了环境的承载能力，就会导致水体发生物理、化学和微生物性质上的变化，破坏水体的生态系统和功能，影响各类水资源的利用。

（二）工业经济对水资源环境的影响

1. 产业结构对污水排放量的影响

工业结构中造纸及纸制品业，化工原料及化学制品制造业，采掘业，食品、烟草加工及食品、饮料制造业和纺织业、石油加工及炼焦业和黑色金属冶炼及压延加工业等行业是水污染密集型产业。污染密集型产业比重上升或下降一个百分点，对应的工业废水、COD、石油类、挥发酚和氰化物排放量将分别上升或下降。即使污染密集型产业比重有稍微变动，在绝对量上也会对污染物减排有很大的影响。

2. 工业污水排放对水资源环境的影响

工业生产活动不仅大规模、高速度地消耗水资源，而且产生的废水排放到水环境，污染现存的水资源环境。工业废污水未经有效处理，即排入江河，无疑会对地表水的水质产生影响。其危害的大小不仅与入河污水量、污染物含量有关，还与各河流的径流量以及纳污能力有关。由于工业发展加快，造成严重污染，使部分水源地的水质已不符合饮用水的标准。

工业经济规模效应始终是工业废水、COD、石油类、挥发酚和氰化物排放量增加的主要因素，研究表明，只要经济处于增长状态，污染物的排放量就会增加。因此，工业经济总量增长是引起水环境污染物排放量增加的主要原因。

3. 工业污水处理技术对污水排放的影响

在实际工业生产活动中，由于直线式的工业生产模式，使物质使用效率不高，致使资源未全部变成产品，而再利用、再循环技术的缺乏使很多物质作为有害废物排放到环境中，进而导致环境污染。由于工业企业数量众多，企业环保意识落后，经济利益的驱动，加之水环境监管的力度不够，每年我国约有1/3的工业废水未经处理就排入水域，还有大量的未达标处理废水被排入河流；二氧化硫排放量超过环境承载能力的77%；工业固废综合利用率不高导致大量占地并造成水环境污染。

（三）农业经济对水资源环境的影响

1. 农业生产对水环境的污染

农业生产过程中大量农药、化肥的不合理施用所导致的农业面源污染是造成农村水环境污染的重要原因。2015年，我国农用化肥以6022.6万吨的总消耗量位居世界首位，氮肥的总消耗量达到了2361.6万吨，磷肥的总消耗量达到了843.1万吨。按耕地面积计算，我国化肥年使用量已超过400千克/公顷，远远高于225千克/公顷的化肥无污染使用上限。农业生产中使用诸多被禁用的农药，而且多采取直接向水体施药的方式。此外，大量残留农药也随降雨进入水体。施用的化肥除部分被农作物吸收外，相当一部分则通过农田渗漏和地表径流进入水体，污染了周边湖泊、池塘、河流和地下水。

2. 畜禽养殖对水环境的污染

畜禽养殖粪便所形成的农业面源污染随着农业产业结构的调整不断出现。近年来，农村畜禽养殖规模日益增大，集约化和机械化程度日益提高，由此引起的环境污染问题也日益突出和频繁。据统计，全国有24个省份的畜禽养殖场和养殖专业户化学需氧量排放量，占本地农业面源排放总量的90%以上。近年来，我国畜禽养殖总量不断上升，每年产生38亿吨畜禽粪便，有效处理率却不到50%[1]，预计2020年将达到100亿吨。畜禽养殖业废弃物量巨大，集中处理和运输成本高、还田费力，大多数畜禽养殖场缺少污水处理系统，养殖场周边地区又难以消纳，畜禽粪便往往直接排入地表水，而并非作为肥料资源进行回收和再利用，由此造成土壤和地下水污染。

3. 农村生活污水对水环境的影响

农村生活污水是农业面源污染的另一重要途径。农村污水是指农村居住区范围内产生的以居民生活污水为主的综合排放污水，主要来源于厨房、浴室和厕所，其中厨房和洗浴污水大多直排户外，厕所污水少量被农户综合利用，其余部分则直排或进入化粪池后自然溢出。我国农村每年产生的生活污水总量约为90亿吨，全国16711个建制镇和14168个乡，对生活污水进行处理的仅占8%，571611个行政村对生活污水进行处理的仅占不到3%。农村生活污水随意排放，不仅严重污染了农村地区居住环境，而且直接威胁着广大农民群众的身体健康。[2]虽然近年来农村生活污水处理设施投入和污水处理率有较快增长，但仍因各种原因得不到合理、有效的控制。

---

① 乔金亮：《治理养殖污染，妙招几何》，《经济日报》2016年8月16日。

② 张晓雪：《城乡一体化进程中农村生活污水处理中的公众参与问题与对策》，《辽宁农业科学》2017年第4期。

三 水资源环境状态的约束条件分析

我国用全球7%的水资源供养21%的人口，属于轻度缺水国家，地下水过度取用，致使地下水位下降严重，而且每年没有处理的水排放量2000亿吨，排污染物负荷超出水环境容量而致使水质迅速恶化，破坏水资源的供给能力。所以，水资源环境与城市生态系统耦合过程中需要约束条件限制作保障。因此在水资源环境与区域经济耦合过程中，整个系统以及各个子系统均要受到各种约束条件的制约。

（一）水资源总量

我国人均水资源拥有量仅为世界平均水平的1/4，城市用水在区域用水量中占据相当大的份额。随着城市化进程不断推进，城市经济发展对水资源的需求压力与日俱增。尤其是在我国产业结构中，工业产业长期处于主导地位，工业用水量在区域用水中除城市居民用水外，一直占据相当大的份额。这种水资源需求的快速增长与有限的水资源供给间的矛盾日益尖锐，水资源已经成为制约我国经济发展及至居民生活质量提升的"瓶颈"。

（二）水环境承载力

农业水资源承载力要求在不造成农业生态恶化和环境污染的前提下，能最大供给农业生产用水的能力，它随着时代特定技术和社会经济发展水平条件的限制，是一种动态变化的能力。如果区域生态和环境的情况较好，水资源能够实现科学而合理配置，那么水资源系统的支撑能力和极限值也会随之提升。因此，农业水资源系统需要不断改善水资源承载力状况，才能持续不断地增加农业水供给的能力。

（三）水处理科技

城市水污染主要是生活污水和工业废水。从目前水污染形势看，工业废水排放造成的环境问题较严峻，导致不断频发的水污染事件对环境与居民健康造成较大影响。生活污水主要包括洗涤、厨房、厕所等排出的污水。经济方便的污水处理工艺与技术和有效的水环境安全管理规范是当前解决水污染问题的关键。

从水污染的形势来看，工业行业废水排放造成的环境问题依然严峻，近年来水污染事件频发对环境与居民健康造成较大影响。需要克服困难重重的环境监管，突破废水处理设施运行方面规范性文件的缺位现象，保证废水处理设施的连续运行以及达标排放。

近年来，我国现代农业、乡镇工业等快速发展，加速了农村水环境状况的恶化，污染已经迅速由"小污小害"变成"大污大害"，给农业经济和农民生活带来严重的负面影响。又由于不科学、不合理的污水灌溉，导致农田成为新的排污场所，导致农作物减产、农作物体内中重金属等有害物质严重超标，直接危害人体健康，危及农村生态安全和农业可持续发展。

四　耦合系统的协同治理响应制度

（一）中央协调区域治理机制

实施区域间治理不是单一政府部门的职责，各区域、各级政府都必须联动筹划，积极运用行政机制促使区域发展目标得以更快更好地实现。区域治理的实施是为了弥补政府和市场的不足，也无法取代政府和市场的作用，区域治理协调机制必须要有行政机制的有效推动。因此，从国家的角度看，进行流域范围内的区域治理必须由中央政府主导，发挥中央政府的统管引领作用。目前流域治理获得中央政府的支持，各省（市、区）政府按中央政府的战略谋划有序推进流域协同发展，推进区域协同发展既是中央政府的职责所在，也是流域地方政府的责任和义务。应该建立区域联动的协调发展平台，促进地方政府间合作的常态化、制度化，努力发挥行政力量的指导作用。

（二）公平自由的市场机制

区域治理是在市场经济基础上的战略规划，市场在区域治理的水资源配置中起决定性作用，破除流域区域行政壁垒，建立以市场为基础的治理体系是区域协同发展的关键路径。现代区域市场体系具有开放性、竞争性特征，市场有利于整合区域水资源。当前，针对流域经济区域在市场准入、人才流动、市场检验、资本自由流动、产业转移方面存在的市场分割与封锁问题，应建立统一市场的准入制度，加快完善构建创新性市场经济体系步伐，对科学宏观调控体系进行完善，创建和谐的市场规则体制，创建完整的现代区域市场体系，确保市场在水资源配置中的决定作用。

（三）完善的法治保障机制

流域协同发展需将立法保障机制创新落到实处，保证各项政策在各区域切实落地。全国人大、地方人大或地方政府部门要重点加强在立法方面的工作，为流域制定完善的治理法律体系，特别是在环保、财税、交通、产业空间规划等相关方面的法律法规。流域的国家机关可在本区域制定相关行政法规，用以划分各区域治理主体的行为准则，促进流域地区的财税、市场、参与、行政、合作机制等方面实现深入落实。同时要强化对地方法律法规执行、落实情况的监管，确保司法独立，创建跨省市司法机构，根除司法权地方化现象，为市场一体化、消除区域壁垒、强化区域协调提供法律保障。

（四）立体化的利益共享机制

在区域治理的过程中涉及的最大难点就是要触及各方利益，尤其是在经济利益方面。要想实现区域治理的成功运行，首先应协调多方利益，通过利益的共享来调动区域内各方对于区域治理的参与积极性。然后，流域内的区域应加强交流与沟通，使参与者能够意识到合作将带来的利益和长远发展空间。由于存在各个参与方获得的利益是否平衡、地方付出的努力有没有得到回报、决定合作能否顺利实施的问题，所以必须建立利益的分配机制，来考虑各区域参与者在合作中的投入比重，采取"谁投资，谁受益"的基本原则，对利益实现比例分配。

（五）政府与企业、社会公众的合作机制

区域治理推进需采取"平等互利，优势互补，资源共享，共同发展"的原则，当程序化、制度化的区域合作形成常态时，必须创建多层次、多中心、网络化、开放的区域治理合作机制来处理利益相关方的利益纠纷，各方才能积极主动地开展区域治理工作。

1. 搭建平台构建政府合作伙伴关系

由于市场经济的深入发展和互联网时代的全面到来，任何故步自封都将被时代所淘汰，一个区域、一个地方的发展离不开其他区域而孤立存在。流域内虽有行政辖区的地理与行政划分，但是在流域一体化的背景下，推进全流域区域治理，必须建立、完善一种新型的政府合作关系。目前,要巩固、加强现有合作平台,继续发挥流域内重大问题"一把手"联席会议的作用,形成地方政府首脑沟通、协商、谈判、合作机制的常态化。

2. 构建政府与市场的合作伙伴关系

政府与市场合作伙伴关系能够互相弥补对方单独运行时产生的问题,加快区域发展的建设。流域内建立政府与私营机构合作伙伴关系时,可以通过建设投资开发公司,利用市场化手段为市场竞争与合作提供公共服务,政府采取颁布新政策、投入资金、商业活动等为区域发展吸引私营企业加入。

政府对特定市场范围或地区,在某些业务领域授予私营企业或机构实施特许经营,政府通过对市场价格的实时监控、维护消费者的利益、在行业内制定相关标准等措施,提升服务对象的消费欲望。政府在市场经营中通过无形的权利对市场进行宏观调控,可以结合私营企业共同投资专业公司,有效并合理地利用双方的自然优势和权利,共同为公共服务做出贡献。

3. 培育调动各社会主体参与

人们在经济快速发展的时代,逐渐改变了社会治理的传统意识,社会组织和公众积极主动性迅速提升,纷纷加入到社会治理的团队中。满足公众参政议政的需求,提供利益表达的渠道,从而填补政府和市场的缺陷。政府要以身作则,将自身的诟病去除,改掉统包统揽的传统主导观念,以为公共提供服务、构建平台为己任,提升区域治理的能力。

总而言之,通过创建平台、机制改革、整合资源,创建运行顺畅的多区域协作机制来全面加速流域水资源环境的协同发展。把政府同市场、企业、非营利组织、社会公众整合到一个公共平等平台,以全新的合作伙伴关系进行区域治理,将合作长效机制与制度化机制的创新工作作为重点,创建互信、互惠、互动的平台,利用多方的能力促进区域的共同合作。

第四章 研究区域及水资源环境与区域经济耦合系统 PSR 指标评价

第一节 研究区域:"一带一路"背景下的长江经济带

一 长江流域与长江经济带

(一)长江流域概况

长江地处中纬度地带,除青藏高原外,大部分处于亚热带地区。流域面积达 180 万平方千米,约占国土面积的 1/5。它与海岸经济带共同构成我国"T"形战略格局,横跨三大经济地带,经济总量巨大,已成为我国国土空间开发中一类重要而又极具潜力的经济区域。长江流域自西向东依次分布着金沙江流域、岷沱江流域、乌江流域、长江上游干流区间、嘉陵江流域、洞庭湖流域、汉江流域、长江中游干流区间、鄱阳湖流域、长江下游干流区间和太湖流域 11 个子流域。其中湖北宜昌以上的干流为长江上游,长 4504 千米,流域面积 100 万平方千米,宜昌至鄱阳湖湖口为长江中游,长 955 千米,约 68 万平方千米,鄱阳湖湖口以下为下游,长 938 千米,约 12 万平方千米。[①]

全流域水资源总量 9616 亿立方米,约占全国河流径流总量的 36%,为黄河的 20 倍。长江流域涉及中国 17 个省、自治区和 2 个直辖市。全境或绝大部分在流域内的有川、鄂、湘、赣 4 个省和上海、

---

① 长江流域水环境监测网,http://www.cjjcw.org/article.jsp?id=12。

重庆 2 个直辖市，部分省境在本流域的有青、藏、滇、黔、豫、陕、甘、皖、苏、浙 10 个省（自治区）。长江流域现有人口约 4 亿人，占全国 1/3，其中农业人口约 3.2 亿人。长江流域人口稠密，平均人口密度超过 220 人/平方千米，特别是长江三角洲、成都平原和中下游平原区，人口密度达 600—900 人/平方千米，上海达 4600 人/平方千米以上，是中国人口最稠密的地区。长江流域拥有诸多得天独厚的优势，包括丰富的水、矿资源，良好的区位优势，较高程度的城市化与城市集群，扎实的产业基础以及丰富的人力资源等，具有巨大的开发潜力。

（二）长江经济带概况

1. 长江经济带概念的由来与演化

在长期的历史发展中，长江流域内逐渐形成了一个较为完整的经济区域，但长期以来，政府和学界对这一经济区域的空间范围和具体名称并没有统一的认识和界定。早期，不同学者曾将这一经济区域命名为"长江沿岸产业带""长江经济带""长江产业带""长江流域经济带""长江流域经济区"等，近年来"长江经济带"的称谓逐渐成为统一认识。长江经济带在 20 世纪 80 年代即已纳入国家战略布局，到 90 年代在国家的发展实践中得以推进实施，但其具体范围并没有得到明确，在此阶段，侧重于以浦东开发、三峡工程建设等为突破点，重点发挥上海对其他流域地区的辐射带动作用，并依托沿江的大中城市来建设长江经济带，此时其地域范围主要包括长江三角洲及长江沿江地区，大致涵盖沿江 7 省 2 市的 40 个地级及以上城市，面积共约 43.51 万平方千米。后来，不少学者在研究中，将长江三角洲和长江干流所及的 7 省 2 市（上海、江苏、浙江、安徽、江西、湖北、湖南、四川、重庆）的全部行政区域作为长江经济带的地域范围，上述 9 省市面积 148.5 万平方千米，占全国的 15.5%，该区域的人口密度和经济密度都显著高于全国平均水平。

2014 年全国"两会"期间，李克强总理在政府工作报告中明确提出"依托黄金水道，建设长江经济带"。同年 9 月 25 日，国务院发布了《国务院关于依托黄金水道推动长江经济带发展的指导意见》，首次从中央政府层面明确长江经济带的空间范围，即包括上海、江苏、浙江、安徽、江西、湖北、湖南、重庆、四川、贵州、云南共9省2市的全部行政区域，此项决策将与经济联系密切的云南、贵州两省也纳入了长江经济带，在区域范围的确定上更加注重区域之间社会经济的联系程度。本书就以国家正式确定的长江经济带的范围作为研究区域，以省域（自治区、直辖市）为研究单元。

2. 长江经济带在"一带一路"中的战略地位

《国务院关于依托黄金水道推动长江经济带发展的指导意见》指出，要依托长江黄金水道，高起点、高水平建设综合交通运输体系，推动上、中、下游地区协调发展，沿海、"沿江"、沿边全面开放，构建横贯东西、辐射南北、通江达海、经济高效、生态良好的长江经济带。[①] 长江经济带的战略地位主要体现在以下几方面：

（1）具有全球影响力的内河经济带。发挥长江黄金水道的独特作用，构建现代化综合交通运输体系，推动沿江产业结构优化升级，打造世界级产业集群，培育具有国际竞争力的城市群，使长江经济带成为充分体现国家综合经济实力、积极参与国际竞争与合作的内河经济带。

（2）东部、中部、西部互动合作的协调发展带。立足长江上、中、下游地区的比较优势，统筹人口分布、经济布局与资源环境承载能力，发挥长江三角洲地区的辐射引领作用，促进中上游地区有序承接产业转移，提高要素配置效率，激发内生发展活力，使长江经济带成为推动我国区域协调发展的示范带。

（3）沿海、沿江、沿边全面推进的对内、对外开放带。用好海陆双向开放的区位资源，创新开放模式，促进优势互补，培育内陆开放高地，加快同周边国家和地区基础设施互联互通，加强与丝绸之路经济带、海上丝绸之路的衔接互动，使长江经济带成为横贯东中西、连接南北方的开放合作走廊。

---

① 国务院：《国务院关于依托黄金水道推动长江经济带发展的指导意见》，2014年。

（4）生态文明建设的先行示范带。统筹江河湖泊丰富多样的生态要素，推进长江经济带生态文明建设，构建以长江干支流为经脉、以山水林田湖为有机整体、江湖关系和谐、流域水质优良、生态流量充足、水土保持有效、生物种类多样的生态安全格局，使长江经济带成为水清、地绿、天蓝的生态廊道。

二　长江经济带的区域优势及面临的挑战

（一）区域发展优势

1. 区位优势

长江横穿中国腹心，拥有广阔的经济腹地，与各条南北铁路、公路干线交会，形成承东启西、接南济北的优越区位格局。

2. 资源优势

长江流域地貌类型多样，其中高原、山地、丘陵和盆地约占 84.7%，平原占 11.3%，河流和湖泊水体面积约占 4%。流域内许多省市属亚热带季风气候，长江径流量丰富，年均入海水量近 1 万亿立方米，占全国水资源的 38%。由于流域地势落差大，水资源丰富，因此干支流的水能资源的理论蕴藏量高达 2.75 亿千瓦，占全国总水能资源的 40% 以上；流域的矿产资源十分丰富，有的在全国占有显著地位；钛占全国储量的 96.44%，钒占 89.34%，钨占 57.5%，钴占 50% 以上，锰占 42.57%，铅占 30% 以上。

3. 产业优势

长江经济带拥有一批实力雄厚的钢铁、汽车、石化、机械、电子等工业企业，一些大中城市在生物医药、航天、自动化和新材料等高技术产业方面具备一定实力；农作物中棉粮油产量占全国 40% 以上，农业在全国占据着重要的基础地位。

4. 人力资源优势

上海、南京、武汉、长沙、成都、重庆等中心城市的大专院校、科研院所为长江经济带的建设培养了一大批高素质人才；长江经济带各省市的劳动力丰富，为劳动密集型产业的发展提供了便利。

5. 市场优势

丝绸之路经济带、21 世纪丝绸之路及上海自贸区的成立，与长江经济带丰富的要素市场相契合，有效带动了长江经济带的发展。

6. 交通优势

长江黄金水道的航运潜力巨大，沿江港口城市航运能力逐步提高，随着"一带一路"倡议的逐步推进，长江经济带的交通优势将更加突出。

（二）面临的挑战

1. 流域生态环境压力增大

长江流域受地理区位影响，沿岸及支流有诸多港口及工业城市，这些城市在工业化初期大量承载金属加工、机械、化工等高耗能、高污染产业，造成大气污染、水污染、土壤污染，加上矿产、生物等自然资源的过度开采，给生态环境带来极大破坏。随着产业升级，东部及沿海的高耗能工业和低端制造业向中西部转移，中西部地区在承接这些项目时打破原有生态机制，造成严重的环境污染并诱发生态危机。

2. 流域内行政壁垒制约发展

长江流域内市场化水平差异较大，一体化市场体系发育不完善。现行绩效考核制度导致地方主政官员极力追求地方利益最大化，城市之间、省区之间存在较强的非合作博弈，竞争大于合作，地区之间相互排挤的壁垒政策，阻碍要素市场一体化发展。下游长三角地区城市之间存在相互压低地价、降低环境准入等现象。中上游地区之间经济发展水平接近，产业同质强化了地区之间的行政壁垒。大中小城市经济与产业结构雷同，中心城市的带动辐射能力不足，中小城市产业发展特色不明显，城市群内部联系较为微弱。

3. 流域综合管理机构缺失

作为长江流域最具影响力的管理机构，水利部长江水利委员会没有综合管理的法律地位，其他相关部委在长江流域设置的分支机构延续着单一要素管理的思路。涉及流域具体管理事务，各机构之间存在管理职能交叉。长江水利委员会主要以水资源管理和水行政为中心，协调各种工程和非工程措施开展水利及防洪工作，但无力协调综合性社会经济管理事务，特别是在区域协调方面难有作为。从地方角度看，长江沿岸地区备受当地政府重视，地区之间基础设施建设和产业发展缺乏统筹与协调，产生诸多流域性生态环境问题，造成地区之间纠纷不断。

4. 流域协调体制机制滞后

长江流域管理机制是单一部门、单一要素管理方式，条块分割和交叉较严重，区域与部门之间尚未建立有效的协调机制。这种管理体制在环境与流域发展综合性事务上矛盾突出。大部分区域合作项目难以落实，相关协议亦缺乏约束力。在涉水管理方面，纵向管理部门存在交叉和重叠，往往在有利可图的管理事务上介入过度，而在无利可图的事务上介入不足。部门之间缺乏协调，导致众多标准、程序、专项规划和管治政策相互冲突，加深流域治理的困境。

5. 法律法规有待完善

现行长江流域管理主要涉及《水法》《水污染防治法》《水土保持法》《防洪法》《河道管理条例》及地方相关要素管理法规和条例等。这些部门和地方法律法规虽都涉及长江流域的管理，但相互之间存在交叉与矛盾，且分散的法律法规在涉及具体综合事务处理上可操作性较差，开发管理缺乏综合性法律法规保障。新修订的《水法》，虽然规定实行流域管理与行政区域管理相结合的管理体制，但由于没有相应综合监管机构来执行，因此难以落实。

三　长江经济带的流域经济特征

流域是经济布局的基本单元，它不但是经济活动的地域载体，而且是国民经济的重要生长点。所谓流域经济，就是以河流为纽带和中轴，以水资源为主的资源综合开发利用的特殊类型的区域经济。流域经济的发展就是人类通过流域开发，把流域从自然区向经济区转变的过程。研究流域经济的基本特征是按照其运行基本规律实现流域经济发展的逻辑起点。

（一）以水资源开发利用为主

水是人类生产、生活必需的资源，流域区相对于一般区域来讲，具有丰富的水资源。水资源经过开发，可以满足人类饮用水需要，使人类能在流域区内聚居，可以用来灌溉农作物，发展农业可以疏通航运，进行物资流通可以利用水能发电，为工业发展特别是高耗能工业发展提供充足的能源，可以为工业的发展提供用水，一些高耗水工业得以聚集发展的同时，清洁的河流会为人类提供优美和谐的居住环境。因此，流域经济离不开水资源的开发，这也是流域经济有别于一般区域经济发展的重要特征。

（二）以河流为纽带促进区域协同发展

河流流经不同的地区，把利于各种类型的经济区域和各种发展程度的经济区域有机联系起来，不同地区之间通过水资源的综合利用，经济发展上形成了相应的联系。这样，各类型和各发育阶段的区域就在流域内部展开合理分工布局，相互促进，共同发展。各地区的相关产业由于沿江河布局，有的形成沿河流的产业集中区，有的沿江地带甚至形成沿河流的产业密集带。这种沿江河布局的产业集中区和产业密集带是有机协调各区域经济协同发展推进的重要形式。

（三）以可持续发展为本质要求

资源合理开发利用是流域经济发展必须重视的问题。有限的水资源以及矿产资源等要在流域区内合理分配使用，同时，又要从长远出发，节约利用资源，在资源开发的同时，要注重环境和生态保护，实现可持续发展。

（四）具有明显区段性

河流流经地区资源禀赋不同，形成了明显的区段性经济特征。从我国地形地貌来看，由于地势西高东低，故大江大河多发源于西部高原，上游由于地势落差大，水能资源丰富，山地、河谷、矿产资源也较为丰厚，多发展资源开采业、农牧业以及水利电力工业；中下游地势渐趋平坦，人口稠密，交通便利，加工业、农业发达。

四　绿色理念下长江经济带水资源环境发展

（一）强化长江水资源保护和合理利用

落实最严格的水资源管理制度，明确长江水资源开发利用红线、用水效率红线。加强流域水资源统一调度，保障生活、生产和生态用水安全。严格相关规划和建设项目的水资源论证。加强饮用水水源地保护，优化沿江取水口和排污口布局，取缔饮用水水源保护区内的排污口，鼓励各地区建设饮用水应急水源。优化水资源配置格局，加快推进流域内大中型骨干水源工程及配套工程建设，建设沿江、沿河、环湖水资源保护带、生态隔离带，增强水源涵养和水土保持能力。

（二）严格控制和治理长江水污染

明确水功能区限制纳污红线，完善水功能区监督管理制度，科学核定水域纳污容量，严格控制入河（湖）排污总量。大幅削减化学需氧量、氨氮排放量，加大总磷、总氮排放等污染物控制力度。加大沿江化工、造纸、印染、有色等排污行业环境隐患排查和集中治理力度，实行长江干支流沿线城镇污水垃圾全收集、全处理，加强农业畜禽、水产养殖污染物排放控制及农村污水垃圾治理，建立环境风险大、涉及有毒有害污染物排放的产业园区退出或转型机制。加强三峡库区、丹江口库区、洞庭湖、鄱阳湖、长江口及长江源头等水体的水质监测和综合治理，强化重点水域保护，确保流域水质稳步改善。

（三）妥善处理江河湖泊关系

综合考虑防洪、生态、供水、航运和发电等需求，进一步开展以三峡水库为核心的长江上游水库群联合调度研究与实践。加强长江与洞庭湖、鄱阳湖演变与治理研究，论证洞庭湖、鄱阳湖水系整治工程，进行蓄滞洪区的分类和调整研究。完善防洪保障体系，实施长江河道崩岸治理及河道综合整治工程，尽快完成长江流域山洪灾害防治项目，推进长江中下游蓄滞洪区建设及中小河流治理。

第二节　长江经济带的水资源环境"状态 P"的指标评价

水资源环境状态类指标可选择衡量水资源数量、水资源开发利用情况及水环境质量等方面的指标。

一　水资源数量及利用状态

（一）人均水资源量

人均水资源量是指在一个地区内，某一个时期平均每个人占有的水资源量。即人均水资源量＝水资源量/总人口。世界资源研究所根据干旱区中等发达国家的人均需水量确定了人均水资源量的临界值：当人均水资源量低于1700吨/人时出现水资源压力，当人均水资源量低于1000吨/人时出现慢性水资源短缺，即人均可重复使用的淡水资源总量低于1000吨/人，是水资源"数量压力"指数的临界标志。本书中取1000吨/人为评价标准。

由图4-1可见，人均水资源量低于1000吨的有上海和江苏两个地区，这两个地区面临严重的水资源短缺。

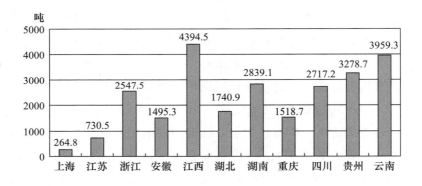

图4-1　长江经济带11省市人均水资源量

（二）产水系数

产水系数描述一个地区或流域水资源总量（包括与地表水不重复的地下水资源量）在降水中的比例，反映了降水量转化为水资源的能力，即产水系数＝某地区水资源量/年降水量，属于发展类指标。产水系数反映气候环境变化引起的水资源变化大小，其值小于1。2000年，全国产水系数平均为0.46，北方地区为0.07—0.41，南方地区为0.41—0.62，西北地区为0.06—0.66。本书中产水系数以0.60为评价标准。

由图4-2可见，长江经济带中产水系数大于0.60的地区只有上海和浙江，说明这两个地区降水转化为水资源的能力较强。

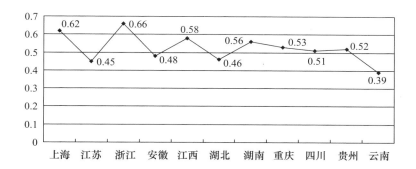

图 4 - 2　长江经济带 11 省市产水系数

（三）水资源开发利用程度

水资源开发利用率是指流域或区域用水量占水资源总量的比率，体现的是水资源开发利用的程度。即水资源开发利用程度 = 年用水总量/水资源总量 × 100%。世界粮农组织、联合国教科文卫组织、联合国可持续发展委员会等很多机构都选用该指标反映水资源稀缺程度。当水资源开发利用程度 ≤ 10% 时为低水资源压力状态；当水资源开发利用程度属于 10%—20% 时为中低水资源压力状态；当水资源开发利用程度属于 20%—40% 时为中高水资源压力状态；当水资源开发利用程度 > 40% 时为高水资源压力状态。本书中，水资源开发利用程度以 40% 为评价标准。

由图 4 - 3 可见，处于高水资源压力状态的地区有上海和江苏两地，处于中高水资源压力状态的地区有安徽和湖北，处于中低水资源压力状态的地区有浙江、江西、湖南、重庆、四川，处于低水资源压力状态的地区只有贵州和云南。

二　水环境质量状态

长江流域河流水质状况。长江流域河流水质状况评价指标选择分类河长占评价河长百分比，全国评价河长 235024 千米，长江区评价河长 67687 千米。

由图 4 - 4 可见，长江流域河流水质评价指标中 Ⅰ 类、Ⅳ 类和劣 Ⅴ 类水的百分比低于全国，而 Ⅱ 类、Ⅲ 类、Ⅴ 类水的百分比高于全国。

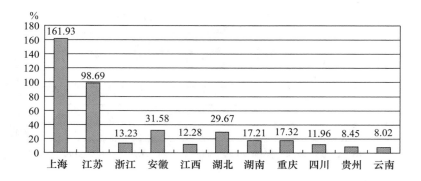

图 4 - 3　长江经济带 11 省市水资源开发利用程度

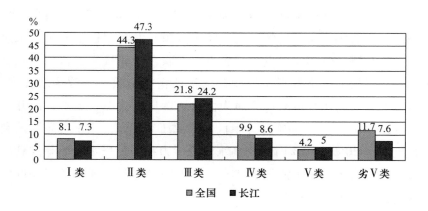

图 4 - 4　长江分类河长占评价河长百分比

第三节　长江经济带的区域经济 "压力 S" 的指标评价

压力类指标是反映研究区域社会发展、经济效益与水资源的重要指标，分析经济社会及生态环境系统对水资源造成的压力，选取压力类指标 9 项。

一　经济及城镇发展的压力

(一) 人均 GDP

人均 GDP 是目前国际上最通用的衡量一个国家或地区综合经济实力的指标。它是按人口平均的一个国家或地区在一定时期内所生产的最终产品与劳务总价值的货币量度。即人均 GDP = 年 GDP/城市总人口。根据《中国统计年鉴 (2016)》数据显示，全国人均 GDP 为 5.26 万元/人。

由图 4 – 5 可见，人均 GDP 压力较大的地区有上海、江苏、浙江，这些地区的人均 GDP 高于 5.26 万元/人，经济发展较快。

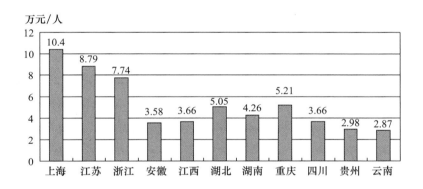

万元/人

图 4 – 5　长江经济带 11 省市人均 GDP

(二) 城镇化率

城镇化率是指一个地区城镇常住人口占该地区常住总人口的比例。城镇化率 = 城镇总人口数/总人口数 × 100%。通常，城镇化水平越高的城市，人均用水定额、人均生活排污量越大，水资源承载力则相对越小。根据《中国统计年鉴 (2016)》数据显示，以 56.1% 为评价标准。

由图 4 – 6 可见，城镇化率压力较大的地区有上海、江苏、浙江、湖北、重庆，这些地区的城镇化率大于 56.1%，城镇化率较高。

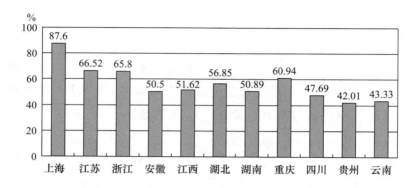

图 4 - 6 长江经济带 11 省市城镇化率

（三）第三产业占 GDP 比重

服务业增加值比重是指服务业增加值占同期国内生产总值的比重，是衡量经济发展和现代化水平的重要指标。第三产业的发展具有高产出、高就业、低消耗、低污染的特点，加强第三产业的发展，可减少污废水的排放量，达到经济发展与节约用水的目的。第三产业占 GDP 比重 = 第三产业增加值/地区国内生产总值×100%。产业结构比例与水资源利用存在密切的关系。在英格尔斯的现代化指标中第三产业占 GDP 比例为 45%，联合国划分贫富的社会指标体系中为 50%，目前世界上主要发达国家接近或超过 70%。根据《国民经济与社会发展的第十三个五年规划纲要》，第三产业占 GDP 比例以 50.5% 为评价标准。

由图 4 - 7 可见，只有上海的第三产业占 GDP 比重达到 67.8%，超过了 50.5% 的评价标准，其他地区都存在发展第三产业的压力。

二 用水压力

（一）万元工业增加值用水量

万元工业增加值用水量是指产生每万元工业增加值所取用的水量。万元工业增加值用水量是节水型社会建设的重要指标。万元工业增加值用水量 = 工业总用水量/工业增加值，是在工业领域反映一个国家或者地区的水资源利用效率和效益属于逆指标形式的强度相对指

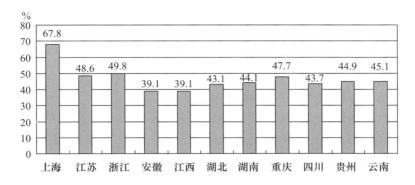

图 4-7 长江经济带 11 省市第三产业占 GDP 比重

标。根据《中国统计年鉴（2016）》数据计算，以全国平均水平 48.5 立方米/万元为评价标准。

由图 4-8 可见，除浙江万元工业增加值用水量低于评价标准以外，其他地区均存在不同程度的工业用水节水压力。

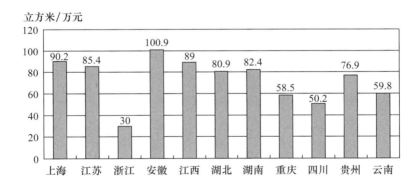

图 4-8 长江经济带 11 省市万元工业增加值用水量

（二）人均日生活用水量

人均日生活用水量是指每个用水人口平均每天的生活用水量。即人均日生活用水量 = 生活用水量/（用水人口 × 天数）。随着区域经济的发展，区域内居民生活水平不断提高，居住条件、卫生条件不断改善，居民日常生活用水量和市政设施的用水量也不断提高。根据《中国统计年鉴（2016）》数据计算，本书中取 174.5 升为评价标准。

由图 4 - 9 可见，人均日生活用水量高于 174.5 升，存在较大压力的地区有上海、江苏、浙江、湖北、湖南和四川。

图 4 - 9　长江经济带 11 省市人均日生活用水量

三　污水排放的压力

（一）人均 COD 排放量

人均 COD 排放量 = 地区均 COD 排放量/总人口。COD 排放主要来源于城市生活污水、工业废水和农业废水。根据《中国环境统计年鉴（2016）》数据计算，该指标以全国人均 COD 排放量 161.75 吨/人为评价标准。

由图 4 - 10 可见，人均 COD 排放量高于 161.75 吨/人，存在压力较大的地区有上海、湖南和重庆。

（二）人均氨氮排放量

人均氨氮排放量 = 氨氮排放量/总人口。自然水体中氨氮浓度过高，加剧水体富营养化程度，破坏自然水体生态系统平衡。城市氨氮排放来源包括城市生活源、工业源和农业源。根据《中国环境统计年鉴（2016）》数据计算，人均氨氮排放量以全国人均氨氮排放量 16.7 吨/人为评价标准。

由图 4 - 11 可见，人均氨氮排放量高于 16.7 吨/人，存在压力较大的地区有上海、江苏、浙江、江西、湖北和湖南。

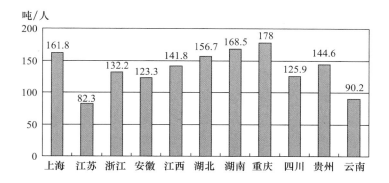

图 4 - 10　长江经济带 11 省市人均 COD 排放量

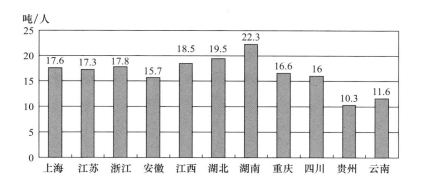

图 4 - 11　长江经济带 11 省市人均氨氮排放量

（三）人均生活污水排放量

人均生活污水排放量＝生活污水排放量/总人口。该指标反映了人类生活对水资源的利用排放情况，与社会经济发展、人们生活方式以及城市水环境等因素有关。人均生活污水排放量小，在相同人口数量的条件下，水资源承载能力增大。根据《中国环境统计年鉴（2016）》数据计算，人均生活污水排放量以 38.9 吨/人为评价标准。

由图 4 - 12 可见，人均生活污水排放量高于 38.9 吨/人，存在较大压力的地区有上海、江苏、浙江和湖北。

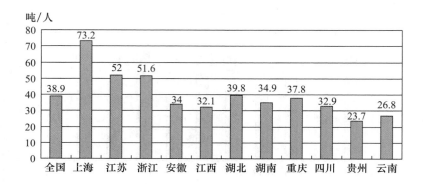

图 4 - 12　长江经济带 11 省市人均生活污水排放量

（四）万元工业增加值废水排放量

万元工业增加值废水排放量 = 工业废水排放量/工业增加值。该指标反映了城市工业生产活动的排污水平。根据《中国环境统计年鉴（2016）》数据计算，以 7.25 吨/万元为该指标的评价标准。

由图 4 - 13 可见，万元工业增加值废水排放量大于 7.25 吨/万元，存在较大压力的地区有江苏、浙江、安徽、江西、贵州和云南。

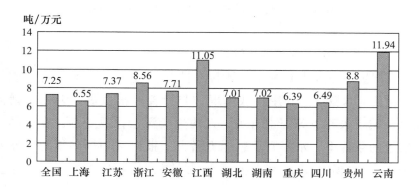

图 4 - 13　长江经济带 11 省市万元工业增加值废水排放量

第四节　长江经济带的水资源环境"响应 R"的指标评价

响应类指标反映地区进行生产生活过程中对地区污水和工业废水治理，对水环境具有重要影响。分析污水处理、水环境治理等对水环境可持续发展产生影响的响应类指标 5 项。

一　水资源利用的响应

工业用水重复利用率

工业用水重复利用率 = 重复利用水量／（生产用水量 + 重复利用水量）×100%，是宏观上评价用水水平及节水水平的重要指标，提高重复利用率是地区节约用水的主要途径之一。根据《中国环境统计年鉴（2016）》，工业用水重复利用率取 89.6% 为评价标准。

由图 4 - 14 可见，工业用水重复利用率达到全国平均水平 89.6% 以上的只有安徽省。

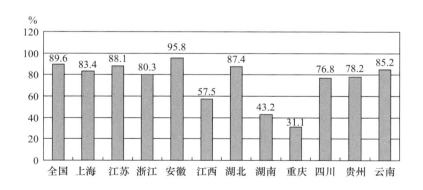

图 4 - 14　长江经济带 11 省市工业用水重复利用率

二　污水治理的响应

（一）城市污水处理率

城市污水处理率 = 城市污水处理量／城市污水排放量×100%。随着我国城镇化进程的加快，城镇污水处理厂的数目和规模逐渐扩大，城镇污水处理率不断上升。2015年，我国大部分省（市、自治区）的城市污水处理率高于83%。城市污水处理率越高，则表示排放到自然水体中的污水所含污染物浓度越低，对城市水资源污染程度越低，提高了水资源承载力。根据《中国环境统计年鉴（2016）》，城市污水处理率的评价标准为91.9%。

由图4－15可见，城市污水处理率高于91.9%，响应较好的地区有上海、江苏、浙江、安徽、湖北、湖南、重庆和贵州。

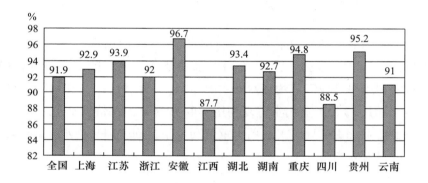

图4－15　长江经济带11省市城市污水处理率

（二）工业污水处理率

工业污水处理率＝工业污水处理量/工业用水量×100%。随着我国工业化进程的加快，工业污水处理厂的数目和规模逐渐扩大，工业污水处理率不断上升。根据《中国环境统计年鉴（2016）》，工业污水处理率的评价标准为53.6%。

由图4－16可见，工业污水处理率除云南高于全国平均水平53.6%外，其他地区的反应程度均需要加强。

三　污水处理投资的响应

（一）城镇污水处理投资比重

城镇污水处理投资比重＝城镇污水处理投资额/城镇环境基础设施投资总额×100%。随着城镇化的进程加快，城镇污水排放加剧城

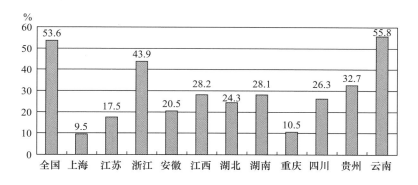

图 4 – 16 长江经济带 11 省市工业污水处理率

镇水环境污染，必然加大城镇污水处理投资的比重。根据《中国环境统计年鉴（2016）》，城镇污水处理投资的评价标准为 39%。

由图 4 – 17 可见，城镇污水处理投资比重大于 39% 的地区有浙江、江西、湖北、湖南、四川和贵州，污水处理反应程度较好。

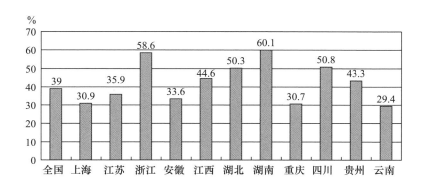

图 4 – 17 长江经济带 11 省市城镇污水处理投资比重

（二）工业治理废水投资比重

工业治理废水投资比重 = 工业治理废水投资/污染治理总投资额 ×100%。随着工业化的进程加快，工业治理废水排放加剧地区水环境污染，必然加大工业治理废水处理投资的比重。根据《中国环境统计年鉴（2016）》，工业治理废水处理投资的评价标准为 15.3%。

由图4-18可见，工业治理废水投资比重大于15.3%的地区有江苏、浙江、江西、湖北、重庆、四川和云南等，工业治理废水投资反应程度较好。

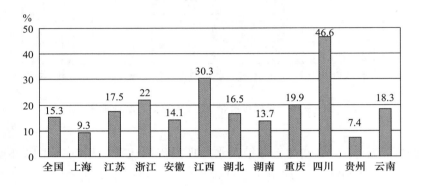

图4-18　长江经济带11省市工业治理废水投资比重

第五章　水资源环境与区域经济耦合系统的关联及效率评价

　　人类活动对环境产生影响的大小取决于经济活动从自然系统中获得的输入系统的物质的种类和数量，以及由经济活动产生的进入到自然系统中的废弃物引起的污染，以及由此带来的物质资源枯竭和环境退化程度。分析人类对自然资源和物质的开发、加工、流通、消费、废弃过程，考察特定系统中的物质流动转化的特征和效率，揭示产生环境压力的"短板"，探讨解决途径，为可持续发展提供科学依据。物质流分析通过对投入的原材料进行全过程追踪，可掌握区域内物质输入量和产生产品、废弃物输出量，以便有效调控经济系统与生态环境的物质流动方向和流量，从而达到提高资源能源使用效率，减少资源能源投入量，减少废物排放量的目的，降低经济发展对生态环境的影响。物质流分析中的"物质"含义广泛，可以是企业生产用的物料，如化石燃料、矿物质、固体废弃物、金属等，还可以是其他的物质，如森林资源、渔业资源、农业资源等，这些物质一般由国外进口和国内生产两部分组成。对于经济系统来说，输入的物质一般是指原材料和能源，输出的物质一般是指产品和副产品（包括废弃物和污染物）。本章的研究是在"基本物质流分析的耦合机理"的基础上，研究水资源环境与区域经济耦合系统的物质流，主要分析"水"要素的物质流过程中的关联及效率评价。

第一节　水资源环境与区域经济耦合系统的结构关联效应评价

一　评价指标体系

根据物质流分析思想，可将水要素在区域经济系统中的流动划分为水资源投入、水资源开发、水资源利用、水污染治理和污水排放五个阶段，每个阶段选择相应的评价指标，形成如表 5 - 1 所示的评价指标体系。

表 5 - 1　　　区域水资源环境结构关联效应评价指标体系

评价目标	结构类型	评价指标	指标备注
区域水资源环境结构关联效应评价	水资源投入	水资源总量	总量指标
		地表水总量	结构指标
		地下水总量	结构指标
	水资源开发	供水总量	总量指标
		地表水总量	结构指标
		地下水总量	结构指标
	水资源利用	用水总量	总量指标
		农业用水量	结构指标
		工业用水量	结构指标
		生活用水量	结构指标
		生态用水量	结构指标
	水污染治理	废水处理总量	总量指标
		工业废水处理量	结构指标
		城市污水处理量	结构指标
		治理污水总投资	总量指标
		工业废水治理投资	结构指标
		城市污水处理投资	结构指标
	污水排放	废水排放总量	总量指标
		工业废水排放量	结构指标
		城镇生活污水排放量	结构指标

（一）水资源投入结构

水资源投入结构反映地区水资源的来源构成。通常水资源的主要来源有地表水和地下水，因此，投入结构选择 3 个评价指标：水资源总量、地表水总量、地下水总量，其中地表水和地下水是水资源总量的组成结构，虽然两者有重复计算部分，但是对整体评价结果影响不大。

（二）水资源开发结构

水资源开发结构反映了地区的供水总量的来源构成，通常主要来源于地表水和地下表，因此，选择 3 个评价指标：供水总量、地表水总量、地下水总量，其中地表水和地下水是供水来源的组成结构。

（三）水资源利用结构

水资源利用结构反映了地区的水资源在各种用途中的分配比例，目前主要用于农业灌溉、工业生产和居民生活等方面，还有少量的生态环境用水，因此，选择 5 个评价指标：用水总量、农业用水量、工业用水量、生活用水量、生态用水量，其中农业用水量、工业用水量、生活用水量、生态用水量是用水总量的组成结构。

（四）水污染治理结构

水污染治理结构从两个方面考虑：一方面是废水处理情况，另一方面是污水治理投资情况，废水处理情况由总量指标废水处理总量和两个结构指标工业废水处理量和城市污水处理量构成。污水治理投资由总量指标治理污水总投资和两个结构指标工业废水治理投资和城市污水处理投资构成。

（五）污水排放结构

污水排放结构反映了废水排放中工业废水排放与城镇生活污水构成情况，因此选择 3 个评价指标：废水排放总量、工业废水排放量、城镇生活污水排放量，其中工业废水排放和城镇生活污水排放是废水排放总量的组成结构。

二　灰色关联度的评价方法

邓聚龙教授提出的灰色关联分析模型是灰色系统理论中十分活跃

的一个分支，也是系统分析的重要方法，其基本思想是根据序列曲线几何形状来判断不同序列之间的联系是否紧密。灰色关联分析中的重要因素就是灰色关联度，该方法具有简单易操作且小样本优势。建模原理如下：

设 Y_1，Y_2，$\cdots$，Y_s 为系统特征数列，$Y_i = \{y_i(1)$，$y_i(2)$，$\cdots$，$y_i(n)$；$i = 1$，2，$\cdots$，$s\}$，s 为系统特征数列的个数，n 为其长度；X_1，X_2，$\cdots$，X_m 为相关因素数列，$X_j = \{x_j(1)$，$x_j(2)$，$\cdots$，$x_j(n)$，$j = 1$，2，$\cdots$，$m\}$，m 为相关因素数列的个数，X_j 与 Y_i 长度相同。

取分辨系数 $\rho \in [0, 1]$，通常 $\rho = 0.5$，给定实数 $\gamma(y_i(k), x_j(k))$，计算公式为：

$$\gamma(y_i(k), x_j(k)) = \frac{\min\limits_{j}\min\limits_{k}|y_i(k) - x_j(k)| + \rho \max\limits_{j}\max\limits_{k}|y_i(k) - x_j(k)|}{|y_i(k) - x_j(k)| + \rho \max\limits_{j}\max\limits_{k}|y_i(k) - x_j(k)|}$$

$$(5 - 1)$$

从而定义 Y_i 与 X_j 的灰色关联度记为 γ_{ij}：

$$\gamma_{ij} = \frac{1}{n}\sum_{i=1}^{n}\gamma(y_i(k), x_j(k)) \qquad (5-2)$$

式中，$i = 1$，2，$\cdots$，s；$j = 1$，2，$\cdots$，m。计算得出所有的 γ_{ij} 构成 $s \times m$ 的灰色关联矩阵：

$$\gamma_{ij} = \begin{bmatrix} \gamma_{11} & \gamma_{12} & \cdots & \gamma_{1m} \\ \gamma_{21} & \gamma_{22} & \cdots & \gamma_{2m} \\ \vdots & \vdots & \vdots & \vdots \\ \gamma_{s1} & \gamma_{s2} & \cdots & \gamma_{sm} \end{bmatrix} \qquad (5-3)$$

第 i 行元素是系统特征数列 $Y_i(i = 1$，2，$\cdots$，$s)$ 与相关因素数列 X_1，X_2，$\cdots$，X_m 的灰色关联度；第 j 列元素是系统特征数列 $X_j(j = 1$，2，$\cdots$，$m)$ 与 Y_1，Y_2，$\cdots$，Y_s 的灰色关联度。

三 实证研究

（一）研究区域概况

1. 江苏省概况

江苏省位于我国东部沿海，介于东经 116°18′—121°57′，北纬

$30°45'—35°20'$，面积 10.72 万平方千米，年平均气温为 13℃—16℃。江苏经济一直排全国前列，2016 年实现地区生产总值 76086.2 亿元，比上年增长 7.8%。工业经济增长较快，全年规模以上工业增加值比上年增长 7.7%。2016 年年末全省常住人口 7998.6 万人，比上年末增加 22.3 万人，增长 0.3%，人均生产总值 95259 元，比上年增长 7.5%，居民人均可支配收入 32070 元，比上年增长 8.6%[①]。农业生产较稳定，由于受灾害天气影响，全年粮食总产量 3466 万吨，较上年减产 95 万吨，下降 2.7%，但总产量依然是历史上较高的省份。生态环境不断优化，大气治理重点工程，PM2.5 平均浓度同比下降 12.1%，水污染防治效应显著，104 个国家考核断面水质优Ⅲ比例提高 9.9 个百分点。

2. 江苏省水资源环境概况

据江苏省水资源公报显示，2016 年全省水资源总量 741.8 亿立方米，其中地表水资源量 605.8 亿立方米，地下水资源量 164.0 亿立方米。总用水量 453.2 亿立方米，总耗水量 246.5 亿立方米，耗水率 54.5%。万元 GDP 用水量 60.0 立方米，万元工业增加值用水量 41.2 立方米。虽然"十二五"重点流域水污染防治考核结果显示，江苏水环境质量总体改善，规划重点目标任务基本完成，但据 2016 年江苏省统计公报显示，全省地表水环境质量总体处于轻度污染状态。

（二）数据的选取

本书选择"十二五"期间 2011—2015 年水资源环境的相关统计数据作为分析样本。

1. 水资源投入结构指标数据

江苏省水资源投入结构中水资源总量、地表水、地下水等指标在 2011—2015 年的数据如表 5 - 2 所示。

---

① 2016 年《江苏省国民经济和社会发展统计公报》。

表 5 – 2 　　　　　　　江苏省水资源投入结构指标数据　　　单位：亿立方米

年份	水资源投入结构指标		
	水资源总量	地表水	地下水
2011	492.4	399.0	115.1
2012	373.3	279.1	110.2
2013	283.50	202.30	97.20
2014	399.30	296.40	118.90
2015	582.10	462.90	142.40

资料来源：《中国环境统计年鉴（2012—2016）》。

2. 水资源开发结构指标数据

江苏省水资源开发结构中的供水总量、地表水、地下水等指标在 2011—2015 年的数据如表 5 – 3 所示。

表 5 – 3 　　　　　　　江苏省水资源开发结构指标数据　　　单位：亿立方米

年份	水资源开发结构指标		
	供水总量	地表水	地下水
2011	556.2	546.1	10.1
2012	552.2	542.4	9.8
2013	576.7	567.4	9.3
2014	591.3	574.7	9.7
2015	574.5	558	9.1

资料来源：《中国环境统计年鉴（2012—2016）》。

3. 水资源利用结构指标数据

江苏省水资源利用结构中的用水总量、农业用水、工业用水、生活用水、生态环境补水等指标在 2011—2015 年的数据如表 5 – 4 所示。

表 5 – 4 　　　　　　　江苏省水资源利用结构指标数据　　　单位：亿立方米

年份	水资源利用结构指标				
	用水总量	农业用水	工业用水	生活用水	生态环境补水
2011	556.2	307.6	192.9	52.4	3.3

年份	水资源利用结构指标				
	用水总量	农业用水	工业用水	生活用水	生态环境补水
2012	552.2	305.4	193.1	50.5	3.3
2013	576.7	301.9	220.1	51.4	3.2
2014	591.3	297.8	238	52.8	2.7
2015	574.5	279.1	239	54.5	2

资料来源:《中国环境统计年鉴(2012—2016)》。

4. 水污染治理结构指标数据

江苏省水资源治理分工业废水处理和城市污水处理,其中工业废水处理中的废水处理量、治理废水投资等指标,城市污水处理中的污水处理量、污水处理投资等在2011—2015年的数据如表5-5所示。

表5-5　　　　　　　　江苏省水污染治理结构指标数据　　单位:万吨,亿元

年份	工业废水处理		城市污水处理	
	废水处理量	治理废水投资	污水处理量	污水处理投资
2011	404070	12.55	339786	58.14
2012	405492	7.36	352759	32.25
2013	395899	10.25	362536	55.56
2014	407334	7.59	370429	26.87
2015	418384	10.88	387207	47.53

资料来源:《中国环境统计年鉴(2012—2016)》。

5. 污水排放结构指标数据

江苏省污水排放分废水排放量、化学需氧量排放量、氨氮排放量,其中废水排放量中的废水排放量、工业废水排放量、城镇生活污水排放量,化学需氧量中的排放总量、工业、农业和生活分部门排放量,氨氮排放量中的排放总量、工业、农业和生活分部门排放量等指标在2011—2015年的数据如表5-6所示。

表 5 - 6　　　　　　　　江苏省污水排放结构指标数据　　　　　单位：吨

年份	废水排放量			化学需氧量排放量				氨氮排放量			
	废水排放	工业废水	城镇生活污水	化学需氧排放	工业	农业	生活	氨氮排放	工业	农业	生活
2011	592774	246298	346252	1246166	239319	399292	602252	157168	16710	39925	99853
2012	598211	236094	361835	1197048	231447	387692	572502	153140	16259	39144	97048
2013	594359	220559	373526	1148888	209175	376111	558698	147429	14393	38204	94253
2014	601158	204890	395931	1100043	204361	364090	527877	142539	13686	37534	90834
2015	621303	206427	414514	1054591	201297	350749	499624	137703	13549	36225	87593

资料来源：《中国环境统计年鉴（2012—2016）》。

（三）计算结果及分析

利用灰色关联法对表 5 - 2 至表 5 - 6 中的数据通过式（5 - 1）、式（5 - 2）、式（5 - 3）计算，计算步骤及结果如下。

1. 水资源投入结构关联度计算结果

首先以我国水资源总量和供水总量作为系统特征数列，以地表水量和地下水量作为相关因素数列，运用灰色关联比较模型，得到水资源总量和供水总量与地表水和地下水的关联度矩阵如下：

$$\gamma_{ij} = \begin{pmatrix} 0.776 & 0.565 \\ 0.935 & 0.566 \end{pmatrix} \qquad (5 - 4)$$

分析关联度矩阵式（5 - 4），水资源总量与地表水的关联度为 0.766，与地下水的关联度为 0.565。而供水总量与地表水的关联度为 0.935，与地下水的关联度为 0.566。可见，江苏省水资源总量与地表水的关联度大于与地下水的关联度，供水总量与地表水的关联要远大于与地下水的关联，说明江苏省对水资源的利用严重依赖地表水。

2. 水资源开发利用结构关联度计算结果

分别以用水总量、地表水量、地下水量作为系统特征数列，再以农业用水、工业用水、生活用水、生态环境补水等用水量作为相关因素数列，运用灰色关联比较模型，计算得到关联度矩阵如下：

$$\gamma_{ij} = \begin{pmatrix} 0.823 & 0.740 & 0.887 & 0.705 \\ 0.828 & 0.732 & 0.880 & 0.704 \\ 0.908 & 0.599 & 0.806 & 0.707 \end{pmatrix} \qquad (5-5)$$

分析关联度矩阵式（5-5），用水总量与农业用水、工业用水、生活用水、生态环境补水用水量的关联度分别为0.823、0.740、0.887、0.705，地表水与四种用水类型的关联度分别为0.828、0.732、0.880、0.704，地下水与四种用水类型的关联度分别为0.908、0.599、0.806、0.707。可见用水总量与农业用水和生活用水的关联程度高于工业用水和生态环境用水，在地表水与地下水与四种类型关联效应分析中，发现地下水与农业用水的关联程度很高，而地表水与农业用水、工业用水的关联度均大于地下水。地表水与地下水与生态环境用水的关联程度差不多。

3. 水污染治理结构关联度计算结果

以废水排放总量、化学需氧量排放总量、氨氮排放总量作为系统特征数列，再以工业废水处理量、工业废水治理投资、城市污水处理量、城镇污水处理投资作为相关因素数列，运用灰色关联比较模型，计算得到关联度矩阵如下：

$$\gamma_{ij} = \begin{pmatrix} 0.968 & 0.600 & 0.850 & 0.622 \\ 0.754 & 0.673 & 0.649 & 0.683 \\ 0.799 & 0.680 & 0.683 & 0.680 \end{pmatrix} \qquad (5-6)$$

分析关联度矩阵式（5-6），废水排放总量与工业废水处理量、工业废水治理投资、城市污水处理量、城镇污水处理投资的关联度分别为0.968、0.600、0.850、0.622，化学需氧量排放与工业废水处理量、工业废水治理投资、城市污水处理量、城镇污水处理投资的关联度分别为0.754、0.673、0.649、0.683，氨氮排放量与工业废水处理量、工业废水治理投资、城市污水处理量、城镇污水处理投资的关联度分别为0.799、0.680、0.683、0.680。可见废水排放总量与工业废水处理关联程度最高，而工业废水治理投资和城镇污水治理投资两个指标对废水排放总量的关联程度不高，一方面可能由于投资产生效果有时间滞后效应；另一方面可能是投资并没有产生很好的污水治理效果。

4. 水环境质量结构关联度计算结果

先以废水排放总量作为系统特征数列，以工业、生活排放量作为相关因素数列，得到关联度矩阵如下：

$$\gamma_{ij} = (0.574 \quad 0.637) \tag{5-7}$$

分析关联度矩阵式（5-7），废水排放总量与工业、生活排放量的关联度分别为 0.574、0.637。

再以化学需氧量排放总量、氨氮排放量作为系统特征行为数列，以工业、农业、生活排放量作为相关因素行为数列，运用灰色关联比较模型得到关联度矩阵如下：

$$\gamma_{ij} = \begin{pmatrix} 0.679 & 0.624 & 0.779 \\ 0.614 & 0.747 & 0.949 \end{pmatrix} \tag{5-8}$$

分析关联度矩阵式（5-8），化学需氧排放总量与工业、农业、生活排放量的关联度分别为 0.679、0.624、0.779，氨氮排放量与工业、农业、生活排放量的关联度分别为 0.614、0.747、0.949。可见化学需氧量和氨氮排放量与生活污染的关联程度均高于工业和农业污染排放的关联程度，工业污染对化学需氧量的关联大于农业，而氨氮排放量农业污染大于工业污染。

基于物质流分析的思想，构建水资源环境的结构性关联评价模型及指标体系，利用江苏省数据进行计算分析研究，主要得到以下结论：

（1）江苏省水资源的开发利用主要来源于地表水，地下水的利用程度低。

（2）地表水与生活用水的关联程度最大，其次是农业、工业，最后是生态，而地下水与农业用水关联度很高，其次是生活、生态，最后是工业。这说明加大生活用水的节约程度，可以减轻地表水开发的压力，而加大农业用水的循环利用程度，可以减轻地下水开发的压力。

（3）废水排放量与工业废水处理量的关联度最高，然后是城市废水处理量，而与工业废水治理投资和城镇污水处理投资关联度不高。这说明工业废水处理情况好于城镇污水处理，但两者的污水处理投资转化为污水处理能力都有待进一步提高。

（4）水环境质量中化学需氧量和氨氮排放量与生活排放关联度高，其次是工业、农业。这说明如果加大生活污染排放量，可以更大限度降低污染水平。

第二节　水资源环境与区域经济耦合全过程的效率评价

一　评价指标体系

效率是成本与收益之间的比值，它本身是经济学的概念。很多关于效率的研究是从资源配置的角度进行分析的，在不同的时代，效率的内涵有所变化。在生态平衡状态良好的情况下，效率是指资源配置实现了最大的价值，效率的核心就是资源的有效利用。效率追求的是劳动和资本的生产效率，即经济效率。任何经济与社会活动的效率都具有多面性，关键是取决于从什么角度观察效率和计算谁的效率。水资源环境与区域经济耦合系统是复杂巨系统，因此，本书从水资源的物质流全过程视角研究水资源开发利用效率问题。

水资源的开发利用全过程中不同环节的开发利用效率关系着水资源环境的可持续利用，因此，主要从水资源开发效率、水资源利用效率、用水排污效率、污水处理设施效率、污水处理投资效率方面分别进行评价，每个方面选择相应的评价指标，形成如表5-7所示的评价指标体系。

表5-7　　　　区域水资源环境效率评价指标体系

结构类型	指标类型	评价指标	指标单位	变量符号
水资源开发效率	产出指标	供水总量	亿立方米	y_1
	投入指标	地表水资源量	亿立方米	x_1
		地下水资源量	亿立方米	x_2
		降水量	亿立方米	x_3

结构类型	指标类型	评价指标	指标单位	变量符号
水资源利用效率	产出指标	地区生产总值	亿元	y_2
	投入指标	农业用水量	亿立方米	x_4
		工业用水量	亿立方米	x_5
		生活用水量	亿立方米	x_6
		生态环境补水量	亿立方米	x_7
用水排污效率	产出指标	工业废水排放量	万吨	y_3
		城镇生活污水排放量	万吨	y_4
	投入指标	工业用水量	亿立方米	x_8
		生活用水量	亿立方米	x_9
污水处理设施效率	产出指标	工业废水处理量	万吨	y_5
		城镇生活污水处理量	万吨	y_6
	投入指标	工业废水治理设施处理能力	亿立方米	x_{10}
		城镇污水处理能力	亿元	x_{11}
污水处理投资效率	产出指标	工业废水治理设施处理能力	万吨/日	y_6
		城镇污水处理能力	千公顷	y_7
	投入指标	工业治理废水投资额	亿元	x_{13}
		城市污水处理投资额	万元	x_{14}

（一）水资源开发效率

水资源开发效率考虑对区域内地表水、地下水和降水等水资源存在形态进行开发，形成供水量，选择产出指标为供水总量，投入指标分别为地表水资源量、地下水资源量、降水量。

（二）水资源利用效率

水资源利用效率考虑分配到各种类型的生产、生活用水最终产出的效果，产出指标选择地区生产总值，投入指标分别选择农业用水量、工业用水量、生活用水量、生态环境补水量。

（三）用水排污效率

用水排污效率考虑水资源经过社会经济系统的利用后，产出污水情况，产出指标选择工业废水排放量和城镇生活污水排放量，投入指标选择工业用水量、生活用水量。

（四）污水处理设施效率

污水处理设施效率考虑污水处理设施对区域污水处理效果，产出指标选择工业废水处理量、城镇生活污水处理量，投入指标选择工业废水治理设施处理能力、城镇污水处理能力。

（五）污水处理投资效率

污水处理投资效率考虑区域对于污水设施的投资最终形成污染处理能力，产出指标选择工业废水治理设施处理能力、城镇污水处理能力，投入指标选择工业治理废水投资额、城市污水处理投资额。

二　DEA 效率评价方法

国内已有许多水资源利用效率的相关研究，也有学者运用 DEA 模型对不同区域、省份进行研究，但还没有针对水资源开发利用全过程的效率评价研究。由于数据包络分析是针对多投入、多产出的多个决策单元的效率评价方法，内生确定各种投入要素的权重，不需要预先估计参数，避免投入与产出关系的具体表达，而且具有简化算法和避免主观因素等方面的优越性，因此，本书选择 DEA 方法进行产业效率的评价，模型简述如下：

假设有 n 个决策单元 DMU，每个决策单元分别有 m 项投入指标和 s 项产出指标。则 $X_i = (x_{1i}, x_{2i}, \cdots, x_{mi})(i = 1, 2, \cdots, n)$ 为第 i 个决策单元的投入指标向量，其中 x_{mi} 为第 m 项投入指标投入值；$Y_i = (y_{1i}, y_{2i}, \cdots, y_{si})(i = 1, 2, \cdots, s)$ 为第 i 个决策单元的产出指标向量，其中 y_{si} 为第 s 项产出指标产出值。对于某个选定的决策单元 DMU_0，判断其 DEA 是否有效的 C2R 模型一般对偶规划形式为：

$$s.t. \begin{cases} \min\theta \\ \sum_{i=1}^{n} X_{i\lambda_i} - s^- = \theta X_0 \\ \sum_{i=1}^{n} Y_i\lambda_i - s^+ = Y_0 \\ \lambda \geq 0 \\ s^+ \geq 0, s^- \geq 0, i = 1, 2, \cdots, n \end{cases} \quad (5-9)$$

式中，s^+ 为松弛变量，s^- 为剩余变量，前者表示投入冗余值，后者表示产出不足。主要用于评价 DMU 同时为规模有效和技术有效的情况，主要结论如下：

（1）若 $\theta = 1$，且 $s^+ = 0$，$s^- = 0$，则说明该决策单元为 DEA 有效；

（2）若 $\theta = 1$，但至少某个输入或输出松弛变量大于零，则说明该决策单元为弱 DEA 有效；

（3）若 $\theta < 1$，$s^+ \neq 0$，$s^- \neq 0$，则说明该决策单元为非 DEA 有效。

三 实证研究

（一）研究区域基本情况

选择长江经济带 11 省市作为研究区域，区域内 11 省市的基本数据见表 5 - 8。

表 5 - 8　　　　　　　　长江经济带 11 省市的基本数据

地区	人口	GDP	水资源总量
上海	2415	25123.45	64.10
江苏	7976	70116.38	582.10
浙江	5539	42886.49	1407.10
安徽	6144	22005.63	914.10
江西	4566	16723.78	2001.20
湖北	5852	29550.19	1015.60
湖南	6783	28902.21	1919.30
重庆	3017	15717.27	456.20
四川	8204	30053.10	2220.50
贵州	3530	10502.56	1153.70
云南	4742	13619.17	1871.90
合计	58766	305200	13606
占全国的比重	42.75%	44.52%	48.66%

资料来源：《中国统计年鉴（2016）》。

（二）数据的选取

根据《中国环境统计年鉴（2016）》，选择水资源环境的相关统计数据作为分析样本，按照水资源开发效率、水资源利用效率、用水排污效率、污水处理设施效率、污水处理投资效率等类型组成数据如下。

1. 水资源开发效率数据

水资源开发效率指标供水总量、地表水资源量、地下水资源量、降水量数据如表 5 - 9 所示。

表 5 - 9　　　　　　　　水资源开发效率指标数据

地区	供水总量	地表水资源量	地下水资源量	降水量
上海	103.8	55.3	11.7	103.7
江苏	574.5	462.9	142.4	1281.5
浙江	186.1	1390.4	269.8	2137.8
安徽	288.7	850.2	193.7	1900.8
江西	245.8	1983	465	3464.8
湖北	301.3	986.3	279.6	2188.1
湖南	330.4	1912.4	432.4	3409.8
重庆	79.0	456.2	103.3	863.8
四川	265.5	2219.4	584	4332.3
贵州	97.5	1153.7	282.2	2212.9
云南	150.1	1871.9	607.5	4751

资料来源：《中国环境统计年鉴（2016）》。

2. 水资源利用效率数据

水资源利用效率指标地区生产总值、农业用水量、工业用水量、生活用水量、生态环境用水量数据如表 5 - 10 所示。

表 5 - 10　　　　　　　　水资源利用效率指标数据

地区	地区生产总值	农业用水量	工业用水量	生活用水量	生态环境用水量
上海	25123.45	14.2	64.6	24.1	0.8
江苏	70116.38	279.1	239	54.5	2
浙江	42886.49	84.7	51.6	44.4	5.5
安徽	22005.63	157.5	93.5	32.8	4.9

续表

地区	地区生产总值	农业用水量	工业用水量	生活用水量	生态环境用水量
江西	16723.78	154.1	61.6	27.9	2.1
湖北	29550.19	158	93.3	49.2	0.8
湖南	28902.21	195.3	90.2	42.2	2.7
重庆	15717.27	25.9	32.5	19.6	1
四川	30053.10	156.7	55.4	48.3	5.1
贵州	10502.56	54.2	25.5	17	0.7
云南	13619.17	104.6	23	20.2	2.3

资料来源:《中国环境统计年鉴 (2016)》。

3. 用水排污效率数据

用水排污效率指标工业废水排放量、城镇生活污水排放量、工业用水量、生活用水量数据如表 5-11 所示。

表 5-11   用水排污效率指标数据

地区	工业废水排放量	城镇生活污水排放量	工业用水量	生活用水量
上海	46939	176800	64.6	24.1
江苏	206427	414514	239	54.5
浙江	147353	285848	51.6	44.4
安徽	71436	208928	93.5	32.8
江西	76412	146450	61.6	27.9
湖北	80817	232730	93.3	49.2
湖南	76888	236795	90.2	42.2
重庆	35524	114118	32.5	19.6
四川	71647	269725	55.4	48.3
贵州	29174	83576	25.5	17
云南	45933	127082	23	20.2

资料来源:《中国环境统计年鉴 (2016)》。

4. 污水处理设施效率数据

污水处理设施效率指标工业废水处理量、城市污水处理量、工业废水治理设施处理能力、城镇污水处理能力数据如表 5 - 12 所示。

表 5 - 12　　　　　　　　污水处理设施效率指标数据

地区	工业废水处理量	城市污水处理量	工业废水治理设施处理能力	城镇污水处理能力
上海	61220	213946	330	785
江苏	418384	387207	2009	1165.3
浙江	226421	247695	1290	823.7
安徽	191980	145634	961	440.4
江西	173597	78041	933	254.9
湖北	226840	189957	1052	585.4
湖南	253798	153025	1217	467.4
重庆	33998	91887	245	268.9
四川	145827	164938	913	498.6
贵州	83512	46706	586	144
云南	128343	77763	540	233.9

资料来源：《中国环境统计年鉴（2016）》。

5. 污水处理投资效率数据

污水处理投资效率指标工业废水治理设施处理能力、城镇污水处理能力、工业治理废水投资额、城市污水处理投资额数据如表 5 - 13 所示。

表 5 - 13　　　　　　　　污水处理投资效率指标数据

地区	工业废水治理设施处理能力	城镇污水处理能力	工业治理废水投资额	城市污水处理投资额
上海	330	785	19673	2.6
江苏	2009	1165.3	108843	47.53
浙江	1290	823.7	128726	49.58
安徽	961	440.4	25237	24.71
江西	933	254.9	44770	17.31

续表

地区	工业废水治理设施处理能力	城镇污水处理能力	工业治理废水投资额	城市污水处理投资额
湖北	1052	585.4	26099	27.83
湖南	1217	467.4	35689	36.97
重庆	245	268.9	11891	2.67
四川	913	498.6	55112	19.33
贵州	586	144	7940	13.39
云南	540	233.9	39474	6.49

资料来源:《中国环境统计年鉴 (2016)》。

(三) 计算结果及分析

根据表 5-7 的评价指标体系的设置,采用 DEAP 2.1 软件对表 5-9 至表 5-13 的指标数据的运算,得出长江经济带区域水资源环境全过程中的水资源开发效率、水资源利用效率、用水排污效率、污水处理设施效率、污水处理投资效率等阶段效率评价结果。

1. 水资源开发效率分析

由计算结果得到,上海市的水资源开发效率处于 DEA 有效状态,其他地区均为 DEA 无效。大部分地区的规模效率都属于规模报酬递减,只有重庆和贵州为规模报酬递增,如表 5-14 所示。

表 5-14　　　　　　　　区域水资源开发效率计算结果

地区	crste	vrste	scale	
上海	1.000	1.000	1.000	—
江苏	0.661	1.000	0.661	drs
浙江	0.087	0.145	0.600	drs
安徽	0.181	0.325	0.556	drs
江西	0.071	0.132	0.535	drs
湖北	0.163	0.273	0.596	drs
湖南	0.097	0.197	0.492	drs

续表

地区	crste	vrste	scale	
重庆	0.092	0.121	0.761	irs
四川	0.064	0.117	0.543	drs
贵州	0.045	0.048	0.939	irs
云南	0.043	0.051	0.838	drs

从图 5-1 可见，除上海和江苏综合效率高些，其他地区都小于 0.2。纯技术效率上海和江苏处于 DEA 有效状态，其他地区综合效率均小于 0.4。规模效率沿长江从东向西呈 "U" 字形分布。

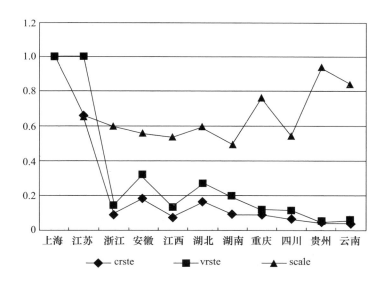

图 5-1　长江经济带区域水资源开发效率计算结果

2. 水资源利用效率分析

由计算结果得到，处于 DEA 有效状态的地区有上海、江苏、浙江、湖北、重庆，其他地区为 DEA 无效，且规模效率都属于规模报酬递增，如表 5-15 所示。

表 5 – 15   水资源利用效率评价计算结果

地区	crste	vrste	scale	
上海	1.000	1.000	1.000	—
江苏	1.000	1.000	1.000	—
浙江	1.000	1.000	1.000	—
安徽	0.592	0.689	0.859	irs
江西	0.577	0.718	0.804	irs
湖北	1.000	1.000	1.000	—
湖南	0.680	0.680	1.000	—
重庆	1.000	1.000	1.000	—
四川	0.710	0.733	0.968	irs
贵州	0.883	1.000	0.883	irs
云南	0.739	1.000	0.739	irs

由图 5 – 2 可见，除云南外，其他地区规模效率都大于 0.8。纯技术效率都在 0.6 以上，综合效率都在 0.6 以上，而安徽和江西要低些。

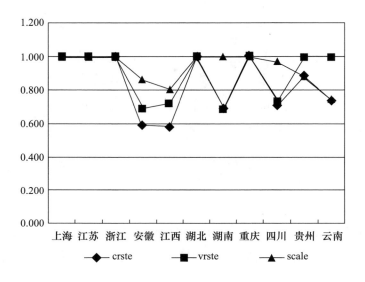

图 5 – 2　长江经济带区域水资源利用效率计算结果

3. 水资源用水排污效率分析

由计算结果得到，只有贵州的用水排污效率处于 DEA 有效状态，其他地区均为 DEA 无效，且规模效率都属于规模报酬递增，如表 5 - 16 所示。

表 5 - 16　　　　　　　　　水资源用水排污效率计算结果

地区	crste	vrste	scale	
上海	0. 438	0. 705	0. 622	irs
江苏	0. 063	0. 312	0. 202	irs
浙江	0. 144	0. 449	0. 321	irs
安徽	0. 212	0. 518	0. 408	irs
江西	0. 348	0. 609	0. 571	irs
湖北	0. 125	0. 346	0. 361	irs
湖南	0. 153	0. 403	0. 379	irs
重庆	0. 712	0. 867	0. 821	irs
四川	0. 187	0. 416	0. 450	irs
贵州	1. 000	1. 000	1. 000	—
云南	0. 729	1. 000	0. 729	irs

由图 5 - 3 可见，从整体上看，用水排污效率沿长江从东向西呈逐渐递增的趋势，其中湖北、湖南和四川的效率较其他地区要差。

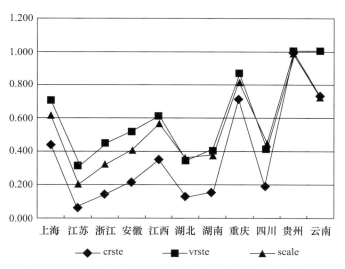

图 5 - 3　长江经济带区域水资源用水排污效率计算结果

4. 污水处理设施效率分析

由计算结果得到，处于 DEA 有效状态的地区有上海、江西、重庆和云南，其他地区均为 DEA 无效。规模效率除贵州属于规模报酬递增，其他地区则是规模报酬递减，如表 5 – 17 所示。

表 5 – 17 　　　　　　　　污水处理设施效率计算结果

地区	crste	vrste	scale	
上海	1.000	1.000	1.000	—
江苏	0.987	1.000	0.987	drs
浙江	0.890	0.903	0.986	drs
安徽	0.988	0.995	0.993	drs
江西	1.000	1.000	1.000	—
湖北	0.974	0.992	0.982	drs
湖南	0.986	1.000	0.986	drs
重庆	1.000	1.000	1.000	—
四川	0.979	0.986	0.992	drs
贵州	0.996	1.000	0.996	irs
云南	1.000	1.000	1.000	—

由图 5 – 4 可见，除浙江效率低些，其他地区效率都在 0.96 以上。

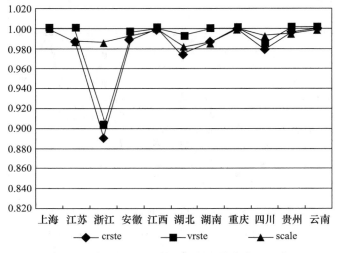

图 5 – 4　长江经济带区域污水处理设施效率计算结果

5. 污水处理投资效率分析

由计算结果可见，上海、重庆和贵州的污水处理投资效率处于 DEA 有效状态，其他地区均为 DEA 无效，但规模效率都属于规模报酬递减。而纯技术效率只有浙江、安徽和四川 DEA 无效，其他地区均处于有效状态，如表 5 – 18 所示。

表 5 – 18　　　　　　　　污水处理投资效率计算结果

地区	crste	vrste	scale	
上海	1.000	1.000	1.000	——
江苏	0.652	1.000	0.652	drs
浙江	0.379	0.561	0.676	drs
安徽	0.793	0.985	0.805	drs
江西	0.786	1.000	0.786	drs
湖北	0.817	1.000	0.817	drs
湖南	0.680	1.000	0.680	drs
重庆	1.000	1.000	1.000	——
四川	0.657	0.891	0.738	drs
贵州	1.000	1.000	1.000	——
云南	0.755	1.000	0.755	drs

由图 5 – 5 可见，浙江的效率最低，其次是四川和湖南。

从系统视角分析水资源在社会经济系统使用的全过程，构建水资源环境全过程效率评价模型及指标体系，利用长江经济带区域数据进行实证研究，得到以下结论：

（1）水资源开发效率只有上海处于 DEA 有效，其他地区效率较低，且大部分地区属于规模报酬递减。

（2）利用效率处于 DEA 有效的地区有上海、江苏、浙江、湖北、重庆，其他地区效率也较高，且规模报酬均递增。

（3）用水排污效率只有贵州处于 DEA 有效，其他地区整个来看沿长江由东向西增大，其中湖北、湖南、四川效率低些。

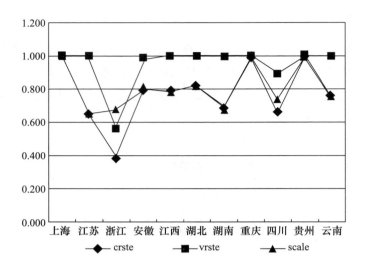

图 5 - 5　长江经济带区域污水处理投资效率计算结果

（4）污水处理设施效率处于 DEA 有效的地区有上海、江西、重庆、云南，其他地区均处于 DEA 无效，且大部分属于规模报酬递减，贵州属于规模报酬递增。

（5）污水处理投资效率处于 DEA 有效的地区有上海、重庆和贵州，且均属于规模报酬递减。

第六章　水资源环境与区域经济系统
"脱钩"关系评价

中国作为世界人口第一大国，必须加快水资源环境管理改革步伐，提高水资源利用效率，实现区域经济发展与水资源利用的"脱钩"。经济发展与水资源利用"脱钩"的本质就是，在保持经济社会继续增长的前提下，水资源利用效率持续快速提高，而水资源利用总量增长速度逐渐减慢，最终使水资源利用总量达到顶峰，实现用水"零增长"甚至"负增长"。经济发展与水资源利用"脱钩"是最严格水资源管理制度框架下水资源利用的新模式。

第一节　"脱钩"理论及"脱钩"弹性模型

一　"脱钩"关系与环境高山理论

（一）环境高山理论

西方发达国家近百年的实践经验表明，以经济增长为横轴，以资源环境消耗数量为纵轴，二者的关系一般会呈现出一条先向上弯曲后又向下弯曲的曲线，这就是所谓的"环境高山"，如图 6-1 所示。从曲线峰值 A 点向横轴画一条垂线，可以将"环境高山"划分为两个区间：直线左侧，资源环境消耗数量随经济的增长而越来越多，我们称为"两难"区间，因为在其中资源环境改善与经济增长此消彼长、难以兼顾；直线右侧，资源环境消耗数量随经济的增长而越来越少，我们称为"双赢"区间，因为在其中我们可以兼顾资源环境改善与经济增长，或者至少没有一方受损。

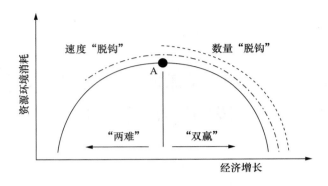

图 6 – 1　环境高山与"脱钩"关系①

　　在不同的区间，资源环境的管控策略也会有所差异。在"两难"区间，由于难以兼顾资源环境改善与经济增长，资源环境管控通常是一种摇摆于宽松与严格之间的适度管控，目的是在资源环境和经济增长之间权衡取舍，维持二者的动态均衡。这一过程较为痛苦，而且权衡取舍、相互掣肘的结果往往是二者都无法实现效益的最大化。而在"双赢"区间，由于能够兼顾资源环境改善与经济增长，可以对资源环境实施较为严格的管控，在保护资源环境的同时收获经济效益，并最终实现二者的共赢。

　　（二）"脱钩"的含义

　　"脱钩"来源于物理学领域，指具有相应关系的两个或多个物理量之间的响应关系不存在。OECD 将脱钩概念应用于农业政策领域分析农业政策与贸易和市场均衡之间的相互关系，如果一项政策对于生产或者贸易没有或者只有很小的影响则称为"脱钩"（decou – pled），后来，"脱钩"一词被世界银行引入到资源环境领域并逐步发展成具有资源环境领域特色的脱钩分析。目前，"脱钩"一词被越来越多地应用于资源环境使用进程的评估。

　　"脱钩"意味着资源环境消耗与经济增长的关系开始发生背离，资源环境少消耗甚至不消耗，经济也可以正常增长，这无疑为兼顾资

---

　　① 盛业旭、欧名豪、刘琼：《资源环境脱钩测度方法："速度脱钩"还是"数量脱钩"?》，《中国人口·资源与环境》2015 年第 3 期。

源环境改善与经济增长提供了可能性。因此，可以将发生"脱钩"视为从"两难"到"双赢"的拐点，即图 6 - 1 中的 A 点：如果"脱钩"发生，说明当前已经步入"双赢"区间，可以通过严格管控来寻求共赢；如果"脱钩"还未发生，说明还在"两难区间"，只能继续通过适度管控来权衡取舍。由此可见，"脱钩"测度的意义不仅仅是回答"脱钩与否"的问题，更重要的是表明"双赢"区间是否已经到来，是否变"适度管控"为"严格管控"。

二　"脱钩"弹性模型及分解

（一）"脱钩"弹性模型

将脱钩理论引入水资源利用与经济发展的关系中，即打破经济发展对水资源消耗的依赖性。目前关于"脱钩"分析的研究有了一定进展，不同的研究采用的测度方法也有所不同，主要方法包括变化量综合分析法、"脱钩"指数法、"脱钩"弹性分析法、基于完全分解技术的"脱钩"分析法、IPAT 模型法等。各种分析方法有自身的优缺点，总体而言，"脱钩"弹性分析法的应用较为广泛，可操作性也较强。综合考虑不同的"脱钩"模型的特点，考虑到数据的可得性和有效性，本书借鉴 Tapio "脱钩"弹性系数模型。

传统的 Tapio "脱钩"指数公式为：

$$DI = \frac{(EP_t/DF_t)}{EP_0/DF_0} \tag{6-1}$$

式中，DI 表示"脱钩"指数，EP 表示环境压力指标，DF 表示驱动力指标，t 和 0 分别表示第 t 期和 t 基期。该指标自公布之后得到了广泛应用，但存在以下两个问题需要对其加以改进：一是该指标一般以 GDP 作为驱动力，实际上衡量的是单位 GDP 环境负荷的下降率，并不能准确判断"脱钩"的程度及所处的状态；二是该指标具有较强的敏感性，基期的选择对其影响较大。

Tapio（2005）在研究欧洲经济发展与碳排放量的关系时进一步提出了"脱钩"弹性系数方法。Tapio 在研究中引入了交通运输量作为中间变量，将"脱钩"指数分解为交通运输量与 GDP 之间的"脱钩"弹性和碳排放量与交通运输量之间的"脱钩"弹性。本书借鉴上述计算公式，结合水资源环境与区域经济发展有关的特点，建立"脱钩"弹性公式表示为：

$$e_{(R,G)} = \frac{\Delta R}{R} \bigg/ \frac{\Delta G}{G} \qquad (6-2)$$

式中，$e_{(R,G)}$ 表示水资源与区域经济的"脱钩"弹性，R 表示水资源的衡量指标，ΔR 表示水资源的衡量指标的变化量，$\frac{\Delta R}{R}$ 表示水资源衡量指标的变化率；G 表示区域经济的衡量指标，ΔG 表示区域经济指标的变化量，$\frac{\Delta G}{G}$ 表示区域经济指标的变化率。

$$e_{(E,G)} = \frac{\Delta E}{E} \bigg/ \frac{\Delta G}{G} \qquad (6-3)$$

式中，$e_{(E,G)}$ 表示水环境与区域经济的"脱钩"弹性，G 与 ΔG 含义同上，E 为水环境的衡量指标，ΔE 表示水环境指标的变化量，$\frac{\Delta E}{E}$ 表示水环境指标的变化率。

（二）"脱钩"弹性的分解

根据"脱钩"弹性指数，在李从欣（2012）研究的基础上，对"脱钩"指数的分解进行再创新，进一步把经济发展的规模效应、结构效应与技术效应三种效应在"脱钩"指数的分解式中反映出来。李斌（2014），李宁、孙涛（2016）等提出"脱钩"弹性的分解公式。考虑到工业生产增加会加大对能源的消耗，而能源消耗的增加势必会对环境造成更大的影响，因此，引入工业增加值与能源消耗强度指标，可以对"脱钩"弹性指数进一步深化分解，即将环境污染与经济增长之间的"脱钩"弹性分解为三组弹性乘积的形式：

$$e_{(EP,GDP)} = \left(\frac{\Delta EP}{EP} \bigg/ \frac{\Delta IV}{IV} \right) \times \left(\frac{\Delta IV}{IV} \bigg/ \frac{\Delta IR}{IR} \right) \times \left(\frac{\Delta IR}{IR} \bigg/ \frac{\Delta GDP}{GDP} \right) \qquad (6-4)$$

式中，$e_{(EP,GDP)}$ 表示"脱钩"弹性系数，EP 表示水环境污染量，IV 表示工业销售总量，IR 表示工业用水量，GDP 表示地区国内生产总值。三种弹性代表的意义各不相同。

$$e_{(EP,IV)} = \left(\frac{\Delta EP}{EP} \bigg/ \frac{\Delta IV}{IV} \right) \qquad (6-5)$$

式中，$e_{(EP,IV)}$ 表示水环境污染与工业销售总值间的弹性系数。该指标衡量工业销售产值的变化所引致的水污染的变化。该指标能反映工业结构的变化对环境造成的影响。工业在国民经济发展中占有重要地位，工业结构的变化在一定程度上能反映某个经济体产业结构的变化。因此，可以将该弹性定义为结构"脱钩"弹性。

$$e_{(IV,IR)} = \frac{\Delta IV}{IV} \bigg/ \frac{\Delta IR}{IR} \qquad (6-6)$$

式中，$e_{(IV,IR)}$ 表示工业销售产值与水资源消耗强度之间的弹性系数。工业是重要的产业部门，也是水资源消耗的主要部门。技术的革新能改进生产工艺，减少工业对水资源的消耗，所以水资源消耗强度能够反映出工业技术的改进。因此，可以将该弹性定义为技术"脱钩"弹性。

$$e_{(IR,GDP)} = \frac{\Delta IR}{IR} \bigg/ \frac{\Delta GDP}{GDP} \qquad (6-7)$$

式中，$e_{(IR,GDP)}$ 表示水资源消耗强度与 GDP 之间的弹性系数。GDP 表示国内生产总值，它的变化能够反映整个经济规模的变化情况。一般认为，GDP 的增加意味着经济体规模的扩大从而消耗更多的能源，造成更大的污染减少意味着经济衰退，直接带来的后果可能是企业的大量倒闭，水资源消耗的降低，进而会导致水污染排放强度的下降。因此，将该弹性定义为规模"脱钩"弹性。

因此，"脱钩"弹性指标可用技术"脱钩"弹性、结构"脱钩"弹性和规模"脱钩"弹性的乘积表示，利用该分解公式可以详细地分析技术效应、结构效应和规模效应对经济发展与水环境污染"脱钩"弹性系数影响的作用机理。

三 "脱钩"关系类型

Tapio 把"脱钩"弹性值以 0、0.8、1.2 为临界值，将经济增长与资源环境的关系分为三种情况：连接、"脱钩"与"负脱钩"，并把连接分为扩张性连接和衰退性连接，扩张性连接指弹性值在 0.8—1.2 之间，且指标中 GDP 和资源环境指标量两个变量的增长均为正；衰退性连接指弹性值在 0.8—1.2 之间，且两个变量的增长均为负。

把"脱钩"进一步划分为弱"脱钩"、强"脱钩"和衰退性"脱钩"三种,弱"脱钩"指弹性值在 0—0.8 之间,且两个变量的增长均为正;强"脱钩"指弹性为负,且 GDP 增长,资源环境量减少;衰退性"脱钩"指弹性值大于 1.2,GDP 下降并且资源环境减少。把负"脱钩"分为扩张性负"脱钩"、强负"脱钩"和弱负"脱钩"三种类型,其中扩张性负"脱钩"指弹性值大于 1.2,且 GDP 和资源环境量均增长;强负"脱钩"指弹性值小于 0,GDP 下降但资源环境增长;弱负"脱钩"指弹性值在 0—0.8 之间,且 GDP 和资源环境值均减少。再结合水资源利用效率指标,如万元 GDP 用水量或单位产业产值用水量,万元 GDP 污水排放量或者单位产业污水排放量,综合反映经济发展与水资源利用之间的"脱钩"态势关系,判别标准见表 6-1。

表 6-1   **Tapio "脱钩" 弹性指数类型划分**

"脱钩"类型	经济驱动变化	资源环境状态变化	效率变化	"脱钩"弹性指数	"脱钩"态势判别
"脱钩"	<0	<0	<0	>1.2	衰退性"脱钩"
	>0	>0	<0	(0, 0.8)	弱"脱钩"
	>0	<0	<0	<0	强"脱钩"
负"脱钩"	>0	>0	<0	>1.2	扩张性负"脱钩"
	<0	<0	>0	(0, 0.8)	弱负"脱钩"
	<0	>0	>0	<0	强负"脱钩"
连接	<0	<0	>0	(0.8, 1.2)	衰退性连接
	>0	>0	>0	(0.8, 1.2)	扩张性连接

第二节 "脱钩"指数评价指标的选择及数据来源

一 "脱钩"弹性指数的指标选择及数据

（一）指标选择

参考 OECD 在"脱钩"方法学中的指标体系,综合 Vehmas 和 Tapio 等学者的观点,引入经济发展、用水总量以及水资源利用效率指标的变化情况，全面分析经济发展与水资源消耗利用的"脱钩"态势。经济发展与水资源消耗利用的"脱钩"态势分析，主要体现了三个方面：一是经济驱动力指标，如 GDP 或不同产业产值；二是压力状态指标，如用水总量或不同产业用水量；三是水资源利用效率指标，如万元 GDP 用水量或单位产业产值用水量，万元 GDP 污水排放量或者单位产业污水排放量。结合三方面指标，综合反映我国经济发展与水资源利用之间的"脱钩"态势关系，经济驱动力指标选择地区 GDP，水资源压力状态指标选择用水总量，水环境压力指标选择废水排放总量，水资源利用效率指标选择万元 GDP 用水量，水环境排放效率指标选择万元 GDP 废水排放量，如表 6－2 所示。

表 6－2   水资源环境与区域经济发展"脱钩"关系的评价指标

指标类型	指标选择	单位	符号
区域经济驱动力	地区 GDP	万元	G
水资源状态	用水总量	万立方米	R
水环境状态	废水排放总量	万吨	E
水资源利用效率	万元 GDP 用水量	万立方米/万元	——
水污染排放效率	万元 GDP 废水排放量	万吨/万元	——

（二）指标数据

由于《中国环境统计年鉴》在 2012 年进行了指标统计的调整，为保证数据指标的口径一致性，选择《中国统计年鉴（2012—2016）》和《中国环境统计年鉴（2012—2016）》的相关指标数据作为样本数据，得到水资源环境与区域经济发展"脱钩"关系评价指标数据，如表 6－3 所示。

表 6－3   水资源环境与区域经济发展"脱钩"关系评价指标数据

地区	年份	废水排放总量	用水总量	地区 GDP
上海	2015	248250	126.29	17165.98
	2014	214155	124.5	19195.69
	2013	219244	116	20181.72

续表

地区	年份	废水排放总量	用水总量	地区 GDP
上海	2012	222963	123.2	21818.15
	2011	221160	105.9	23567.7
江苏	2015	224147	103.8	25123.45
	2014	555500	552.19	41425.48
	2013	592774	556.2	49110.27
	2012	598211	552.2	54058.22
	2011	594359	576.7	59753.37
浙江	2015	601158	591.3	65088.32
	2014	621303	574.5	70116.38
	2013	394828	203.04	27722.31
	2012	420134	198.5	32318.85
	2011	420961	198.1	34665.33
安徽	2015	419120	198.3	37756.58
	2014	418262	192.9	40173.03
	2013	433822	186.1	42886.49
	2012	184700	293.12	12359.33
	2011	243265	294.6	15300.65
江西	2015	254329	289.3	17212.051
	2014	266234	296	19229.337
	2013	272313	272.1	20848.75
	2012	280626	288.7	22005.63
	2011	160661	239.75	9451.26
湖北	2015	194432	262.9	11702.82
	2014	201190	242.5	12948.88
	2013	207138	264.8	14410.19
	2012	208289	259.3	15714.63
	2011	223232	245.8	16723.78
湖南	2015	270755	287.99	15967.61
	2014	293064	296.7	19632.26
	2013	290200	304.3	22250.45
	2012	294054	291.8	24791.83
	2011	301704	288.3	27379.22

续表

地区	年份	废水排放总量	用水总量	地区 GDP
重庆	2015	313785	301.3	29550.19
	2014	268110	325.17	16037.96
	2013	278811	326.5	19669.56
	2012	304214	328.8	22154.227
	2011	307227	332.5	24621.67
四川	2015	309960	332.4	27037.32
	2014	314107	330.4	28902.21
	2013	128113	86.39	7925.58
	2012	131450	86.8	10011.37
	2011	132430	82.9	11409.6
贵州	2015	142535	83.9	12783.26
	2014	145822	80.5	14262.6
	2013	149799	79	15717.27
	2012	256095	230.27	17185.48
	2011	279852	233.5	21026.68
云南	2015	283657	245.9	23872.8
	2014	307648	242.5	26392.07
	2013	331277	236.9	28536.66
	2012	341607	265.5	30053.10
	2011	60823	101.45	4602.16

二　"脱钩"弹性指数分解指标选择及数据

（一）分解指标选择

根据"脱钩"弹性可以分解为结构效应指标、技术效应指标和规模效应指标三种类型。结构效应指标中水环境压力选取工业废水排放量指标，工业总产值以 2010 年为基期计算得到每年的实际工业总产值，每一年的工业总产值增加值由实际工业总产值的变化计算所得。式（6-5）计算结果反映工业废水排放量与工业增加值之间的结构性"脱钩"态势。技术效应指标中水资源消耗量选取工业耗水量指标，工业耗水量的变化率能够反映工业生产过程中用水技术和用水效率的变化，式（6-6）计算结果表示工业耗水量和工业增加值之间的技术"脱钩"态势。规模效应指标中经济增长选取 GDP 指标，以 2010 年为基期计算得到每年的实际 GDP，式（6-7）计算结果表示工业耗水量和经济增长之间的规模"脱钩"态势。

（二）分解指标数据

以《中国统计年鉴（2011—2016）》和《中国工业统计年鉴（2011—2016）》的相关指标数据作为样本数据，得到水资源环境与区域经济发展"脱钩"关系分解评价指标数据，如表6-4所示。

表6-4　水资源环境与区域经济发展"脱钩"关系分解评价指标数据

地区	年份	工业废水排放量	工业销售产值	工业用水量	GDP
上海	2010	36696	29838.11	84.85	17165.98
	2011	44626	32084.82	82.6	19195.69
	2012	46359	31559.6	72.9	20181.72
	2013	45426	31945.81	80.4	21818.15
	2014	43939	32457.78	66.2	23567.7
	2015	46939	31214.32	64.6	25123.45
江苏	2010	263760	90804.96	191.85	41425.48
	2011	246298	106320.6	192.9	49110.27
	2012	236094	118705.5	193.1	54058.22
	2013	220559	132721.5	220.1	59753.37
	2014	204890	141193.6	238	65088.32
	2015	206427	147391.9	239.0	70116.38
浙江	2010	217426	50196.32	59.7	27722.31
	2011	182240	55155.05	61.8	32318.85
	2012	175416	57615.75	60.7	34665.33
	2013	163674	61280.59	58.8	37756.58
	2014	149380	64914.41	55.7	40173.03
	2015	147353	64279.38	51.6	42886.49

续表

地区	年份	工业废水排放量	工业销售产值	工业用水量	GDP
安徽	2010	70971	18277.48	94.01	12359.33
	2011	70720	25261.69	90.6	15300.65
	2012	67175	28584.11	97.5	17212.051
	2013	70972	32913.47	98.4	19229.337
	2014	69580	36505.46	92.7	20848.75
	2015	71436	38798.25	93.5	22005.63
江西	2010	72526	13741.58	57.35	9451.26
	2011	71196	17754.18	60.6	11702.82
	2012	67871	20757.09	58.7	12948.88
	2013	68230	24603.16	60.1	14410.19
	2014	64856	28727.02	61.3	15714.63
	2015	76412	30618.43	61.6	16723.78
湖北	2010	94593	21118.44	117.1	15967.61
	2011	104434	27325.7	120.4	19632.26
	2012	91609	32473.97	101.4	22250.45
	2013	84993	38107.78	92.4	24791.83
	2014	81657	42012.2	90.2	27379.22
	2015	80817	44113.44	93.3	29550.19
湖南	2010	95605	18731.35	89.75	16037.96
	2011	97197	26022.13	95.6	19669.56
	2012	97133	28185.44	94.5	22154.227
	2013	97133	32157.78	94.4	24621.67
	2014	82271	34393.66	87.7	27037.32
	2015	76888	36231.56	90.2	28902.21
重庆	2010	45180	8970.37	47.4	7925.58
	2011	33954	11534.52	43.3	10011.37
	2012	30611	12812.47	39.4	11409.6
	2013	33451	15475.67	40.4	12783.26
	2014	34968	18438.72	36.7	14262.6
	2015	35524	20944.81	32.5	15717.27

续表

地区	年份	工业废水排放量	工业销售产值	工业用水量	GDP
四川	2010	93444	22634.86	62.92	17185.48
	2011	80420	29779.58	64.6	21026.68
	2012	69984	30227.87	54.7	23872.8
	2013	64864	34544.52	58.3	26392.07
	2014	67577	37400.29	44.7	28536.66
	2015	71647	39213.22	55.4	30053.10
贵州	2010	14130	4014.54	34.32	4602.16
	2011	20626	5248.66	30.7	5701.84
	2012	23399	6170.82	27.8	6852.2
	2013	22898	7650.47	27	8086.86
	2014	32674	9052.59	27.7	9266.39
	2015	29174	9821.08	25.5	10502.56
云南	2010	30926	6247.87	25.48	7224.18
	2011	47228	7527.74	25.2	8893.12
	2012	42811	8783.33	27.8	10309.47
	2013	41844	9831.22	25.3	11832.31
	2014	40443	10022.04	24.6	12814.59
	2015	45933	9667.86	23.0	13619.17

第三节 "脱钩"指数计算及结果分析

一 "脱钩"指数的计算结果及类型

(一)水资源的"脱钩"类型

利用式(6-3)和表6-3的数据计算,得到表6-5中水资源"脱钩"指数,再根据表6-1 Tapio "脱钩"弹性指数类型划分,得到水资源与区域经济发展的"脱钩"指数及类型,见表6-5。

表 6 - 5　　　　水资源与区域经济发展的"脱钩"指数及类型

地区	年份	GDP变化率	用水总量变化率	水资源"脱钩"指数	效率变化	"脱钩"类型
上海	2011	0.118	-0.014	-0.120	-0.118	强"脱钩"
	2012	0.051	-0.068	-1.329	-0.114	强"脱钩"
	2013	0.081	0.062	0.765	-0.018	弱"脱钩"
	2014	0.080	-0.140	-1.751	-0.204	强"脱钩"
	2015	0.066	-0.020	-0.300	-0.081	强"脱钩"
江苏	2011	0.186	0.007	0.039	-0.150	弱"脱钩"
	2012	0.101	-0.007	-0.071	-0.098	强"脱钩"
	2013	0.105	0.044	0.421	-0.055	弱"脱钩"
	2014	0.089	0.025	0.284	-0.059	弱"脱钩"
	2015	0.077	-0.028	-0.368	-0.098	弱"脱钩"
浙江	2011	0.166	-0.022	-0.135	-0.161	强"脱钩"
	2012	0.073	-0.002	-0.028	-0.070	强"脱钩"
	2013	0.089	0.001	0.011	-0.081	弱"脱钩"
	2014	0.064	-0.027	-0.425	-0.086	强"脱钩"
	2015	0.068	-0.035	-0.522	-0.096	强"脱钩"
安徽	2011	0.238	0.005	0.021	-0.188	弱"脱钩"
	2012	0.125	-0.018	-0.144	-0.127	强"脱钩"
	2013	0.117	0.023	0.198	-0.084	弱"脱钩"
	2014	0.084	-0.081	-0.959	-0.152	强"脱钩"
	2015	0.055	0.061	1.099	0.005	弱"脱钩"
江西	2011	0.238	0.097	0.405	-0.114	弱"脱钩"
	2012	0.106	-0.078	-0.729	-0.166	强"脱钩"
	2013	0.113	0.092	0.815	-0.019	弱"脱钩"
	2014	0.091	-0.021	-0.229	-0.102	强"脱钩"
	2015	0.064	-0.052	-0.811	-0.109	强"脱钩"
湖北	2011	0.230	0.030	0.132	-0.162	弱"脱钩"
	2012	0.133	0.026	0.192	-0.095	弱"脱钩"
	2013	0.114	-0.041	-0.360	-0.139	强"脱钩"
	2014	0.104	-0.012	-0.115	-0.105	强"脱钩"
	2015	0.079	0.045	0.569	-0.032	弱"脱钩"

续表

地区	年份	GDP 变化率	用水总量变化率	水资源"脱钩"指数	效率变化	"脱钩"类型
湖南	2011	0.226	0.004	0.018	−0.181	弱"脱钩"
	2012	0.126	0.007	0.056	−0.106	弱"脱钩"
	2013	0.111	0.011	0.101	−0.090	弱"脱钩"
	2014	0.098	0.000	−0.003	−0.090	强"脱钩"
	2015	0.069	−0.006	−0.087	−0.070	强"脱钩"
重庆	2011	0.263	0.005	0.018	−0.205	弱"脱钩"
	2012	0.140	−0.045	−0.322	−0.162	强"脱钩"
	2013	0.120	0.012	0.100	−0.097	弱"脱钩"
	2014	0.116	−0.041	−0.350	−0.140	强"脱钩"
	2015	0.102	−0.019	−0.183	−0.109	强"脱钩"
四川	2011	0.224	0.014	0.063	−0.171	弱"脱钩"
	2012	0.135	0.053	0.392	−0.072	弱"脱钩"
	2013	0.106	−0.014	−0.131	−0.108	强"脱钩"
	2014	0.081	−0.023	−0.284	−0.097	强"脱钩"
	2015	0.053	0.121	2.272	0.064	扩张性负"脱钩"
贵州	2011	0.239	−0.055	−0.229	−0.237	强"脱钩"
	2012	0.202	−0.046	−0.227	−0.206	强"脱钩"
	2013	0.180	0.005	0.030	−0.148	弱"脱钩"
	2014	0.146	0.036	0.246	−0.096	弱"脱钩"
	2015	0.133	0.023	0.173	−0.097	弱"脱钩"
云南	2011	0.231	−0.005	−0.020	−0.191	强"脱钩"
	2012	0.159	0.034	0.214	−0.108	弱"脱钩"
	2013	0.148	−0.014	−0.094	−0.141	强"脱钩"
	2014	0.083	−0.002	−0.024	−0.079	强"脱钩"
	2015	0.063	0.005	0.075	−0.055	弱"脱钩"

分析表6－5发现，长江经济带地区水资源与区域经济发展几乎都处于"脱钩"关系中，再进一步分析2011—2015年11省市5年中GDP变化率与用水总量变化率的比较，得到处于强"脱钩"关系的地区有上海、浙江、江西、重庆，而其他地区处于弱"脱钩"关系。

（二）水环境的脱钩类型

利用式（6-3）和表6-3中的水环境数据计算，得到表6-6中水环境"脱钩"指数，再根据表6-1 Tapio"脱钩"弹性指数类型划分，得到水环境与区域经济发展的"脱钩"指数及类型，见表6-6。

表6-6　　　水环境与区域经济发展的"脱钩"指数及类型

地区	年份	废水排放总量变化率	GDP变化率	水环境"脱钩"指数	效率变化	"脱钩"类型
上海	2011	−0.137	0.118	−1.162	−0.229	强"脱钩"
	2012	0.024	0.051	0.463	−0.026	弱"脱钩"
	2013	0.017	0.081	0.209	−0.059	弱"脱钩"
	2014	−0.008	0.080	−0.101	−0.082	强"脱钩"
	2015	0.014	0.066	0.205	−0.049	弱"脱钩"
江苏	2011	0.067	0.186	0.362	−0.100	弱"脱钩"
	2012	0.009	0.101	0.091	−0.083	弱"脱钩"
	2013	−0.006	0.105	−0.061	−0.101	强"脱钩"
	2014	0.011	0.089	0.128	−0.071	弱"脱钩"
	2015	0.034	0.077	0.434	−0.041	弱"脱钩"
浙江	2011	0.064	0.166	0.387	−0.087	弱"脱钩"
	2012	0.002	0.073	0.027	−0.066	弱"脱钩"
	2013	−0.004	0.089	−0.049	−0.086	强"脱钩"
	2014	−0.002	0.064	−0.032	−0.062	强"脱钩"
	2015	0.037	0.068	0.551	−0.028	弱"脱钩"
安徽	2011	0.317	0.238	1.332	0.064	扩张性负"脱钩"
	2012	0.045	0.125	0.364	−0.071	弱"脱钩"
	2013	0.047	0.117	0.399	−0.063	弱"脱钩"
	2014	0.023	0.084	0.271	−0.057	弱"脱钩"
	2015	0.031	0.055	0.550	−0.024	弱"脱钩"
江西	2011	0.210	0.238	0.882	−0.023	弱"脱钩"
	2012	0.035	0.106	0.326	−0.065	弱"脱钩"
	2013	0.030	0.113	0.262	−0.075	弱"脱钩"
	2014	0.006	0.091	0.061	−0.078	弱"脱钩"
	2015	0.072	0.064	1.117	0.007	扩张性负"脱钩"

续表

地区	年份	废水排放总量变化率	GDP 变化率	水环境"脱钩"指数	效率变化	"脱钩"类型
湖北	2011	0.082	0.230	0.359	-0.120	弱"脱钩"
	2012	-0.010	0.133	-0.073	-0.126	强"脱钩"
	2013	0.013	0.114	0.116	-0.091	弱"脱钩"
	2014	0.026	0.104	0.249	-0.071	弱"脱钩"
	2015	0.040	0.079	0.505	-0.036	弱"脱钩"
湖南	2011	0.040	0.226	0.176	-0.152	弱"脱钩"
	2012	0.091	0.126	0.721	-0.031	弱"脱钩"
	2013	0.010	0.111	0.089	-0.091	弱"脱钩"
	2014	0.009	0.098	0.091	-0.081	弱"脱钩"
	2015	0.013	0.069	0.194	-0.052	弱"脱钩"
重庆	2011	0.026	0.263	0.099	-0.188	弱"脱钩"
	2012	0.007	0.140	0.053	-0.116	弱"脱钩"
	2013	0.076	0.120	0.634	-0.039	弱"脱钩"
	2014	0.023	0.116	0.199	-0.083	弱"脱钩"
	2015	0.027	0.102	0.267	-0.068	弱"脱钩"
四川	2011	0.093	0.224	0.415	-0.107	弱"脱钩"
	2012	0.014	0.135	0.100	-0.107	弱"脱钩"
	2013	0.085	0.106	0.801	-0.019	扩张性连接
	2014	0.077	0.081	0.945	-0.004	扩张性连接
	2015	0.031	0.053	0.587	-0.021	弱"脱钩"
贵州	2011	0.281	0.239	1.177	0.034	扩张性连接
	2012	0.174	0.202	0.860	-0.023	弱"脱钩"
	2013	0.018	0.180	0.099	-0.138	弱"脱钩"
	2014	0.192	0.146	1.313	0.040	扩张性负"脱钩"
	2015	0.017	0.133	0.128	-0.103	弱"脱钩"
云南	2011	0.604	0.231	2.613	0.303	扩张性负"脱钩"
	2012	0.044	0.159	0.276	-0.099	弱"脱钩"
	2013	0.017	0.148	0.113	-0.114	弱"脱钩"
	2014	0.006	0.083	0.074	-0.071	弱"脱钩"
	2015	0.100	0.063	1.596	0.035	扩张性负"脱钩"

分析表 6 - 6 发现，长江经济带地区水环境与区域经济发展中处于"脱钩"关系的占多数。再进一步分析 2011—2015 年 11 省市 5 年中 GDP 变化率与污水排放总量变化率的比较，得到 11 省市几乎都处于弱"脱钩"关系。

二　"脱钩"指数的分解

利用式（6 - 4）、式（6 - 5）、式（6 - 6）、式（6 - 7）和表 6 - 4 的数据计算，得到"脱钩"分解指数结构效应指数、技术效应指数、规模效应指数以及合成的"脱钩"指数值，见表 6 - 7。

表 6 - 7　　　　　　　"脱钩"分解指数计算结果

地区	年份	工业废水量变化率	工业销售产值变化率	工业用水量变化率	GDP变化率	结构效应	技术效应	规模效应	"脱钩"指数
上海	2011	0.216	0.075	-0.027	0.118	2.870	-2.840	-0.224	1.828
	2012	0.039	-0.016	-0.117	0.051	-2.372	0.139	-2.286	0.756
	2013	-0.020	0.012	0.103	0.081	-1.645	0.119	1.269	-0.248
	2014	-0.033	0.016	-0.177	0.080	-2.043	-0.091	-2.203	-0.408
	2015	0.068	-0.038	-0.024	0.066	-1.782	1.585	-0.366	1.034
江苏	2011	-0.066	0.171	0.005	0.186	-0.387	31.220	0.030	-0.357
	2012	-0.041	0.116	0.001	0.101	-0.356	112.351	0.010	-0.411
	2013	-0.066	0.118	0.140	0.105	-0.557	0.844	1.327	-0.625
	2014	-0.071	0.064	0.081	0.089	-1.113	0.785	0.911	-0.796
	2015	0.008	0.044	0.004	0.077	0.171	10.448	0.054	0.097
浙江	2011	-0.162	0.099	0.035	0.166	-1.638	2.808	0.212	-0.976
	2012	-0.037	0.045	-0.018	0.073	-0.839	-2.507	-0.245	-0.516
	2013	-0.067	0.064	-0.031	0.089	-1.052	-2.032	-0.351	-0.751
	2014	-0.087	0.059	-0.053	0.064	-1.473	-1.125	-0.824	-1.365
	2015	-0.014	-0.010	-0.074	0.068	1.387	0.133	-1.090	-0.201
安徽	2011	-0.004	0.382	-0.036	0.238	-0.009	-10.535	-0.152	-0.015
	2012	-0.050	0.132	0.076	0.125	-0.381	1.727	0.610	-0.401
	2013	0.057	0.151	0.009	0.117	0.373	16.408	0.079	0.482
	2014	-0.020	0.109	-0.058	0.084	-0.180	-1.884	-0.688	-0.233
	2015	0.027	0.063	0.009	0.055	0.425	7.278	0.156	0.481

续表

地区	年份	工业废水量变化率	工业销售产值变化率	工业用水量变化率	GDP变化率	结构效应	技术效应	规模效应	"脱钩"指数
江西	2011	-0.018	0.292	0.057	0.238	-0.063	5.153	0.238	-0.077
	2012	-0.047	0.169	-0.031	0.106	-0.276	-5.395	-0.294	-0.439
	2013	0.005	0.185	0.024	0.113	0.029	7.769	0.211	0.047
	2014	-0.049	0.168	0.020	0.091	-0.295	8.395	0.221	-0.546
	2015	0.178	0.066	0.005	0.064	2.706	13.453	0.076	2.775
湖北	2011	0.104	0.294	0.028	0.230	0.354	10.430	0.123	0.453
	2012	-0.123	0.188	-0.158	0.133	-0.652	-1.194	-1.183	-0.921
	2013	-0.072	0.173	-0.089	0.114	-0.416	-1.955	-0.777	-0.632
	2014	-0.039	0.102	-0.024	0.104	-0.383	-4.303	-0.228	-0.376
	2015	-0.010	0.050	0.034	0.079	-0.206	1.455	0.433	-0.130
湖南	2011	0.017	0.389	0.065	0.226	0.043	5.972	0.288	0.074
	2012	-0.001	0.083	-0.012	0.126	-0.008	-7.225	-0.091	-0.005
	2013	0.000	0.141	-0.001	0.111	0.000	-133.184	-0.010	0.000
	2014	-0.153	0.070	-0.071	0.098	-2.201	-0.980	-0.723	-1.560
	2015	-0.065	0.053	0.029	0.069	-1.224	1.875	0.413	-0.949
重庆	2011	-0.248	0.286	-0.086	0.263	-0.869	-3.305	-0.329	-0.944
	2012	-0.098	0.111	-0.090	0.140	-0.889	-1.230	-0.645	-0.705
	2013	0.093	0.208	0.025	0.120	0.446	8.190	0.211	0.771
	2014	0.045	0.191	-0.092	0.116	0.237	-2.091	-0.791	0.392
	2015	0.016	0.136	-0.114	0.102	0.117	-1.188	-1.122	0.156
四川	2011	-0.139	0.316	0.027	0.224	-0.442	11.822	0.119	-0.624
	2012	-0.130	0.015	-0.153	0.135	-8.620	-0.098	-1.132	-0.959
	2013	-0.073	0.143	0.066	0.106	-0.512	2.170	0.624	-0.693
	2014	0.042	0.083	-0.233	0.081	0.506	-0.354	-2.871	0.515
	2015	0.060	0.048	0.239	0.053	1.242	0.203	4.505	1.133
贵州	2011	0.460	0.307	-0.105	0.239	1.495	-2.914	-0.441	1.924
	2012	0.134	0.176	-0.094	0.202	0.765	-1.860	-0.468	0.666
	2013	-0.021	0.240	-0.029	0.180	-0.089	-8.332	-0.160	-0.119
	2014	0.427	0.183	0.026	0.146	2.330	7.069	0.178	2.927
	2015	-0.107	0.085	-0.079	0.133	-1.262	-1.069	-0.595	-0.803

续表

地区	年份	工业废水量变化率	工业销售产值变化率	工业用水量变化率	GDP变化率	结构效应	技术效应	规模效应	"脱钩"指数
云南	2011	0.527	0.205	−0.011	0.231	2.573	−18.641	−0.048	2.282
	2012	−0.094	0.167	0.103	0.159	−0.561	1.617	0.648	−0.587
	2013	−0.023	0.119	−0.090	0.148	−0.189	−1.327	−0.609	−0.153
	2014	−0.033	0.019	−0.028	0.083	−1.725	−0.702	−0.333	−0.403
	2015	0.136	−0.035	−0.065	0.063	−3.841	0.543	−1.036	2.162

（一）结构"脱钩"分析

结构"脱钩"弹性描述的是环境污染和工业产值之间的弹性系数。工业是整个国民经济中较为重要的行业，工业产值的大小能够反映经济体大致的经济结构。若该指标为负，说明工业产值增加的同时环境污染程度降低，这种情况称为技术效应的强"脱钩"。若该指标值为正，表示工业产值的增加会带来环境污染程度的增加；若此时弹性值大于 0 小于 1，称为结构效应的弱"脱钩"；若弹性值大于 1，则称为结构效应的"复钩"；若弹性值等于 0，则结构效应不变。2015年，长江经济带的 11 省市的结构性"脱钩"关系如下：处于强"脱钩"的地区有上海、湖北、湖南、贵州和云南，表明工业销售值的增加，而污水排放总量却有较大程度的下降；处于技术弱"脱钩"的地区有江苏、安徽、重庆，表明随着工业销售值的增加，污水排放总量有较小程度的下降；而浙江、江西和四川处于"复钩"，表明工业销售值增加，污水排放总量也随之增加。

（二）技术"脱钩"分析

技术"脱钩"弹性描述的是工业产值与能源消耗强度之间的弹性系数。该指标为负，说明技术进步引起工业产值增加的同时会降低能源的消耗强度，绝对值越大，技术进步越明显，这种情况称为技术效应的强"脱钩"。若该指标为正，则技术进步不明显，甚至出现技术倒退现象；若弹性值大于 0 小于 1，则称为技术效应的弱"脱钩"；若此时的弹性值大于 1，则称为技术效应的"复钩"；若弹性值为 1，则为技术效应的弱"脱钩"与"复钩"的连接点；若弹性值等于0，则技术效应不变。如某地区为单纯地追求工业产值的增加而引进被国外淘汰的高耗能、高污染的项目，工业产值虽有所增加，但也付出了高耗能、高污染的代价。2015年，长江经济带的11省市的技术性"脱钩"关系如下：处于强"脱钩"的地区只有贵州省，表明技术进步带来的水资源消耗强度下降效果较为明显；处于弱"脱钩"的地区有浙江、四川、云南，表明带来的影响并不太明显；而上海、江苏、安徽、江西、湖北、湖南、重庆均处于"复钩"，表明技术进步没有使水资源消耗强度产生较好效果。

（三）规模"脱钩"分析

规模"脱钩"弹性描述的是能耗强度与经济规模扩张之间的弹性系数。若该指标为负值，则说明经济规模扩张的同时能耗强度会有所降低，这种情况称为规模效应的强"脱钩"。若为正值，则表示经济规模扩张的同时能耗强度也会增加；若弹性值大于0小于1，称为规模效应的弱"脱钩"；若弹性值大于1，称为规模效应的"复钩"；若弹性值等于1，则为规模效应弱"脱钩"与"复钩"的转折点；若弹性值等于0，则规模效应不变。2015年，长江经济带的11省市的规模性"脱钩"关系如下：处于强"脱钩"的地区有上海、浙江、重庆、贵州、云南，表明地区GDP值增长，水资源消耗量却有较大程度下降；处于弱"脱钩"的地区有江苏、安徽、江西、湖北、湖南，表明GDP的增长，引起水资源消耗量的增长幅度较小；处于"复钩"的地区是四川，表明GDP的增长引起较大程度的水资源消耗量的增长。

"脱钩"弹性系数是规模"脱钩"弹性、技术"脱钩"弹性和结构"脱钩"弹性的乘积，实际上就是环境污染与经济发展的弹性系数。

第七章　水资源环境与区域经济系统
耦合协调度评价

第一节　水资源环境与区域经济系统
耦合协调度评价指标体系

　　评价指标的选取既要能够科学、客观地反映出不同区域和资源环境条件的真实水平，又要考虑发展因素和不同地区的可比性，还要具有可行性和可操作性。因此，在当前水资源环境与区域经济协调发展相关研究的基础上，坚持客观性、简要可操作性等原则，选择从水资源系统及水环境系统分别与工业循环经济系统、城市生态经济系统、农业生态经济系统的耦合度进行研究。

　　一　水资源环境与城市生态经济耦合协调度评价指标

　　在水资源环境与城市生态经济耦合协调度评价指标体系的选择中，从城市水资源系统、城市生态经济系统、城市水环境系统三个方面考虑选择相应的评价指标，如表 7 - 1 所示。

表 7 - 1　　水资源环境与城市生态经济耦合协调度评价指标体系

评价目标	系统模块	具体指标	单位	代表符号
水资源环境与城市生态经济耦合协调度评价	城市水资源系统	水资源总量	亿立方米	a_1
		地表水量	亿立方米	a_2
		地下水量	亿立方米	a_3
		降水量	亿立方米	a_4

续表

评价目标	系统模块	具体指标	单位	代表符号
水资源环境与城市生态经济耦合协调度评价	城市水资源系统	人均日生活用水量	升	a_5
		节约用水量	万立方米	a_6
	城市生态经济系统	城镇年人口平均数	万人	a_7
		固定资产投资额	亿元	a_8
		年末金融机构存款额	亿元	a_9
		公共财政支出	亿元	a_{10}
		绿化面积	公顷	a_{11}
	城市水环境系统	城镇生活污水排放量	万吨	a_{12}
		城镇生活污水化学需氧量排放量	万吨	a_{13}
		城镇生活污水氨氮排放量	万吨	a_{14}
		城市污水处理总能力	万立方米	a_{15}
		城镇污水处理投资	亿元	a_{16}

资料来源:《中国环境统计年鉴（2016）》和《中国城市统计年鉴（2016）》。

二 水资源环境与工业循环经济耦合协调度评价指标

在水资源环境与工业循环经济耦合协调度评价指标体系的选择中，从工业水资源系统、工业循环经济系统、工业水环境系统三个方面考虑选择相应的评价指标，如表7-2所示。

表7-2 水资源环境与工业循环经济耦合协调度评价指标体系

评价目标	系统模块	具体指标	单位	代表符号
水资源环境与区域工业经济耦合协调度评价	工业水资源系统	水资源总量	亿立方米	b_1
		地表水量	亿立方米	b_2
		地下水量	亿立方米	b_3
		降水量	亿立方米	b_4
		工业用水量	亿立方米	b_5
		工业节约用水量	万立方米	b_6

续表

评价目标	系统模块	具体指标	单位	代表符号
水资源环境与区域工业经济耦合协调度评价	工业循环经济系统	地区生产总值	亿元	b_7
		工业销售产值	亿元	b_8
		工业主营业务收入	亿元	b_9
		工业销售利润总额	亿元	b_{10}
		工业用水重复利用率	%	b_{11}
	工业水环境系统	工业废水排放量	万吨	b_{12}
		工业化学需氧量排放量	万吨	b_{13}
		工业氨氮排放量	万吨	b_{14}
		工业废水治理投资	亿元	b_{15}
		工业废水治理设施处理能力	万吨/日	b_{16}
		工业废水处理量	万吨	b_{17}

资料来源:《中国环境统计年鉴（2016）》和《中国工业统计年鉴（2016）》。

三 水资源环境与农业生态经济耦合协调度评价指标

在水资源环境与农业生态经济耦合协调度评价指标体系的选择中,从农业水资源系统、农业生态经济系统、农业水环境系统三个方面考虑选择相应的评价指标,如表7-3所示。

表7-3　水资源环境与农业生态经济耦合协调度评价指标体系

评价目标	系统模块	具体指标	单位	符号
水资源环境与农业生态经济耦合协调度评价	农业水资源系统	水资源总量	亿立方米	c_1
		地表水量	亿立方米	c_2
		地下水量	亿立方米	c_3
		降水量	亿立方米	c_4
		农业用水量	亿立方米	c_5
		水库库容量	亿立方米	c_6
	农业生态经济系统	农林牧渔业总产值	亿元	c_7
		农作物播种面积	千公顷	c_8
		农村住户固定资产投资	亿元	c_9
		农村居民人均可支配收入	元/人	c_{10}

续表

评价目标	系统模块	具体指标	单位	代表符号
水资源环境 与农业生态 经济耦合协 调度评价	农业水 环境系统	农业化学需氧量排放总量	吨	c_{11}
		农业氨氮排放总量	吨	c_{12}
		自然保护区面积	万公顷	c_{13}
		水土保持及生态项目完成投资额	万元	c_{14}
		林业投资完成额	万元	c_{15}

资料来源：《中国环境统计年鉴（2016）》和《中国农村统计年鉴（2016）》。

第二节　水资源环境与区域经济系统耦合协调度评价模型

一　熵值法确定权重

熵值法是利用指标的信息熵来判断该指标的有效性和价值。设有 m 个评价区域，n 个评价指标，形成指标矩阵 $Y = (y_{ij})_{m \times n}$，对于某项指标，若指标值 y_{ij} 差别越大则该指标在综合评价中起的作用越大，即该指标值间的离散程度越大，信息熵就越大，指标也应该越大；反之，离散程度越小，信息熵小，权重也越小。计算步骤如下：

（1）由于指标体系中有正向指标，也有负向指标，因此，采用比例变换法对指标进行处理，即当样本值越大越好时，采用公式 $x_i = \dfrac{y_i}{\max(y_i)}$，当样本值越小越好时，采用公式 $x_i = 1 - \dfrac{y_i}{\max(y_i)}$。

（2）计算指标 x_{ij} 的比重 P_{ij}，其中，$P_{ij} = x_{ij} \Big/ \sum_{i=1}^{m} x_{ij}$。

（3）计算第 j 项指标的熵值 e_j，其中，$e_j = -k \sum_{i=1}^{m} P_{ij}\ln P_{ij}$，其中，$k$ 为调节系数，且 $k = 1/\ln(m)$，$e_j \in [0, 1]$。

（4）计算第 j 项指标的差异性系数 g_j，$g_j = 1 - e_j$，当 g_j 值越大，则指标 x_j 在综合评价中的重要性越强。

（5）计算指标的权重 w_j

$$w_j = g_i \bigg/ \sum_i^n g_i (j = 1, 2, \cdots, n) \qquad (7-1)$$

二　耦合度模型及耦合协调度模型

（一）耦合度模型

借鉴物理学中的耦合系数模型，推广到多个系数相互作用的耦合度模型表示为：

$$C = \left(\frac{f_1(x) \times \cdots \times f_m(x)}{\left| \dfrac{f_1(x) + \cdots + f_m(x)}{m} \right|^m} \right)^{1/m} \qquad (7-2)$$

$f_m(x)$ 代表要评价的子系统的综合效益评价函数，则有 $f_m(x) = \sum_j^n w_j x_j$，式中，$w_j$ 为指标权重，m 是要评价的子系统的个数，当评价两个子系统的耦合时，$m = 2$。因此，公式转化为：

$$C = 2 \times \left(\frac{f_1(x) \times f_2(x)}{\left(\dfrac{f_1(x) + f_2(x)}{2} \right)^2} \right)^{1/2} \qquad (7-3)$$

式中，$C \in [0, 1]$，是反映系统间的耦合协调发展的重要指标。当 $C = 0$ 时，说明系统间不协调，当 $C = 1$ 时，说明系统间呈现最佳协调状态。C 值越大说明越协调；反之，则越不协调。

（二）耦合协调度模型

多个区域对比研究的情况下，单纯依靠耦合度很难反映出经济环境整体功能的大小，从而使得出的结论对实际问题的指导意义不明显。为了解决这一问题，在耦合度基础上发展出耦合协调度模型。具体公式为：

$$D = \sqrt{C \times T} \qquad (7-4)$$

式中，D 为协调度，C 为耦合度；T 为子系统间的综合协调系数，也即各序参量的指标功效的加权平均数，用以下公式求得：

$$T = \alpha f_1 + \beta f_2$$

式中，α、β 为待定系数，假定研究中认为两个子系统同等重要，

可取 $\alpha=\beta=0.5$；f_1、f_2 分别为子系统的综合评价值。

三 系统关系分析及耦合度的判别标准

（一）系统比较关系类型判断标准

借鉴周青（2014）关于环境与经济间关系的判别标准，将水资源系统、水环境治理系统与区域经济系统的关系按照其综合评价指数 f_1、f_2、f_3 的相对关系划分如下：

表 7－4　水资源系统、水环境治理系统与区域经济系统的关系判断标准

系统关系	关系类型	判断标准及程度类型
水资源系统与经济系统	$f_1>f_2$ 经济滞后于水资源型	
	$f_1<f_2$ 水资源滞后于经济型	
	$f_1=f_2$ 水资源与经济同步型	
水环境治理系统与经济系统	$f_2>f_3$ 水环境治理滞后于经济型	$f_i/f_j\geqslant0.8$，j 系统比较滞后型
	$f_2<f_3$ 经济滞后于水环境治理型	$0.6\leqslant f_i/f_j<0.8$，j 系统严重滞后型
	$f_2=f_3$ 水环境治理与经济同步型	$f_i/f_j<0.6$，j 系统极度滞后型
水资源系统与水环境治理系统	$f_1>f_3$ 水环境治理滞后于水资源型	
	$f_1<f_3$ 水资源滞后于水环境治理型	
	$f_1=f_3$ 水资源与水环境治理同步型	

注：其中 f_1 为区域水资源系统综合评价值，f_2 为区域经济系统综合评价值，f_3 为区域水环境治理系统综合评价值。

（二）耦合协调类型判断标准

本书结合汪振双（2015）研究成果，关于耦合协调度划分的依据，将耦合协调度划分为10种类型，如表7－5所示。

表 7－5　　　　　　耦合协调度划分类型

协调程度	协调度	耦合协调类型
高度协调	0.90—1.00	优质耦合协调
	0.80—0.89	良好耦合协调
	0.70—0.79	中级耦合协调

续表

协调程度	协调度	耦合协调类型
基本协调	0.60—0.69	初级耦合协调
	0.50—0.59	勉强耦合协调
过渡类型	0.40—0.49	濒临失调衰退
	0.30—0.39	轻度失调衰退
失调衰退	0.20—0.29	中度失调衰退
	0.10—0.19	严重失调衰退
	0.00—0.09	极度失调衰退

第三节　实证研究

一　数据选取

选取长江经济带 11 个省市作为研究区域，相关数据来自《中国统计年鉴（2016）》《中国环境统计年鉴（2016）》《中国城市统计年鉴（2016）》和《中国农村统计年鉴（2016）》关于水资源、水环境及区域经济相关的指标数据。

（一）城市生态经济耦合协调评价指标数据

根据《中国统计年鉴（2016）》和《中国城市统计年鉴（2016）》数据，选择表 7-1 的指标的数据如表 7-6 所示。

表 7-6　水资源环境与城市生态经济系统的耦合协调评价指标数据

	上海市	江苏省	浙江省	安徽省	江西省	湖北省	湖南省	重庆市	四川省	贵州省	云南省
a_1	64.1	582.1	1407.1	914.1	2001.2	1015.6	1919.3	456.2	2220.5	1153.7	1871.9
a_2	55.3	462.9	1390.7	850.2	1983	986.3	1912.4	456.2	2219.4	1153.7	1871.9
a_3	11.7	142.4	269.8	193.7	465	279.6	432.4	103.3	584	282.2	607.5
a_4	103.7	1281.5	2137.8	1900.8	3464.8	2188.1	3409.8	863.8	4332.3	2212.9	4751
a_5	190.2	210.7	196.2	168.9	171.3	205.3	207.8	152	204.1	163.8	132.8

	上海市	江苏省	浙江省	安徽省	江西省	湖北省	湖南省	重庆市	四川省	贵州省	云南省
a_6	16348	42752	16015	18454	1093	10308	7128	144	8214	2054	3499
a_7	1440.8	7701.2	4866.3	6942.7	4863.2	5317.2	6868.7	3373.5	8423.0	3128.7	2901.1
a_8	6349.4	45905.2	26619.1	23537.0	16819.0	26144.2	24876.6	15368.0	22833.5	8641.4	7827.9
a_9	103760.6	107873.0	87393.3	34223.2	24734.8	38444.1	34929.7	28094.4	56414.7	16143.2	18843.4
a_{10}	6191.56	8693.25	5818.07	4564.50	3754.06	4600.94	4955.04	3792.00	5517.62	2138.61	2364.89
a_{11}	127332	228917	96385	88252	43661	57812	48102	55934	69932	11935	23088
a_{12}	176800	414514	285848	208928	146450	232730	236795	114118	269725	83576	127082
a_{13}	141238	499624	347234	427176	396541	436001	531461	211325	588274	194404	281477
a_{14}	37718	87593	64899	54397	47347	61107	72825	34629	73498	25269	38606
a_{15}	212474	331363	238675	138293	77054	183266	142271	90650	153647	46706	76454
a_{16}	2.6	47.53	49.58	24.71	17.31	27.83	36.97	2.67	19.33	13.39	6.49

（二）工业循环经济耦合协调评价指标数据

根据《中国统计年鉴（2016）》和《中国工业统计年鉴（2016）》数据，选择表7-2的指标的数据如表7-7所示。

表7-7 水资源环境与工业循环经济系统的耦合协调评价指标数据

	上海	江苏	浙江	安徽	江西	湖北	湖南	重庆	四川	贵州	云南
b_1	64.1	582.1	1407.1	914.1	2001.2	1015.6	1919.3	456.2	2220.5	1153.7	1871.9
b_2	55.3	462.9	1390.4	850.2	1983	986.3	1912.4	456.2	2219.4	1153.7	1871.9
b_3	11.7	142.4	269.8	193.7	465	279.6	432.4	103.3	584	282.2	607.5
b_4	103.7	1281.5	2137.8	1900.8	3464.8	2188.1	3409.8	863.8	4332.3	2212.9	4751
b_5	64.6	239	51.6	93.5	61.6	93.3	90.2	32.5	55.4	25.5	23
b_6	13313	31623	10725	14204	740	6274	5683	26	3426	1675	192
b_7	25123.45	70116.38	42886.49	22005.63	16723.78	29550.19	28902.21	15717.27	30053.1	10502.56	13619.17
b_8	31214.32	147391.9	64279.38	38798.25	30618.43	44113.44	36231.56	20944.81	39213.22	9821.08	9667.86
b_9	34172.22	147074.5	63214.41	39064.41	32954.82	43179.21	35410.42	20902.24	38645.91	9876.81	9829.69
b_{10}	2680.53	9686.84	3839.99	2000.12	2114.65	2456	1808.7	1411.86	2171.26	732.76	465.53
b_{11}	83.4	88.1	80.3	95.8	57.5	87.4	43.2	31.1	76.8	78.2	85.2

续表

	上海	江苏	浙江	安徽	江西	湖北	湖南	重庆	四川	贵州	云南
b_{12}	46939	206427	147353	71436	76412	80817	76888	35524	71647	29174	45933
b_{13}	22716	201297	155577	82851	92044	118885	124045	50351	101483	61991	146677
b_{14}	1575	13549	10389	6661	9030	11652	18367	3278	5261	3190	3650
b_{15}	330	2009	1290	961	933	1052	1217	245	913	586	540
b_{16}	61220	418384	226421	191980	173597	226840	253798	33998	145827	83512	128343
b_{17}	19673	108843	128726	25237	44770	26099	35689	11891	55112	7940	39474

（三）农业生态经济耦合协调评价指标数据

根据《中国统计年鉴（2016）》和《中国农村统计年鉴（2016）》数据，选择表7-3指标的数据如表7-8所示。

表7-8　水资源环境与农业生态经济系统的耦合协调评价指标数据

	上海	江苏	浙江	安徽	江西	湖北	湖南	重庆	四川	贵州	云南
c_1	64.1	582.1	1407.1	914.1	2001.2	1015.6	1919.3	456.2	2220.5	1153.7	1871.9
c_2	55.3	462.9	1390.4	850.2	1983	986.3	1912.4	456.2	2219.4	1153.7	1871.9
c_3	11.7	142.4	269.8	193.7	465	279.6	432.4	103.3	584	282.2	607.5
c_4	103.7	1281.5	2137.8	1900.8	3464.8	2188.1	3409.8	863.8	4332.3	2212.9	4751
c_5	14.2	279.1	84.7	157.5	154.1	158	195.3	25.9	156.7	54.2	104.6
c_6	44	35	444	325	306	1263	497	120	381	292	742
c_7	302.6	7030.8	2933.4	4390.8	2859.1	5728.6	5630.7	1738.1	6377.8	2738.7	3383.1
c_8	340.2	7745	2290.5	8950.5	5579.1	7952.4	8717	3575.8	9689.9	5542.2	7185.6
c_9	3.3	341.7	658.6	582	394.2	477.5	720.9	145.1	560.3	268.8	431.2
c_{10}	23205.2	16256.7	21125	10820.7	11139.1	11843.9	10992.5	10504.7	10247.4	7386.9	8242.1
c_{11}	198812	1054591	683197	871056	715583	986096	1207703	379791	1186426	318323	510264
c_{12}	42545	137703	98487	96751	84580	114336	151131	50077	131421	36416	54906
c_{13}	13.6	53	20	45.8	122.6	105	130.9	82.7	828.6	89.3	287.3
c_{14}	45414.6	234228.9	259959.5	25370	63932	50590.9	51069.5	119294	56590	42569.9	57042
c_{15}	31395	4577	1867	1021	9029	5234	17908	3946	14463	4204	10055

二 系统间比较关系的计算结果及分析

设定 f_1 代表水资源系统的综合评价值，f_2 代表区域经济系统（包括城市生态经济系统、工业循环经济系统、农业生态经济系统，在不同的评价中代表不同的系统综合评价值）的综合评价值，f_3 代表水环境系统的综合评估值。

（一）水资源环境与城市生态经济系统的比较关系

根据系统关系类型差别标准，分析表中 f_1 水资源综合评价值、f_2 城市生态经济综合评价值、f_3 水环境治理系统综合评价值，分别计算综合评价值的比值 f_i/f_j 作为比较关系的依据，得到表 7-9。

表 7-9　水资源环境与城市生态经济系统间的比较关系计算结果

地区	系统的综合评价值			f_1 与 f_2 关系		f_2 与 f_3 关系	
	f_1	f_2	f_3	f_1/f_2	f_2/f_1	f_2/f_3	f_3/f_2
上海	0.1614	0.55	0.4826	0.2935			0.8775
江苏	0.5249	0.9884	0.4432	0.5311			0.4484
浙江	0.4802	0.6065	0.5738	0.7918			0.9461
安徽	0.3999	0.4645	0.4082	0.8609			0.8788
江西	0.5308	0.312	0.3905		0.5878	0.7990	
湖北	0.3816	0.4224	0.4178	0.9034			0.9891
湖南	0.5623	0.4244	0.3843		0.7548		0.9055
重庆	0.1263	0.3065	0.4307	0.4121		0.7116	
四川	0.6853	0.5302	0.2537		0.7737		0.4785
贵州	0.3322	0.1683	0.5109		0.5066	0.3294	
云南	0.6146	0.1849	0.4036		0.3008	0.4581	

分析表中比值数据得到，水资源环境与城市生态经济系统的比较关系中，$f_1/f_2 < 1$ 表明属于水资源滞后城市生态经济型的地区有上海、江苏、浙江、安徽、湖北、重庆，其中上海、江苏和重庆属于水资源极度滞后型、浙江属于严重滞后型、安徽和湖北属于比较滞后型。而 $f_2/f_1 < 1$ 表明城市生态经济滞后于水资源型的地区有江西、湖南、四川、贵州、云南，其中云南、贵州和江西属于经济极度滞后型，湖南

和四川属于严重滞后型。

水环境治理与城市生态经济系统的比较关系中 $f_2/f_3 < 1$ 表明属于城市生态经济滞后水环境治理型的地区有江西、重庆、贵州和云南，其中云南和贵州属于极度滞后型，江西和重庆属于严重滞后型。$f_3/f_2 < 1$ 表明属于水环境治理滞后城市生态经济型的地区有上海、江苏、浙江、安徽、湖北、湖南、四川，其中上海、浙江、安徽、湖北、湖南属于比较滞后型，江苏和四川属于极度滞后型。

（二）水资源环境与工业循环经济系统的比较关系

表中 f_1 表示水资源综合评价值，f_2 表示工业循环经济综合评价值，f_3 表示水环境治理系统综合评价值，分别计算综合评价值的比值 f_i/f_j 作为比较关系的依据，如表 7-10 所示。

表 7-10　水资源环境与工业循环经济系统间的比较关系计算结果

地区	系统的综合评价值			f_1 与 f_2 关系		f_2 与 f_3 关系	
	f_1	f_2	f_3	f_1/f_2	f_2/f_1	f_2/f_3	f_3/f_2
上海	0.2104	0.2835	0.4685	0.7422		0.6051	
江苏	0.6321	1.0080	0.5775	0.6271			0.5729
浙江	0.4291	0.4680	0.5953	0.9169		0.7862	
安徽	0.4143	0.2825	0.4690		0.6819	0.6023	
江西	0.4659	0.2392	0.4728		0.5134	0.5059	
湖北	0.3651	0.3270	0.4156		0.8956	0.7868	
湖南	0.5218	0.2662	0.4011		0.5102	0.6637	
重庆	0.1253	0.1695	0.4063	0.7392		0.4172	
四川	0.5657	0.2995	0.5089		0.5294	0.5885	
贵州	0.2899	0.1097	0.4344		0.3784	0.2525	
云南	0.4875	0.1095	0.4359		0.2246	0.2512	

分析表中比值数据得到，水资源环境与工业循环经济系统的比较关系中，$f_1/f_2 < 1$ 表明属于水资源滞后工业循环经济型的地区有上海、江苏、浙江和重庆，其中上海、江苏和重庆属于水资源比较滞后型，浙江属于严重滞后型。而 $f_2/f_1 < 1$ 表明工业循环经济滞后于水资源型

的地区有安徽、江西、湖北、湖南、四川、贵州、云南，其中云南、贵州、四川、湖北、江西属于经济极度滞后型，安徽和湖北属于比较滞后型。

水环境治理与工业循环经济系统的比较关系中 $f_2/f_3 < 1$ 表明属于工业循环经济滞后水环境治理型的地区有上海、浙江、安徽、江西、湖北、湖南、重庆、四川、贵州、云南，其中江西、重庆、四川、贵州、云南属于极度滞后型，上海、安徽、浙江、湖北属于严重滞后型。$f_3/f_2 < 1$ 表明属于水环境治理滞后工业循环经济型的地区只有江苏，且属于极度滞后型。

（三）水资源环境与农业生态经济系统的比较关系

表中 f_1 表示水资源综合评价值，f_2 表示农业生态经济综合评价值，f_3 表示水环境治理系统综合评价值，分别计算综合评价值的比值 f_i/f_j 作为比较关系的依据，计算结果如表 7 – 11 所示。

表 7 – 11　水资源环境与农业生态经济系统的比较关系计算结果

地区	系统的综合评价值			f_1 与 f_2 关系		f_2 与 f_3 关系	
	f_1	f_2	f_3	f_1/f_2	f_2/f_1	f_2/f_3	f_3/f_2
上海	0.0306	0.1503	0.7525	0.2036		0.1997	
江苏	0.3072	0.7427	0.4117	0.4136			0.5543
浙江	0.4544	0.5866	0.4643	0.7746			0.7915
安徽	0.3762	0.7427	0.2831	0.5065			0.3812
江西	0.6366	0.5057	0.3408		0.7944		0.6739
湖北	0.6069	0.7299	0.2185	0.8315			0.2994
湖南	0.6763	0.8485	0.2848	0.7971			0.3357
重庆	0.1516	0.2918	0.4929	0.5195		0.5920	
四川	0.7410	0.8324	0.1818	0.8902			0.2184
贵州	0.3814	0.4246	0.3969	0.8983			0.9348
云南	0.7560	0.5723	0.3622		0.7570		0.6329

分析表中比值数据得到，水资源环境与农业生态经济系统的比较关系中，$f_1/f_2 < 1$ 表明属于水资源滞后农业生态经济型的地区有上海、

江苏、浙江、安徽、湖北、湖南、重庆、四川、贵州，其中上海、江苏、安徽和重庆属于极度滞后型，浙江和湖南属于严重滞后型，湖北、四川、贵州属于比较滞后型。而 $f_2/f_1 < 1$ 表明农业生态经济滞后于水资源型的地区有江西和云南，且属于比较滞后型。

水环境治理与农业生态经济系统的比较关系中 $f_2/f_3 < 1$ 表明属于农业生态经济滞后水环境治理型的地区有上海、重庆，属于极度滞后型。$f_3/f_2 < 1$ 表明属于水环境治理滞后农业生态经济型的地区有江苏、浙江、安徽、江西、湖北、湖南、四川、贵州、云南，其中江苏、安徽、湖北、湖南、四川属于极度滞后型，浙江、江西、云南属于严重滞后型，贵州属于比较滞后型。

三　耦合协调度计算结果及分析

根据式（7-3）和式（7-4），以及表7-9至表7-11中的计算结果，分别计算得到长江经济带11省市的水资源系统与区域经济系统的耦合度 C_1、水环境治理系统与区域经济系统的耦合度 C_2。再分别计算水资源系统与区域经济系统的耦合协调度 D_1、水环境治理系统与区域经济系统的耦合协调度 D_2，见表7-12。

表7-12　水资源环境与城市生态经济耦合协调度的计算结果

地区	城市生态经济				工业循环经济				农业生态经济			
	C_1	D_1	C_2	D_2	C_1	D_1	C_2	D_2	C_1	D_1	C_2	D_2
上海	0.838	0.546	0.998	0.718	0.989	0.494	0.969	0.604	0.750	0.260	0.745	0.580
江苏	0.952	0.849	0.925	0.814	0.973	0.893	0.962	0.874	0.910	0.691	0.958	0.744
浙江	0.993	0.735	1.000	0.768	0.999	0.669	0.993	0.727	0.992	0.719	0.993	0.722
安徽	0.997	0.657	0.998	0.660	0.982	0.585	0.969	0.603	0.945	0.727	0.894	0.677
江西	0.966	0.638	0.994	0.591	0.947	0.578	0.945	0.580	0.993	0.753	0.981	0.644
湖北	0.999	0.634	1.000	0.648	0.998	0.588	0.993	0.607	0.996	0.816	0.842	0.632
湖南	0.990	0.699	0.999	0.636	0.946	0.611	0.979	0.572	0.994	0.870	0.868	0.701
重庆	0.909	0.444	0.986	0.603	0.989	0.382	0.912	0.512	0.949	0.459	0.967	0.616
四川	0.992	0.776	0.936	0.606	0.951	0.642	0.966	0.625	0.998	0.886	0.767	0.624
贵州	0.945	0.486	0.864	0.542	0.893	0.422	0.802	0.467	0.999	0.634	0.999	0.641
云南	0.843	0.581	0.928	0.523	0.774	0.481	0.801	0.467	0.990	0.811	0.974	0.675

　　通过耦合度及耦合协调度的总体比较可以发现：①大部分地区的耦合协调度均在耦合协调的范围内；②耦合度在区域经济系统的部门间的耦合程度比较相近；③水资源及水环境与农业生态经济的耦合协调程度要高于城市生态经济，城市生态经济要高于工业循环经济。

　　（一）水资源环境与城市生态经济耦合协调类型分析

　　根据表 7 – 12 的计算结果和表 7 – 5 耦合协调度类型的划分依据，得到表 7 – 13。

表 7 – 13　　水资源环境与城市生态经济耦合协调类型的判断

地区	f_1 与 f_2 耦合协调关系		
	C_1	D_1	耦合协调类型
上海	0.838	0.546	勉强耦合协调
江苏	0.952	0.849	良好耦合协调
浙江	0.993	0.735	中级耦合协调
安徽	0.997	0.657	初级耦合协调
江西	0.966	0.638	初级耦合协调
湖北	0.999	0.634	初级耦合协调
湖南	0.990	0.699	初级耦合协调
重庆	0.909	0.444	濒临失调衰退
四川	0.992	0.776	中级耦合协调
贵州	0.945	0.486	濒临失调衰退
云南	0.843	0.581	勉强耦合协调
地区	f_2 与 f_3 耦合协调关系		
	C_2	D_2	耦合协调类型
上海	0.998	0.718	中级耦合协调
江苏	0.925	0.814	良好耦合协调
浙江	1.000	0.768	中级耦合协调
安徽	0.998	0.660	初级耦合协调
江西	0.994	0.591	勉强耦合协调
湖北	1.000	0.648	初级耦合协调
湖南	0.999	0.636	初级耦合协调

地区	f_2 与 f_3 耦合协调关系		
	C_2	D_2	耦合协调类型
重庆	0.986	0.603	初级耦合协调
四川	0.936	0.606	初级耦合协调
贵州	0.864	0.542	勉强耦合协调
云南	0.928	0.523	勉强耦合协调

（二）水资源环境与工业循环经济耦合协调类型分析

根据表7-12的计算结果和表7-5耦合协调度类型的划分依据，得到表7-14。

表7-14　　水资源环境与工业循环经济耦合协调类型的判断

地区	f_1 与 f_2 耦合协调关系		
	C_1	D_1	耦合协调类型
上海	0.989	0.494	濒临失调衰退
江苏	0.973	0.893	良好耦合协调
浙江	0.999	0.669	初级耦合协调
安徽	0.982	0.585	勉强耦合协调
江西	0.947	0.578	勉强耦合协调
湖北	0.998	0.588	勉强耦合协调
湖南	0.946	0.611	初级耦合协调
重庆	0.989	0.382	轻度失调衰退
四川	0.951	0.642	初级耦合协调
贵州	0.893	0.422	濒临失调衰退
云南	0.774	0.481	濒临失调衰退
地区	f_2 与 f_3 耦合协调关系		
	C_2	D_2	耦合协调类型
上海	0.969	0.604	初级耦合协调
江苏	0.962	0.874	良好耦合协调
浙江	0.993	0.727	中级耦合协调

地区	f_2 与 f_3 耦合协调关系		
	C_2	D_2	耦合协调类型
安徽	0.969	0.603	初级耦合协调
江西	0.945	0.580	勉强耦合协调
湖北	0.993	0.607	初级耦合协调
湖南	0.979	0.572	勉强耦合协调
重庆	0.912	0.512	勉强耦合协调
四川	0.966	0.625	初级耦合协调
贵州	0.802	0.467	濒临失调衰退
云南	0.801	0.467	濒临失调衰退

（三）水资源环境与农业生态经济耦合协调类型分析

根据表7-12的计算结果和表7-5耦合协调类型的划分依据，得到表7-15。

表7-15　水资源环境与农业生态经济耦合协调类型的判断

地区	f_1 与 f_2 耦合协调关系		
	C_1	D_1	耦合协调类型
上海	0.750	0.260	中度失调衰退
江苏	0.910	0.691	初级耦合协调
浙江	0.992	0.719	中级耦合协调
安徽	0.945	0.727	中级耦合协调
江西	0.993	0.753	中级耦合协调
湖北	0.996	0.816	良好耦合协调
湖南	0.994	0.870	良好耦合协调
重庆	0.949	0.459	濒临失调衰退
四川	0.998	0.886	良好耦合协调
贵州	0.999	0.634	初级耦合协调
云南	0.990	0.811	良好耦合协调

续表

地区	f_2 与 f_3 耦合协调关系		
	C_2	D_2	耦合协调类型
上海	0.745	0.580	勉强耦合协调
江苏	0.958	0.744	中级耦合协调
浙江	0.993	0.722	中级耦合协调
安徽	0.894	0.677	初级耦合协调
江西	0.981	0.644	初级耦合协调
湖北	0.842	0.632	初级耦合协调
湖南	0.868	0.701	中级耦合协调
重庆	0.967	0.616	初级耦合协调
四川	0.767	0.624	初级耦合协调
贵州	0.999	0.641	初级耦合协调
云南	0.974	0.675	初级耦合协调

第四节　不同耦合协调类型的进一步分析

一　高度协调类型

当系统间的耦合协调度 $D \geqslant 0.7$ 时，被划分为高度协调的程度，其中按照 D 值的大小还可以细分为优质、良好和中级三个层次，但是其耦合协调度均属于比较满意的状态。

（一）城市生态经济

在表 7-13 的计算结果中，f_1 与 f_2 耦合协调关系中处于高度协调类型的地区只有江苏、浙江、四川，进一步分析江苏和浙江属于水资源滞后城市生态经济型，且江苏属于极度滞后型。四川属于城市生态经济滞后于水资源型，且严重滞后。

结果显示 f_2 与 f_3 耦合协调关系处于高度协调类型的地区有上海、江苏、浙江。而上海、江苏和浙江在水环境治理与城市生态系统的 $f_3/f_2 < 1$，属于水环境治理滞后城市生态经济型，且江苏属于极度滞

后型。

（二）工业循环经济

在表 7 - 14 的计算结果中，f_1 与 f_2 耦合协调关系中处于高度协调类型的地区只有江苏一个地区，而江苏的水资源系统与工业循环经济系统的关系中 $f_1/f_2 < 1$，表明属于工业循环经济滞后水资源型。

计算结果中 f_2 与 f_3 耦合协调关系处于高度协调类型的地区有江苏和浙江两个地区。其中，浙江属于工业循环经济滞后水环境治理型，江苏属于水环境治理滞后工业循环经济型，且属于极度滞后。

（三）农业生态经济

在表 7 - 15 的计算结果中，f_1 与 f_2 耦合协调关系中处于高度协调类型的地区有上海、浙江、安徽、江西、湖北、湖南、四川、云南，其中上海、浙江、安徽、湖北、湖南、四川、云南等地属于水资源滞后农业生态经济型，而江西属于农业生态经济滞后水资源型。

计算结果中 f_2 与 f_3 耦合协调关系处于高度协调类型的地区有江苏、浙江、湖南，而这些地区均属于水环境治理滞后农业生态经济型。

二　基本协调型

当系统间的耦合协调度处于 $0.5 \leq D < 0.7$ 时，被划分为基本协调的程度，其中按照 D 值的大小还可以细分为初级和勉强两个层次，但是其耦合协调度均属于差强人意的状态。

（一）城市生态经济

在表 7 - 13 的计算结果中，f_1 与 f_2 耦合协调关系中处于基本协调类型的地区有上海、安徽、江西、湖北、湖南、云南，其中上海、安徽、湖北属于水资源滞后城市生态经济型。而江西、湖南、云南属于城市生态经济滞后水资源类型。

计算结果显示 f_2 与 f_3 耦合协调关系处于基本协调类型的地区有安徽、江西、湖北、湖南、重庆、四川、贵州、云南，其中江西、重庆、贵州、云南属于城市生态经济滞后水环境治理型。而安徽、湖北、湖南、四川等地属于水环境治理滞后城市生态经济型。

（二）工业循环经济

在表 7 - 14 的计算结果中，f_1 与 f_2 耦合协调关系中处于基本协调类型的地区有浙江、安徽、江西、湖北、湖南、四川，其中，浙江属于水资源滞后工业循环经济型，而安徽、江西、湖南、湖北、四川属于工业循环经济滞后水资源型。

计算结果中 f_2 与 f_3 耦合协调关系处于基本协调类型的地区有上海、安徽、江西、湖北、湖南、重庆、四川，其中上海、安徽、江西、湖北、湖南、重庆、四川属于工业循环经济滞后水环境治理型。

（三）农业生态经济

在表 7 - 15 的计算结果中，f_1 与 f_2 耦合协调关系中处于基本协调类型的地区有江苏、贵州两个地区，两个地区均属于水资源滞后农业生态经济型。

计算结果中 f_2 与 f_3 耦合协调关系处于基本协调类型的地区有上海、安徽、江西、湖北、重庆、四川、贵州、云南，其中上海、重庆属于农业生态经济滞后水环境治理型，而安徽、江西、湖北、四川、贵州和云南属于水环境治理滞后农业生态经济型。

三　过渡类型

当系统间的耦合协调度处于 $0.3 \leqslant D < 0.5$ 时，被划分为过渡协调的程度，其中按照 D 值的大小还可以细分为濒临和轻度失调两个层次，但是其耦合协调度已经属于不协调的状态。

（一）城市生态经济

在表 7 - 13 的计算结果中，f_1 与 f_2 耦合协调关系中处于过渡类型的地区有重庆和贵州，重庆的水资源系统与城市生态经济系统的关系中，$f_1/f_2 < 1$ 表明属于水资源滞后城市生态经济型的地区，且属于水资源极度滞后型；而贵州 $f_2/f_1 < 1$ 表明属于城市生态经济滞后水资源型，且属于经济极度滞后型。

f_2 与 f_3 耦合协调关系没有处于过渡类型的地区。

（二）工业循环经济

在表 7 - 14 的计算结果中，f_1 与 f_2 耦合协调关系中处于过渡类型的地区有上海、重庆、贵州和云南,其中上海和重庆属于水资源滞后工业循环经济型,贵州、云南属于工业循环经济滞后水资源型。

计算结果中 f_2 与 f_3 耦合协调关系处于过渡类型的地区有贵州和云南,而两个地区都属于工业循环经济滞后水环境治理型。

(三)农业生态经济

在表 7 - 15 的计算结果中, f_1 与 f_2 耦合协调关系中处于过渡类型的只有重庆一个地区,重庆属于水资源滞后农业生态经济型。

计算结果中 f_2 与 f_3 耦合协调关系没有处于过渡类型的地区。

四 失调衰退型

当系统间的耦合协调度 D < 0.3 时,被划分为失调衰退的程度,其中按照 D 值的大小还可以细分为中度、严重和极度失调三个层次,但是其耦合协调度均属于非常不协调的状态。

(一)城市生态经济

在表 7 - 13 的计算结果中,无论是 f_1 与 f_2 耦合协调关系还是 f_2 与 f_3 耦合协调关系均没有处于失调衰退类型的地区。

(二)工业循环经济

在表 7 - 14 的计算结果中,无论是 f_1 与 f_2 耦合协调关系还是 f_2 与 f_3 耦合协调关系均没有处于失调衰退类型的地区。

(三)农业生态经济

在表 7 - 15 的计算结果中, f_1 与 f_2 耦合协调关系处于失调衰退类型的有上海地区,上海属于水资源滞后农业生态经济型。而 f_2 与 f_3 耦合协调关系没有处于失调衰退类型的地区。

通过以上分析各地区水资源系统与区域经济系统耦合协调度和水环境系统区域经济系统耦合协调度基础上,进一步分析各地区属于水资源环境系统的滞后还是区域经济系统的滞后,为各地区在制定水资源环境与区域经济协调发展相关政策中提供可资借鉴的依据。

第八章　水资源环境与区域经济耦合系统的协同治理

中国面临的水资源短缺问题不但得到了政府的高度重视，也引起了广大民众的极大关注。无论是饱受水患困扰的南方居民，还是水资源紧缺状况日渐恶化的北方百姓；无论为减少水污染而加强环境监管，还是为满足居民获得安全饮用水的基本人权而投资；无论是改变浪费资源的漫灌浇地方式，还是引入水权交易的市场手段，中国政府和社会都在具体的生产和生活中体会到水资源约束的影响，并采取措施有效应对。解决中国水资源环境问题需要从中国长期经济社会发展和中华民族生存繁衍的角度制定中国的水资源环境战略，从持续发展的时间维度，从全国协调的空间维度，以及水资源使用的经济、环境、社会和政治特性而系统全面地考虑水资源的管理问题。水资源对中国未来可持续发展的约束成为最重要的战略问题。我国政府已经开始重视水资源的综合治理问题，特别是将改进水资源利用效率和控制水污染作为重要而紧迫的任务。相关的政府部门、地方政府都从本部门的工作出发或根据本地区经济社会发展需要，从不同的角度关注和解决水资源管理问题。

第一节　我国水资源环境管理现状

水资源管理的基本目标是使社会水循环与自然水文循环相协调，在保证发展合理用水的同时保证社会水循环不对自然水循环各环节构成破坏性影响，并保证不使自然水循环过程中的环境、生态功能丧失。因此，水资源环境治理具有系统性，要从整体性角度，统一规划水资源的经济功能与生态功能，综合运用多种措施，实现水资源、水环境容量与排污量统一管理与合理配置。

一 我国水资源环境管理体制

（一）水资源环境管理的基本法律体系

目前，我国初步建立了以《中华人民共和国环境保护法》（以下简称《环境保护法》）《中华人民共和国水法》（以下简称《水法》）《中华人民共和国水污染防治法》（以下简称《水污染防治法》）和《中华人民共和国水土保持法》（以下简称《水土保持法》）为核心的水资源环境管理法律体系，并在水资源环境管理中取得了一定的成绩。

1. 水资源管理的《水法》

《水法》是为了合理开发、利用、节约和保护水资源，防治水害，实现水资源的可持续利用，适应国民经济和社会发展的需要而制定的法规。2002 年 8 月第九届全国人民代表大会常务委员会第二十九次会议修订通过，自 2002 年 10 月 1 日起施行。2016 年 7 月 2 日第十二届全国人民代表大会常务委员会第二十一次会议修订通过。

《水法》（2016 年修订）第 12 条明确规定：国家对水资源实行流域管理与行政区域管理相结合的管理体制。国务院水行政主管部门负责全国水资源的统一管理和监督工作。国务院水行政主管部门在国家确定的重要江河、湖泊设立的流域管理机构，在所管辖的范围内行使法律、行政法规规定的和国务院水行政主管部门授予的水资源管理和监督职责。县级以上地方人民政府水行政主管部门按照规定的权限，负责本行政区域内水资源的统一管理和监督工作。

水资源属国家所有，由国务院代表国家行使，通过取水许可制度确定取水权的内容。规定了中央水利部的具体职能，水利部具有水资源法规政策制定、水资源统一管理、调解仲裁水事纠纷、拟定实施地和跨省水资源分配方案等职能。

2. 水污染治理的《水污染防治法》

《水污染防治法》是为了防治水污染，保护和改善环境，保障饮用水安全，促进经济社会全面协调可持续发展，制定的法规。该法 1984 年 5 月在第六届全国人民代表大会常务委员会第五次会议通过，1996 年 5 月第八届全国人民代表大会常务委员会第十九次会议修正，2008 年 2 月第十届全国人民代表大会常务委员会第三十二次会议修订。第十二届全国人民代表大会常务委员会第二十八次会议于 2017 年 6 月 27 日通过，自 2018 年 1 月 1 日起施行。

《水污染防治法》第 4 条规定：县级以上人民政府应当将水环境保护工作纳入国民经济和社会发展规划。地方各级人民政府对本行政区域的水环境质量负责，应当及时采取措施防治水污染。

第 9 条规定：县级以上人民政府环境保护主管部门对水污染防治实施统一监督管理。交通主管部门的海事管理机构对船舶污染水域的防治实施监督管理。县级以上人民政府水行政、国土资源、卫生、建设、农业、渔业等部门以及重要江河、湖泊的流域水资源保护机构，在各自的职责范围内，对有关水污染防治实施监督管理。

第 28 条规定：国务院环境保护主管部门应当会同国务院水行政等部门和有关省、自治区、直辖市人民政府，建立重要江河、湖泊的流域水环境保护联合协调机制，实行统一规划、统一标准、统一监测、统一的防治措施。

由此可见，地方政府的职责是水环境保护和水污染治理，保障水环境质量，通过联合协调机制，对水资源环境实行统一规划和防治。

3. 水环境保护的《环境保护法》

《环境保护法》是为保护和改善环境，防治污染和其他公害，保障公众健康，推进生态文明建设，促进经济社会可持续发展制定的国家法律。该法于 1989 年 12 月由中华人民共和国第七届全国人民代表大会常务委员会第十一次会议通过，2014 年 4 月由中华人民共和国第十二届全国人民代表大会常务委员会第八次会议修订通过，于 2015 年 1 月 1 日起施行。

《环境保护法》（2015 年修订）第 10 条规定：国务院环境保护主管部门，对全国环境保护工作实施统一监督管理；县级以上地方人民政府环境保护主管部门，对本行政区域环境保护工作实施统一监督管理。县级以上人民政府有关部门和军队环境保护部门，依照有关法律的规定对资源保护和污染防治等环境保护工作实施监督管理。

第 20 条规定：国家建立跨行政区域的重点区域、流域环境污染和生态破坏联合防治协调机制，实行统一规划、统一标准、统一监测、统一的防治措施。

从实际运作看，我国水污染治理以行政区域管理为主，缺少跨行政区域的流域性治理机制，由此产生行政区域之间的块块分割问题。部门分割、各自为政、区域分割、条块林立，缺乏民主协商机制，管理水平低下等诸多问题。

4. 水土资源保护的《水土保持法》

《水土保持法》是为预防和治理水土流失，保护和合理利用水土资源，减轻水、旱、风沙灾害，改善生态环境，保障经济社会可持续发展而制定。1991 年 6 月由全国人民代表大会常务委员会发布并施行，并于 2010 年 12 月由中华人民共和国第十一届全国人民代表大会常务委员会第十八次会议修订通过，自 2011 年 3 月 1 日起施行。

《水土保持法》第 5 条规定：国务院水行政主管部门主管全国的水土保持工作。国务院水行政主管部门在国家确定的重要江河、湖泊设立的流域管理机构，在所管辖范围内依法承担水土保持监督管理职责。县级以上地方人民政府水行政主管部门主管本行政区域的水土保持工作。县级以上人民政府林业、农业、国土资源等有关部门按照各自职责，做好有关的水土流失预防和治理工作。

第 31 条规定：国家加强江河源头区、饮用水水源保护区和水源涵养区水土流失的预防和治理工作，多渠道筹集资金，将水土保持生态效益补偿纳入国家建立的生态效益补偿制度。

第 36 条规定：在饮用水水源保护区，地方各级人民政府及其有关部门应当组织单位和个人，采取预防保护、自然修复和综合治理措施，配套建设植物过滤带，积极推广沼气，开展清洁小流域建设，严格控制化肥和农药的使用，减少水土流失引起的面源污染，保护饮用水水源。

（二）水资源环境管理的制度体系

1. 水资源管理制度

水资源管理是从掌握水的自然属性和商品属性规律出发提高资源利用率，实现社会、经济、环境效益最大化和水资源的可持续利用。就水资源管理而言，我国水资源管理制度主要体现在以下几方面：

（1）水权制度。2005 年水利部出台《关于水权转让的若干意见》和《水权制度建设框架》，前者首次使用"水权"这一名词，指出水权是指水资源使用权，并规定了水权转让的基本原则、限制范围、转让的年限及监督管理等内容。后者明确水权制度体系由水资源所有权制度、水资源使用权制度、水权流转制度三部分内容组成。水资源所有权规定国家对水资源进行区域分配，是在国家宏观管理的前提下依法赋予地方各级人民政府水行政主管部门对特定额度水资源和水域进行配置、管理和保护的行政权力和行政责任，而不是国家对水资源所有权的分割。水资源使用权制度规定全国、各流域和各行政区域的水资源量和可利用量确定控制指标，通过定额核定区域用水总量，在综合平衡的基础上，制定水资源宏观控制指标，对各省级区域进行水量分配。水权流转制度包括水权转让资格审定、水权转让的程序及审批、水权转让的公告制度、水权转让的利益补偿机制以及水市场的监管制度等。

（2）取水许可制度。凡直接从地下或者江河、湖泊取水的取水户，除法律规定无须申请取水许可的情形外，都要依法向水行政主管部门提出取水许可申请并取得取水许可证后才能取水。国务院 2006 年颁布实施的《取水许可和水资源费征收管理条例》第 2 条规定："取用水资源的单位和个人，除本条例第四条规定的情形外，都应当申请领取取水许可证，并缴纳水资源费。"上述规定明确了中国对水权初始界定及初始分配主要采用取水许可证制度进行，开始对水资源取水总量进行控制。第 28 条规定取水单位或者个人应当缴纳水资源费。取水单位或者个人应当按照经批准的年度取水计划取水。超计划或者超定额取水的，对超计划或者超定额部分累进收取水资源费。2013 年 1 月，国家发展和改革委员会财政部水利部《关于水资源费征收标准有关问题的通知》规定，规范水资源费标准分类，合理确定水资源费征收标准调整目标，严格控制地下水过量开采，支持农业生产和农民生活合理取用水，鼓励水资源回收利用，对确定超计划或者超定额取水制定惩罚性征收标准等内容。

（3）其他水资源管理制度。此外，我国在水资源管理方面现行的主要法律制度还包括：①水资源调查评价制度。开发利用水资源须进行综合科学考察和调查评价。1986 年完成第一次全国水资源调查评价工作。②水资源规划制度。开发利用水资源和防治水害，必须按流域或区域进行统一规划。规划分为综合规划和专业规划，经批准的规划是开发利用水资源和防治水害活动的基本依据。③水资源配置管理制度。国务院发展计划主管部门和国务院水行政主管部门负责全国水资源的宏观调配。调蓄径流和分配水量，必须以流域为单元制订水量分配方案以及旱情紧急情况下的水量调度预案，一经批准后有关地方政府必须执行。④对用水实行总量控制和定额管理相结合的制度。县级以上地方人民政府发展计划主管部门会同同级水行政主管部门，根据用水定额、经济技术条件以及水量分配方案确定的可供本行政区域使用的水量，制订年度用水计划，对本行政区域内的年度用水实行总量控制。

2. 水环境管理制度

水环境管理先体现为对人的管理，经济发展战略、区域发展规划、项目环境影响、生产活动污染控制等都需要进行不同层次的环境影响评价，制定防治对策。

（1）水污染防治。2015 年 4 月国务院发布《水污染防治行动计划》（以下简称"水十条"），经过多轮修改的"水十条"标志着将在污水处理、工业废水、全面控制污染物排放等多方面进行强力监管并启动严格问责制，铁腕治污将进入"新常态"。在全面控制污染物排放、推动经济结构转型升级、着力节约保护水资源、强化科技支撑、充分发挥市场机制作用、严格环境执法监管、切实加强水环境管理、全力保障水生态环境安全等方面做出规定。

（2）流域水污染防治。为加强和规范重点流域水污染防治项目管理，切实提高重点流域水污染防治中央预算内投资的使用效益，落实项目监督管理责任，2014年1月国家发展改革委办公厅发布《重点流域水污染防治项目管理暂行办法》。

（3）其他水环境治理。我国在长期的水环境治理过程中，还积累了几项制度：①排污口设置管理制度。在江河、湖泊新建、改建或者扩大排污口，应当经过有管辖权的水行政主管部门或者流域管理机构同意，由环境保护行政主管部门负责对该建设项目的环境影响报告书进行审批。②水资源监测制度。县级以上地方人民政府水行政主管部门和流域管理机构应当对水功能区的水质状况进行监测，发现重点污染物排放总量超过控制指标的，或者水功能区的水质未达到水域使用功能对水质的要求的，应当及时报告有关人民政府采取治理措施，并向环境保护行政主管部门通报。③饮用水水源保护区制度。划定饮用水水源保护区，并采取措施，防止水源枯竭和水体污染，保证城乡居民饮用水安全。禁止在饮用水水源保护区内设置排污口。④排污收费制度。向水体排放污染物的，按照排放污染物的种类、数量缴纳排污费；向水体排放污染物超过国家或者地方规定的排放标准的，按照排放污染物的种类、数量加倍缴纳排污费。⑤水功能区划制度。所有江河、湖泊制定水功能区划。县级以上人民政府水行政主管部门或者流域管理机构应当按照水功能区对水质的要求和水体的自然净化能力，核定该水域的纳污能力，向环境保护行政主管部门提出该水域的限制排污总量意见。

3. 最严格的水资源管理制度

2012年，国务院又发布了《国务院关于实行最严格水资源管理制度的意见》，对最严格水资源管理制度做出全面部署和具体安排。基于我国特殊的水情，按现有用水水平粗略推算，到2030年将把可用的水资源喝光用尽。因此，我国实行最严格的水资源管理制度，主要体现在"三条红线"的不可逾越和"四项制度"的建立上。"红线"顾名思义就是一个必须遵守的管控目标。"三条红线"涵盖了取水、用水、排水等方面，互相支撑，紧密相连，覆盖了水资源利用的全过程。"最严格"主要表现在管理目标、制度体系、管理措施和考核问责四个方面的严格把控。

（1）管理目标更加明确。最严格的水资源管理制度将对用水总量和用水效率有明确的要求：到 2030 年全国用水总量不得超出 7000 亿立方米，用水效率达到或接近世界先进水平。

（2）制度体系更加严密。严格用水的"四项制度"对用水过程全监控，制度之间环环相扣，形成了严密的制度体系。取水环节通过建立并落实规划管理、水资源论证、取水许可、计划用水、水资源有偿使用等确保用水总量的控制。在用水环节通过定额管理、节水设施"三同时"管理等确保用水效率控制目标实现。在排水环节通过水功能区管理、入河湖排污口监督管理、水源地保护等严格限制污染物总量，确保水功能区限制纳污目标实现。

（3）更加严格的管理措施。对部分超出控制额度的地区暂停审批建设项目新增取水，对排污量超出定额的地区，限制审批新增取水和入河湖排污口。实行更加严格的考核问责制度，将水资源开发利用和节约保护的主要指标纳入地方经济社会发展综合评价体系，与地方人民政府主要负责人的行政考评挂钩。

《国务院关于实行最严格水资源管理制度的意见》标志着水资源已经开始逐渐进入一体化管理阶段。

（三）水资源环境管理的组织体系

1. 流域与行政区相结合的管理体制

我国目前采取的是流域管理与行政区域管理相结合的行政管理体制。国务院是最高国家行政机关，统一领导国务院各个环境监督管理部门和全国地方各级人民政府的工作，根据宪法和法律制定流域水资源行政法规，编制和执行包括环境资源保护内容的国民经济和社会发展计划及国家预算，以及流域水环境管理的规划、指标和项目建设。

县级以上地方各级人民政府，依照法律规定以及国务院的规定的职责和权限，管理本行政区域内的流域水资源保护工作，领导所属各有关行政部门和下级人民政府的流域水资源管理工作。地方政府在维护全国水资源统一管理、水法制度统一的前提下，也可结合本地实际制定地方性水法规和有关政府规章，制订有利于本地区水资源可持续利用的政府和有关规划和计划，依法对本行政区域内水资源进行统一管理。

2. 流域水资源的三级行政管理体制

我国的流域水资源管理是"三级管理体制"，即水利部、流域机构、地方水利厅三级管理。

（1）水利部及职能。水利部为国务院组成部门。主要职责体现在：①负责保障水资源的合理开发利用。拟定水利战略规划和政策，起草有关法律法规草案，制定部门规章，组织编制国家确定的重要江河湖泊的流域综合规划、防洪规划等重大水利规划。②实施水资源的统一监督管理。拟定全国和跨省、自治区、直辖市水中长期供求规划、水量分配方案并监督实施，组织开展水资源调查评价工作，按规定开展水能资源调查工作，负责重要流域、区域以及重大调水工程的水资源调度，组织实施取水许可、水资源有偿使用制度和水资源论证、防洪论证制度。③负责水资源保护工作。组织编制水资源保护规划，组织拟定重要江河湖泊的水功能区划并监督实施，核定水域纳污能力，提出限制排污总量建议，指导饮用水水源保护工作，指导地下水开发利用和城市规划区地下水资源管理保护工作。④负责节约用水工作。拟定节约用水政策，编制节约用水规划，制定有关标准，指导和推动节水型社会建设工作。⑤指导水利设施、水域及其岸线的管理与保护。指导大江、大河、大湖及河口、海岸滩涂的治理和开发，指导水利工程建设与运行管理，组织实施具有控制性的或跨省、自治区、直辖市及跨流域的重要水利工程建设与运行管理，承担水利工程移民管理工作。⑥负责防治水土流失。拟定水土保持规划并监督实施，组织实施水土流失的综合防治、监测预报并定期公告，负责有关重大建设项目水土保持方案的审批、监督实施及水土保持设施的验收工作，指导国家重点水土保持建设项目的实施。

（2）流域管理机构。在国家确定的重要江河和湖泊设立的流域管理机构，流域管理机构是水利部的派出机构，代表水利部在本流域行使部分水行政管理职能，发挥"规划、管理、监督、协调、服务"作用。流域管理机构依据国家授权在流域内行使水行政主管职责，主要是统一管理流域水资源，负责流域的综合治理，开发具有控制性的重要水工程，组织进行水资源调查评价和编制流域规划，实施取水许可制度，协调省际用水关系等。按照这种管理体制，理应是以流域统一管理为主，以区域行政管理为辅。然而，在我国流域管理的实践中却逐步形成国家与地方条块分割，以河流流经的各行政管理为主，各有关管理部门各自为政。

（3）地方水行政主管部门和职能部门。①水行政主管部门。按照规定权限，县级以上地方人民政府水行政主管部门负责本行政区域内的水资源的统一管理和监督工作。②各级环境保护行政主管部门。国务院环境资源保护行政主管部门（国家环境保护部）对全国流域水资源的保护工作实施统一监督管理，县级以上地方人民政府环境资源保护行政主管部门对本辖区的流域水环境保护工作实施统一监督管理。③其他相关职能部门。海洋部门、农业部门、林业部门、卫生部门等，依照有关法律的规定对其职责范围内的流域水资源污染防治实施监督管理。县级以上人民政府的水利、土地、矿产、农业、林业等主管部门，依照有关法律法规的规定，对流域水资源的保护的具体事项进行管理。

我国的流域区划管理和行政区划管理相结合、统一监管与分工负责的水资源行政管理模式中，以区域管理为主，流域管理为辅，水资源的开发利用和管理职能主要由地方负责。流域管理与区域管理二者相互协调、相互补充、相互配合、相互支持，共同管理水资源，实现水资源的统一管理和有效管理。

二 当前水资源环境管理存在的问题

世界银行的咨询专家曾尖锐地指出：中国现行的水管理与机构不足以应对缺水和水污染的挑战。2016年最新修订的《水法》仍然保留"国家对水资源实行流域管理与行政区域管理相结合的管理体制"，但是，我国的水资源管理体制仍然存在流域机构的法律地位和职能不确定、流域与行政区域管理难结合、立法不完善和缺乏公众参与等问题。总之，水资源危机表面上看似是资源供给危机，实际上是治理危机，水资源管理体制长期滞后于水资源管理的现实需求，急需调整政策与变迁制度。

（一）相关法律制度之间缺乏协调

对流域管理的相关规定散见于各种关于水的法律文件包括《环境保护法》《水法》《水污染防治法》《防洪法》《水土保持法》《重点流域水污染防治项目管理暂行办法》"水十条"《取水许可证实施办法》《河道管理条例》以及水利部、国家环境保护总局颁布的其他规章以及各种地方性法规等。由于相关水资源立法时间先后不一样，法律效力层次不明确，法律关系不清，不同效力等级层次的立法缺乏协调。这主要表现为《环境保护法》虽是一部环境保护基本法，但对自然资源的保护规定得很少，并且比较原则，缺乏可操作性；2016年修订的《水法》虽然增加了许多水资源保护制度，但相关制度的可操作性令人担忧，如《水法》规定的"流域管理与行政区域管理相结合"的管理体制，最终可能导致"以地方行政区域管理为中心"的分割状态，这样的制度安排极易又步原来"统分结合"体制的后尘；《水污染防治法》仅仅是从污染控制的角度保护水资源的；《水土保持法》没有任何条款直接规定流域管理机构在水土保持工作方面的权限和职责。这些法律规范割裂了流域资源、环境要素之间的内在联系，目的仅仅是为了恢复流域生态系统特定、局部的功能而没有考虑整个流域生态系统的协调和可持续发展。

（二）水资源环境管理条块分割严重

我国过去长期对水资源实行的统一管理与分级分部门管理体制，其最大特点是"分割管理、多龙治水"，主要表现在以下几方面。

1. "多龙治水"的部门分割

由于水资源的多功能特性，以致在实际的管理中出现了水利、环保、农业、林业、航运、市政等多个部门在同一区域内同时分别管理的"多龙治水"局面。然而，由于各部门之间的利益立足点不同，并且在很多情况下所涉及的利益冲突是不可调和的，使在实际管理中因为部门利益所造成的冲突现象屡见不鲜，再加上多部门一同管理势必出现职能设置重叠交叉的现象，由此导致的部门之间相互推诿、相互扯皮等问题都将严重影响对水资源的有效管理，也更加谈不上对水资源进行系统性协调管理。

2. 行政区划的区域分割

对于水资源的管理，从《水法》规定的流域管理机构的职责权限来看，水资源管理仍然是以区域管理为主。对于跨省、自治区、直辖市的江河湖泊的流域综合规划和水资源配置等的流域重大事项，流域管理机构并没有独立决策的权力，必须会同江河湖泊所在地的省、自治区、直辖市人民政府水行政主管部门和有关部门共同决定，并报国务院水行政主管部门审核批准。而不跨省的江河湖泊的流域综合规划等则完全由县级以上地方人民政府水行政主管部门编制，报本级人民政府或者其授权的部门批准，并报上一级水行政主管部门备案。对于水环境的管理，《水污染防治法》虽然赋予流域管理机构一定的权力，但实质上也没有脱离行政区划管理的怪圈。地方各级人民政府的环境保护部门，都是严格按照行政区域设置的，它们的职责权限也是仅仅局限在本行政区划内，不可能让流域机构来协调各区域环保部门的权力。

3. 水资源与水环境管理环节分割

《中国环境保护世纪议程》指出中国水管理体制的主要机构性问题是水资源管理与水污染控制的分离以及有关国家与地方部门的条块分割，特别是行政上的划分将一个完整的流域分开，责权交叉多，难以统一规划和协调，极不利于我国水资源和水环境的综合利用和治理。我国国家环保部门负责流域水环境的保护与管理，而水利部门负责对水量进行管理，水质水量分割管理，对水资源本身存在很大的不利影响。

4. 污水排放和治理的管理分割

在污水处理环节上，污水的排放、治理被人为割裂，没有科学规划设计的污水排放管网，使生活污水不能集中处理而进入水体。另外，工业企业的污水处理市场没有建立起来：工业企业和政府之间在污水处理工艺和成本问题上存在信息不对称，政府就很难知晓企业的污水处理成本，进而难以制定出合理的处罚标准，企业就有动机隐瞒其处理工艺和成本，进而逃避污染处罚。

水资源分割管理造成水资源利用与保护的统一属性被人为分割、肢解；流域内上下游、左右岸、干支流的协调及水量调度、防汛抗旱、排涝治污以及水土保持、河道航运等方面，往往因为部门、地区之间利益关系或意见不一致相互扯皮，发生纠纷；部门行规过多过滥，有时相互冲突，造成地方无所适从。当前迫切需要在打破旧的分割式水资源管理体制的同时，建立起以流域管理为主体，行政区域管理为辅的水资源管理体制。

（三）水资源环境管理责任缺失和利益冲突

1. 层层委托代理导致治理责任缺失

水资源是公共资源，在我国的《宪法》和《水法》中被界定为国家所有。国家所有权的最大特点在于国家是一个抽象或集体的主体，必须通过一定的机关或法人的活动才能实现国家所有权。于是国家委托中央政府（即国务院）代为监管水资源，形成初始委托关系。接着，中央政府再委托国务院水行政主管部门（即水利部）负责全国水资源的统筹监管，同时委托其他部门协同水利部进行管理（如国土资源部管理海洋资源；国家环保总局管理水污染治理和水资源保护等），这就形成第二层委托关系。然后，水利部及国务院其他相关部门作为中央的水务主管部门，再次将管理权委托给省一级政府中对应的下级职能部门，省一级职能部门随之又将职权向下级政府的对应部门层层委托下去。除这种中央到地方的垂直委托之外，我国的水资源管理体系还有地方政府之间的平行委托，以及不同行政部门之间的职能分割委托，最后形成错综复杂的多重委托关系。

在这层层委托中，不仅会出现代理层次过多造成的代理成本高、效率低的问题，更重要的是这种多重委托关系是由行政机关之间相互委托形成的，是行政机关的体制内分权，缺乏民众的参与，这将不可避免地会产生委托与代理方的目标不一致的问题。政府对水资源监管范围越大，监管内容越多，多重委托的层次就会越多，结构就越复杂，造成水资源保护责任缺失和水环境污染严重。

2. 流域管理与行政区域管理间的事权划分不清晰

流域管理与行政区域管理相结合的事权划分不清晰、机制不完善。一方面流域管理与区域管理的界限在实际工作中还不够清晰，哪些事情需要流域机构来管、管到什么程度、通过什么方式来管，哪些事情应当由地方政府管，这些问题在处理具体事情中，往往是流域机构和地方政府各执一词，很难达成一致，既存在管理错位也存在管理缺位。实践中，流域内一些省市对涉及全流域的水问题，往往不经过流域机构而直接处理，造成流域管理的被动。另一方面流域管理决策缺少流域内省市政府、用水户的参与，民主协商机制没有形成，造成流域机构、地方政府、用水户之间缺乏及时、经常、顺畅的沟通，降低了流域管理的效率；缺乏公众协同参与机制，公众不能有效地参与政策的制定、实施和监管等方面工作，特别是在水资源和水环境保护方面，缺乏群众监督和舆论监督，监督体系不健全，流域机构和地方政府的管理工作得不到有效监督，流域管理效率也得不到提高。

3. 多头管理致使多种利益冲突

水资源的行政管理权在各级政府和政府部门内部流动，既有自上而下的地方分权，又有不同职能部门之间的公务分权，权力的条块分割和相互交叉必然会引发多方面的利益冲突。流域水资源分配和管理中的矛盾日趋激烈，包括地区之间、上下级之间、部门之间、流域管理与分级管理之间的矛盾。

（1）地方政府间的利益冲突。各级地方政府经由国家授权，对管辖区域内水资源的配置、开发和利用具有实质性的决定权，已经在事实上形成对水资源国家所有权的条块分割。作为区域利益代表，各地方政府在进行公共治理时难免会以本地利益为导向，着眼局部利益，做出的公共决策往往会背离公共目标。由于我国尚未建立有效的节水治污的惩罚和激励制度，地方政府缺乏足够的动力去节约水量和控制水质，为了促进本地经济的发展，甚至会引进高污染投资项目或者采用宽松的排污标准，在水资源的使用上也难免会存在"取水最大化"的现象，其结果必然是水资源配置失衡，资源浪费与短缺并存，上下游、左右岸之间水事纠纷不断。

（2）职能部门间的利益冲突。水资源的利用具有多层次性，包括饮用、灌溉、航运、发电等多种用途，与之相对应，我国水资源监管部门包括水利、能源、交通、城建、环保等十多个政府部门，各个职能部门分别对涉水事务进行归口管理。这种"九龙治水"的管理模式人为地割裂了水资源的统一性和整体性，将地表水和地下水、生活用水和生态用水、水质和水量等进行分别管理，违背了水资源的天然属性。更重要的是各职能部门缺乏兼顾全局的观念和能力，在自己的职权范围内制定法规和规章，往往只关注部门利益，相互之间职能有交叉、责任难区分、利益难协调。

（四）公众参与治理机制缺失

1. 公众利益往往被忽略

对我国流域立法现状进行考察，可以发现用水户代表以及流域居民的利益被严重忽视，没有在环境政策的决策中发挥应有的作用。实践中，由于受政府人员或决策者的认识局限，流域区居民的利益要求往往要么被政府官员和规划人员忽略，要么被视为流域管理阻力和问题的一部分，导致的直接结果就是利益各方缺乏信任与交流，从而使决策、规划的实施缺乏必要的群众基础，实施效果不佳，不利于水资源的管理与保护。

2. 民间力量弱小

公众参与制度的严重缺位在一定程度上从我国环境团体的生存现状上折射出来。我国的流域管理基本上以行政推动为主，民间社团组织的数量不多，特别是专业化参与水资源保护与管理的社团组织数量较少，无法像国外环保组织那样广泛参与到流域管理与决策中去，并且有时，民间社团组织代表的环境利益与当地普通居民的利益存在差距，社会影响有限。

3. 缺乏公众参与的法律保障

虽然我国《水污染防治法》中规定，任何单位和个人都有义务保护水环境，并有权对污染损害水环境的行为进行检举，但是，对于公众的监督权应该通过何种方式、何种途径、何种程序步骤予以行使，以及在权利受到侵害时通过何种途径寻求救济等种种问题都没有任何的法律法规予以详细明确的规定。其次，在有关水资源规划、政策制定、方案拟订等事项上更是难寻水资源利用保护中的企业、居民等利益相关者的踪影，而作为绝对管理者的政府部门对此全程全权包办后，则一字不差地交由各利益相关者予以严格的执行，由此所产生的各种政策规定的科学性、可操作性、全面性无法保证。最后，在关乎水资源环境的重大工程项目的审核、建设等事项上，绝大多数都是由各行政主管部门进行全权包揽，即使涉及具体听证、意见征集等程序，也都是在政府部门的倡导组织下进行，以政府部门公布的决策和决定为大前提进行，而具体到公众的参与也只剩下形式内容。为此，公众的实际参与权、利益主张也只是在政府指导下的走形式而已。

（五）缺乏有效的监督机制

1. 政府既是运动员又是裁判员

从理论上来说，政府作为本地区民众的利益代表，其行政目标必须符合民众的公益，事实上各级政府和政府部门都是独立的经济主体，不免会存在以行政权力谋取私利的现象。尤其是我国目前还存在政府集水资源的管理职能与经营职能于一体的情况，许多水行政主管部门都有直属或是挂靠的经济实体。水资源监管部门在拟定政策法规进行管理时，不免要考虑地区利益、部门利益甚至下属经济实体的利益，做出的公共决策可能会违背甚至伤害民众的公益，而民众作为水资源的所有权人，却无法对政府进行监督和制约。部分地方政府甚至与排污企业之间存在利益勾连，从而对企业的污染监管力度有限。地方环保部门在财政经费以及人事上对地方政府都有很强的依附性，虽然有大量关于环境保护、企业排污、严格执法方面的规定，但环保目标也只好让位于经济发展目标。如果环保目标不能真正纳入地方政府的绩效考核范围，问责机制不能有效发挥作用，上述现象就很难从根本上改变。

2. 监督管理体制与机制不健全

虽然我国已建立了较完善的环保法律体系，监督管理体制与机制尚不健全，环境保护中有法不依、执法不严、违法不究的现象还比较普遍。各种保障措施呈现表面化和形式化，主要表现在奖励标准偏低，没有起到真正的激励目的；惩罚力度不够，没有起到警告和督促作用；政府没有激励公众的参与和监督的积极性。在市场经济条件下，企业始终是以追求利润最大化为目标，这与污染治理、达标排放存在着明显的利益冲突，反向关联密切。同时，地方政府在追求财政收入与促进经济发展的政绩观促使下往往对企业超标排放问题实行"监而不管，管而不罚，罚而不封"的模糊政策。在规划实施过程中，由于实施者对环境保护认识不足、缺乏执行的决心以及利益被抑制的群体抵制政策实行等原因，会导致规划实施的偏差，所以需要建立检查监督机制，及时调整偏差，保证利益分配到位。

第二节　构建流域水资源环境协同治理的组织体系

　　流域管理体系从社会经济发展的角度以水资源综合开发利用为中心而形成的有关流域规划、开发和治理的法律制度、管理机构和运行机制，包括流域防洪、水力资源开发、供水、排水、水源保护、河道整治、航运、生态环境保护、水土保持、渔业、旅游开发、经济发展等方面。经合组织（OECD）将水资源治理定义为一套行政系统，由正式制度（法律和官方政策）、非正式制度（权力关系和实践）、组织结构及其效率构成。

一　水资源环境协同治理的对象和目标

　　流域的水资源治理涉及的主体多元化，包括国家、国际组织、社会力量等方面，治理对象不仅包括水资源，还包括使用水资源的行为体。因此，流域水资源环境协同治理的对象分为两个层面：一个层面是作为水资源环境要素对象层面的治理，另一个层面是与水资源环境相关行为主体对象的治理。

（一）水资源环境协同治理的对象

《中国大百科全书》（大气、海洋、水文卷）对水资源管理给出如下定义："水资源管理是水资源开发利用的组织、协调、监督和调度。组织是指运用行政、法律、经济、技术和教育等手段，组织各种社会力量开发利用水资源和防治水害；协调是指协调社会经济发展与水资源开发利用之间的关系，处理各地区、各部门之间的用水矛盾；监督是指监督、限制不合理的开发水资源和危害水源的行为；调度是指制定供水系统和水库工程优化调度方案，科学地分配水量"。因此，水资源的管理对象是"水资源开发利用"，而不是"水资源"。准确地讲，水资源管理的对象是人类开发利用水资源过程中影响自然水系统的各种主要行为，这不仅包括水资源开发与利用，还包括水资源的节约、保护和配置等内容。

1. 水资源环境治理的对象

水资源治理对象为《中华人民共和国水法》中的合理开发、利用、节约和保护水资源，防治水害，实现水资源的可持续利用，适应国民经济和社会发展的需要。水环境治理对象为《中华人民共和国水污染防治法》中的保护和改善环境，防治水污染，保护水生态，保障饮用水安全，维护公众健康，推进生态文明建设，促进经济社会可持续发展。

尽管水环境管理与水资源管理是处于两个不同决策层次上的问题，但它们拥有共同的治理对象，水资源与水环境管理协同都是以水质水量统管，保证生态流量和水资源优化调配为目标，是在保障自然水循环的基础上，促进社会水循环的高效可持续进行。

2. 水资源环境协同的对象

水资源治理是一项巨大的系统工程，追求水资源开发利用与保护的相互协调，水资源开发利用与利益分配的协调均衡，因而要实现水资源的可持续利用必须将政府、市场、社会组织与公众共同纳入水资源治理主体的系统中。我国的流域水资源管理已经面临主体多元化和利益复杂化的局面，而不能仅仅局限于传统的水资源业务行政管理，必须在多元利益主体之间形成新的制度安排。

（1）中央政府及其代理人。政府作为重要的治理主体，在协同治理中仍然发挥着不可替代的作用。一方面，在协同治理下，政府转变为社会公共事务治理的合作者，它与其他治理主体在地位上是平等的；另一方面，在各种治理主体中，政府的职责仍然在各个领域发挥宏观调控的重要作用，它必须为市场的运行和社会的发展提供稳定的政治和法律环境，而这一作用是目前其他治理主体尚不能具备或者无法完全具备的。由于流域具有公共事务特质，其治理主体必然包含社会公众利益代表——政府，政府通过行政、法律和市场等不同方式、手段将流域管理委托给不同的代理人。其中，流域管理机构是最主要的代理人，拥有对流域全部或部分的管理权限。依照我国目前的行政架构，中央各部委是中央政府所属的职能部门，是中央政府在各种职能中的代理人。

（2）地方政府。流域所流经的地方政府以及涉及流域管理的有关职能部门。参与流域水资源监督管理工作的部门有农业、环保、交通、渔业、建设、地矿等诸多职能部门。各地区政府也从本地区利益出发，对流域进行开发和利用。

（3）社会中介组织及社会公众。社会组织是对水资源治理中政府失灵、市场失灵的有效补充。社会组织作为政府与社会、政府与公民的桥梁，能够参与到水资源治理中，既是实现水资源可持续利用的需要，也是推进水资源治理体制创新的需要。社会组织参与水资源治理主要表现在监督政府水资源治理行为、动员社会力量参与水资源治理两个方面。以水资源管理为关注的重要内容、直接或间接参与到水资源管理的事务中、不以经济利益为追逐目标的非营利性公共团体和社会公众。社团通过监督政府和企业行为、协调环保社会行动、影响政府政策等途径，维护社会和公众的水环境权益。社会公众基于对公共事务的关注而产生的言论会形成一定的社会舆论制约力量，直接或间接对决策者产生影响，成为制度执行中的监督力量。

（4）终端用水主体。水资源的终端用户包括具有不同需求的有关企业以及营利性组织、各种涉水行为的直接或间接的受益者或受害者。从形式上讲，水资源终端用户包括当地直接用户、水资源开发利用企业和需要用水的相关企业。城镇居民、工矿企业、商业服务业、环保及消防部门、政府部门、学校、医院以及农田灌溉、水产养殖、水力发电、火电、航运、旅游等。

治理主体多元化，是流域综合治理制度创新的重要思路。它不仅突破了传统管理制度以政府为主导的局限，而且还因其他主体的参与产生了新的制度安排，如将道德、舆论监督等社会资本引入流域管理碎片化治理领域之中，实现了治理制度的多样化。不同主体基于不同的激励参与综合治理，由此产生优势互补效应，共同推动了流域各地区可持续联动发展。三类利益相关者，共同构成流域治理中的参与者。与纯粹的水行政管理体系相比，由三类利益相关者共同构成的参与者，组成了类似于网络组织，而非传统科层组织的结构形态。

（二）水资源环境协同治理的目标

《21 世纪议程》及 2000 年世界水资源委员会提出对流域实行一体化管理。这种一体化管理的目标是要实现资源保护和可持续利用，兼顾水资源开发和水环境保护，进一步协调流域内上下游的关系，实现水资源的合理利用和开发。因此，现代流域管理所提出的综合生态系统管理的思想，实际上就是基于目标管理的思想，流域管理目标是做好流域规划的核心内容，流域规划必须符合目标管理要求，现代流域管理目标体系包括水体健康、污染控制、生态保护和资源利用四个方面。

1. 水体健康目标

水体健康目标实际上也是水生态环境目标，是现代流域管理中最重要的目标。水体健康目标可分为三类：

（1）水资源目标。水资源目标包括河流生态流量、水库调节等，我国北方一些地区由于水资源短缺，大量开发利用水资源，水资源利用率高达 80%—90%，绝大部分河流成为受控河，经常断流，河流生态流量的维持非常重要。目前我国水环境污染、水生态退化和生态流量短缺问题严重，实现流域管理的水体健康目标更是当务之急。

（2）水质目标。水质包括一般水质、营养物、重金属和有毒有机物等，一般是按水环境健康目标和河流管理的规划目标而设定的。目前我国水质目标一般都是按 GB 3838—2002《地表水环境质量标准》来确定，水质目标采取按规划目标的要求分期实现的做法。

（3）水生态目标。水生态目标是目前国际上流域管理的关注目标，一般包括河流生态流量指标、水生生物指标、河道物理形态等。

2. 污染控制目标

污染物控制是流域健康水体的前提和保障。污染物控制对象一般分为工业点源、城镇生活和农业面源控制等类型，控制目标分为常规污染物和特定污染物等，控制手段包括达标排放控制、目标总量控制、容量总量控制等。现代流域管理在污染控制目标上要解决好以下三个方面的问题：

（1）实现流域整体控制。改变行政区域单元控制，实现流域整体控制，从流域层面统筹污染物排放和管理，调整工业点源的结构和布局，根据流域生态系统要求平衡协调上下游关系，形成流域—区域—控制单元—污染源多层次、一体化的污染控制目标体系。

（2）提高污染物控制标准和水平。从重点控制常规污染物向常规污染物和特殊污染物的综合控制转变。要改变先污染后治理、以末端治理为主的旧模式，建立起清洁生产、循环利用、过程控制与末端治理的一体化污染控制目标体系。在治理点源的同时，加大对面源污染的治理，考虑到面源污染对河流影响的不规律性和面源污染的不平衡性，面源污染治理目标必须因地制宜，分类控制。

（3）从目标总量控制过渡到容量总量控制。目前，我国对水环境控制与管理采取的是目标总量控制，这种方式只是从水质目标上进行约束，不能准确地反映水环境的质量和水生态系统的健康状况。按照水生态功能分区和水环境承载能力，计算水环境容量，进行容量总量控制的方式是现代流域管理的发展趋势。

3. 流域生态保护目标

流域生态环境对河流具有净化、调节、恢复和保护的功能，是影响水体生态环境质量的重要因素。流域生态保护目标包括水源涵养林保护目标、水土流失防治目标、湿地修复与保护目标、陆地生物多样性保护目标等。

4. 资源利用目标

科学利用水资源是流域目标管理的重要内容。长期以来，由于过度开发水资源，严重危害了河流生态系统，流域生态功能失调。在科学利用开发水资源的目标管理上，应解决好以下三个问题。

（1）严格控制过度开发。特别是严格限制地下水的开采，合理调配流域内水资源，必要时采取工程措施增加水资源的补给，逐步恢复流域内水生态系统。

（2）实行严格的约束性节水目标管理。逐步使我国的人均用水量达到世界先进水平。同时要加大对再生水资源利用的目标管理，借鉴日本和德国等发达国家利用再生水资源的经验，充分挖掘我国再生水资源潜力，走资源节约、环境友好的路子。

（3）合理调整用水结构和布局。处理好生活用水和工业用水、上游用水和下游用水、城市用水和农村用水的关系，统筹协调、主辅相承，科学管理，扭转结构失调的局面。

二　流域水资源环境协同治理的组织原则

1. 人水和谐

左其亭（2006）从人水系统相互作用的角度提出的人水和谐的定义，称人水和谐是指"人文系统"与"水系统"通过博弈，达到的一种相互协调、共同发展的良性循环状态。主要包括以下三个方面：①水系统自我更新能力得到维护和改善，确保水资源的可持续利用；②人类生存得到保障，经济社会高速发展；③"人文系统"和"水系统"长期协调，走可持续发展的道路。因此，人水和谐是处理一切人水关系的重要指导思想和必须坚持的基本原则，是人水关系的最高目标。坚持人水和谐的基本原则，要求水资源的开发利用必须协调处理各供水水源之间、各用水户之间、水资源承载力和经济社会发展之间、水资源开发和保护之间的关系，实现水资源合理有序的开发和高效的利用，保障水资源与经济社会的长期协调发展。

2. 统一规划

流域的系统性和整体性不会因为行政区域的划分而改变，水的流动性和水资源的多功能性决定了流域不能按行政区划进行人为分割管理和单目标管理，而必须实行多目标的、综合的统一管理，才能实现流域整体的最大利益。

3. 开发有度

合理控制利用水资源。水是经济和社会发展的重要资源、物质基础、基本条件。对流域内的水资源不加限制地开发与利用，将导致河流断流、水污染加剧和水生态系统的破坏，最终由人类自身承受恶果。应将流域管理与区域管理相结合，加强水资源的开发、利用、节约和保护，形成统一调配、统一管理、统一监督的协调高效流域管理体制。

4. 提高效率

实现水资源统一管理。流域管理的最终目的是实现水资源的可持续利用，促进流域地区协调发展，保证各方正常用水，利用有限资源解决供需矛盾。必须多种措施相配合，科学调度区域水量，维持流域健康生命，发挥经济、技术和法制的作用，共同搞好流域水资源的管理与调配，使有限的资源发挥最大的经济效益、社会效益和环境效益。

5. 减少污染

水环境污染不仅影响着人们的身体健康和正常生活，更制约着社会和经济的发展。为了实现可持续发展，解决水资源短缺的问题，政府相关部门必须采取有效的治理方法控制水环境污染，实现水污染整治的社会化、多元化及效益化。尽管近二三十年来，中国在水污染防治方面出台了一系列的水质标准和法律法规，但没有把水资源作为国民经济发展综合平衡的一个重要条件，对水资源的开发利用缺乏综合考虑，只顾眼前的经济利益，加剧了水资源短缺的矛盾，也对全国正在实施的可持续发展战略带来严重的负面影响。必须采取有力措施，加大治理力度。

6. 广泛参与

流域管理直接影响流域内不同行政区域的社会经济发展和不同经济主体的利益得失，要实现流域整体的社会经济利益最大化，不能以牺牲一部分经济主体的利益为代价，因此需要利益主体广泛参与、共同协商。

三　流域水资源环境协同治理的网络组织框架

借鉴法国流域管理体制，形成纵向多层治理和横向伙伴治理的网络治理体制。从纵向府际关系看，建立以流域为单元的多层级治理结构，清晰划分不同层级管理机构的事权和财权，并且每个层级都设立流域委员会，形成多中心的决策机制；从横向政企关系看，注重发挥市场机制的调节功能，运用经济杠杆调节水资源利益关系，形成"以水养水"的良性循环格局。

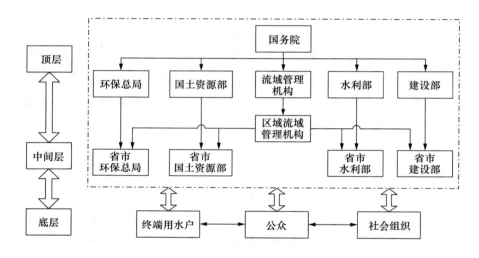

图 8-1　流域水资源环境协同治理的网络组织结构

（一）总体框架及特点

1. 总体框架

网络组织是一种不同于科层制和市场制的资源配置形态，它指一些相关的组织之间由于长期的相互联系和作用，基于信任、合作和互惠而形成的一种相对比较稳定的合作结构形态，组成网络的组织之间通过集体学习、集体决策、联合行动来生产产品和服务，并适应环境变化，提供自身绩效水平。这里的组织可以指营利性的公司企业，也可以指非营利性的政府（部门）、其他公共组织甚至个人。水资源环境治理需要从"委员会"到"大部制"的转化，既确保了最高一级政府对涉及水环境治理的诸多部门的监管和控制力度，也加强了各个分散的部门之间的联结和协调程度，从而提升政府对水环境治理的决策能力。同时，根据经济学的基本原理，"大部制"的形式，是尽可能地避免垂直分级管理、横向多头管理等问题，促使外部性得以内部化的一种组织结构调整。流域治理的各利益相关方，乃是一种网络型组织的关系，它们需要互相合作和协作，并组成相对稳定的网络，发展出必要的治理机制，才能达到各自为政所难以达到的治理成效。

2. 特点

（1）科层组织和市场组织的结合。管理的内在机制在于韦伯所提出的科层制概念，主要指自上而下的权力链；而治理的内在机制在于不具有绝对控制性的网络机制，这种机制，可能包含层级的权力链，但同时也包括平行的工作和社会关系。在流域的管理体系内部，主要是行政命令系统的权力链发挥作用，它是典型的科层制设计。而包含用水户以及第三方组织的治理体系，则不完全以科层制为唯一控制方式。因此它包括行政管理体系内部、行政管理体系与其他社会团体之间的合作协调。

（2）多目标的协调。管理的利益导向具有鲜明的单目标或者单目标为主的特征，在某个具体事务上的公共管理，其管理行为所具备的利益导向往往是明确的；相对而言，治理的利益导向则必须满足诸多参与方的多元化利益要求，其利益往往是互相牵制及影响的，很少存在单一目标或者单一参与方的利益最大化，而往往代之以诸多利益目标的相互妥协。而流域治理过程中的利益多元化可能导致多方的不合作，甚至对抗。因此，只有在一个容许多元化利益目标的治理体系中，才能取得与实际状况的最佳匹配。

（3）行政权力和各方参与权力相结合。治理的权力虽然包括法律认可的最高权力的向下授权，但主要来自治理参与方为实现组织整理最大化所共同出让的部分权力，治理系统里的权力同时包含自上而下的授权，及自下而上的授权。在传统的水行政管理体系中，国务院具有最高的行政权力，其通过授权和分权把水资源管理的各项权力授予不同的部门和地方政府，各级管理部门都需要对上级负责。而水资源的治理体系，是以各参与方拥有的权力为条件，各方必须出让部分权力和利益，以换取更长远的利益。所以，流域的水资源治理体系中，一个包含主要参与者的合作妥协平台的建立和运行，是水资源从管理走向治理的关键之一。

（4）开放的体系。治理系统是开放的和复杂的，它包含互相制约或者互相促进的不同系统，面临的问题也要复杂得多。流域水资源的管理体系可以从我国的法律法规以及行政机构设置规范上被明确化，在这个管理体系内部，各行政管理部门都具备特定的权力和职能。从理想的官僚体系设计角度，一个封闭的管理体系应该可以解决所有的问题，但实际上对于复杂的水资源管理，这一点目前不切实际。因此，流域的治理体系是一个开放的系统，它不仅包括具有明确权力和职能的水资源行政管理部门，还包括众多的不特定的用水户和第三方组织。

（二）纵向以流域和行政区相结合为主体的协同治理

流域的纵向行政管理是整个流域管理体系的核心。我国现行的流域行政管理基本上是"两线加一块"的体系，"两线"是从国家到地方在流域上实行两条线管理：一条线是国家环境保护部门对流域水环境质量、水环境监测、污染物排放等进行监督和管理；另一条线是国家水利部门对流域的水资源、河道等进行监督和管理；"一块"是按照流域的行政区划实行省—市—县乡分级管理。这种体系是经过历史沿革和长时期的探索实践形成的，在保护水资源、改善水环境上发挥重要作用。

1. 流域治理的战略地位及管理职权

（1）流域管理的战略地位。流域管理机构是最主要的代理人，拥有对流域全部或部分的管理权限。流域是地表水的集水区域，水资源按流域构成一个统一体，地表水与地下水相互转换，上下游、干支流、左右岸、水量水质之间相互关联、相互影响。水资源的另一特征是多功能性，水资源可以用来灌溉、航运、发电、供水、水产养殖等，并具有利害双重性。由于流域具有公共事务特质，水资源环境的治理主体必然包含社会公众利益的代表——政府。因此，水资源开发、利用和保护的各项活动在流域内实行统一规划、统筹兼顾、综合利用，才能兴利除害，发挥水资源的最大经济效益、社会效益和环境效益。流域综合治理涉及多个地区和部门，因而需要对供水、防洪、水污染、产业发展等事务进行协商。

流域治理是跨越行政区域、经济区域的特殊治理活动，在这一过程中，要慎重地处理好各种利益关系，既包括中央利益与地方利益、流域各地区之间的利益关系，还包括社会组织、企业、居民等利益主体之间的关系。流域治理过程是一个寻求各方共赢的利益协调过程，在各方利益得以实现的基础上倡导一种共同的利益选择。流域治理必须突破整个流域内行政分权的思维定式，把治理主体拓展和延伸至全流域的居民、企业及其他社会组织，在各方利益的平衡中实现帕累托改进。

（2）流域的统一管理职权。从法律法规和国家有关规定来看，流域管理机构主要负责流域内水量配置、水环境容量配置、规划管理、河道管理、防洪调度和水工程调度等工作。

第一，规划类职权。水资源规划主要分为流域规划和区域规划两个部分。前者包括流域综合规划和流域专业规划，后者包括区域综合规划和区域专业规划，所谓综合规划是指根据经济社会发展需要和水资源开发利用现状编制的开发、利用、节约、保护水资源和防治水害总体部署。而专业规划是指流域范围内防洪、治涝、灌溉、航运、供水、水力发电、水土保持、防沙治沙、节约用水等规划。其中，流域范围内的区域规划应当服从流域规划，专业规划应当服从综合规划，而这些规划应当与国民经济和社会发展规划以及城市总体规划、环境保护规划相协调，兼顾地方利益的需要。此外，制定规划时，必须进行相关的考察和评价，防止造成不必要的浪费。第二，行政审批类职权。流域管理机构代表国家行使水资源管理的职责，作为水利部的派出机构，有必要对水资源许可和管理严格统一规划，做到从社会全面利益出发，综合考虑各方面因素，以实现水资源的可持续利用。例如，在水资源、水域和水工程的保护方面，县级以上人民政府水行政主管部门、流域管理机构以及其他部门在制定水资源开发、利用规划和调度水资源时，应当注意维持江河的合理流量和湖泊、水库以及地下水的合理水位，维护水体的自然净化能力。一方面说明流域管理与区域管理必须很好结合，才能实现合理用水制度；另一方面说明水资源许可制度是水资源管理的一个重要环节，这就意味着，有必要把流域管理机构的水行政审批职权作为审批制度的核心。第三，执法监督类职权。从《原水法》《新水法》在法律责任这一章来看，《原水法》规定得过于笼统，不利于操作，很容易造成执法困难，而《新水法》对水事纠纷处理与执法监督检查作了明确规定，不仅规范了主管部门和流域管理机构及其水行政监督检查人员执法权利和义务，而且强化了对违法行为人的法律责任，在行政处罚的种类和幅度等方面都做了层层细化，有利于执法者真正做到有法可依、有法必依、违法必究。

2. 明确流域管理与行政区域管理的事权划分

划分流域与区域管理事权，明确流域管理机构和行政区域在水资源管理中的职能，必须明确流域管理机构的宏观管理职能和直管职能。在宏观管理职能中，实行流域统一规划，统筹安排，宏观指导，监督检查的方式，实施流域的统一管理。在直管职能中，对于流域全局水资源配置有重大影响和作用的控制性水利工程，不宜由地方直接管理的重要河段或容易引起纠纷的省际重要边界河段，都由流域管理机构直接管理，流域管理机构与地方水行政主管部门是责任主体与配合责任的关系。

流域内各地区的社会经济发展状况及发展目标以及各地区区域内所拥有的自然资源种类、丰富度等都存在着差异，导致同一流域内各行政区域间、上下游间和左右岸间的水资源利用目标与保护意识存在分歧。为协调和合理保障流域内各地区适当用水利益，在建立以上流域协调决策机制的基础上，在流域地区间有必要明确流域内各地区的水资源管理职责。水资源开发和保护中可量化的标准就是确定各行政区的出境处的水量、水质标准。各地流域水管理协调部门对区内用水规划、水资源质量监测必须依据国家统一标准建立水量测量和水质监测资料库，并定期上报该区流域管理机构，或与相关地区和机构交流，以便分水协议的公平合理实施和流域管理机构对地方管理工作的监督与检查。

总的来说，对于流域管理职能与区域管理职能间的协调，流域管理机构应着重于流域水资源规划、流域水功能区划及其标准制定、流域水资源的检测并监督实施等工作，而具体的实施管理职能主要由地方政府负责，实现较为明晰的流域水资源管理职能分工。

3. 流域与行政区的协同治理机制

流域管理与行政区域管理既然要结合就必然要团结合作，相互协调。因为法律法规不可能把所有水资源管理事项中职权全部规定，即使有了规定，仍会出现新情况、新问题。因此流域管理机构与地方水行政管理部门均应重视建设合作协调机制，共商流域水资源统一管理大事，处理行政区域水资源管理中的具体问题。

（1）水资源优化配置协商机制。包括在水资源综合规划、专项规划、初始水权分配、水资源开发利用等方面的协商机制。在跨省河流和省际边界河流新建、扩建、改建各类水工程，应当按照有关规定与流域管理机构和相关省区水行政主管部门充分协商，并按法定程序报批。建立流域供水安全应急保障机制，完善大中城市和重点地区应急调水预案，确保供水安全。促进流域水资源监测管理系统的建设和完善，为管理和配置水资源提供科学依据和先进手段。

（2）水资源保护与水污染防治协作机制。大力加强各地区的水资源保护和水污染防治工作，积极开展流域生态环境恢复水资源保障规划，促进流域水环境保护和生态修复工作。建立流域水污染监测预警系统与水污染事件应急处理机制，实行跨省河流闸坝调度通报制度，减少水污染突发事件发生及造成的损失。积极推动清洁生产方式，提高资源利用效率，控制水污染。制定流域水功能区管理、入河排污口管理、取水许可水质管理、入河污染物总量控制等规章制度，建成以水功能区管理为核心的流域水资源保护监督管理体系。

（3）水土保持生态建设协调与监督机制。健全流域水土保持生态建设执法监督体系，强化对重点防治区、示范区和跨省大型建设项目水土保持执法监督。健全流域水土保持生态建设管理体系，完善监督管理机制和配套法规，按照区域编制规划、分级负责、分步实施，建立流域水土保持生态建设监测体系。

（4）水信息共享机制。大力加强流域防汛抗旱指挥系统、水资源监测系统、水污染监测系统和水土保持监测系统建设，以现有各区域信息网络为基础，全方位构建流域水利信息系统，提高信息资源利用水平，实现全流域水信息的互联互通、资源共享，提高水管理决策的支持与保障能力。

（5）边界地区联合执法机制。大力开展水法制宣传教育，提高广大管理人员的法律素质和依法行政能力，提高全社会的水法制意识。推进流域和区域水法规体系建设，加强流域性和区域性水法规的协调与建设，为流域水利事业提供法律保障。健全流域水行政执法体系，建立省际边界地区联合执法机制，维护流域正常的水事秩序。

（6）工作交流机制。为了促进流域管理机构进行水资源的统一管理，统筹规划，协调边界水事纠纷，应针对各流域的具体情况，采取联席会议制、论坛、合作宣言、协议框架等形式，建立流域管理机构与水行政主管机构的工作交流机制，以便达成共识，保证法规和政策的顺利实施。

（三）横向以地方政府和职能部门为中心的协同治理

1. 流域内政府间的协同治理

流域内各地方政府间跨区域合作的行为从根本上是受一定利益驱动的，这种合作质量的高低直接取决于利益分配得合理与否，而且合作效果的好坏更受制于合作制度对各合作主体之间利益安排得恰当与否以及可行程度，亦即合作内容是否最大限度地反映了合作相关主体的利益诉求。因此，必须构建流域内政府间协同治理机制。

（1）地方政府间的信任机制。信任是合作的黏合剂，信任的缺乏会破坏合作的关系，互相信任可以推动地方政府间合作，减少集体行动的障碍，出现一个正和博弈结果。因此，构建跨界水资源保护及水污染的府际合作治理的信任机制必须消除中央政府和流域机构与地方政府之间的命令与服从关系，努力构建为利益协调一致关系；消除地方政府之间利益竞争关系，上游地区对闸坝的调控及时通知下游地区，上游地区增设水污染企业时，及时向邻域下游通报信息且征求其意见，努力构建互为信任的伙伴关系。同时，由于缺少严格的契约约束和权力保证，为了避免信任机制存在的风险，建立各种信息强制披露机制、水环境保护联合执法机制、完善的公众参与机制乃至具有实效的政策评估机制，消除地方政府之间的竞争关系，努力构建流域上下游地方政府之间的平等对话关系，使全流域产生良性互动。

（2）政府间的协调机制。为了更好地培育地方政府之间的信任关系，单独依靠上级政府或流域机构的管制是不够的，更重要的在于协调机制。合作治理事实上也是一个集体行动的问题，通过一定的协调机制设计安排来激励人们为集体做贡献，从而实现个人为公共利益贡献力量的结果。协调机制能实现专用资源、隐喻信息与知识的共享，更为重要的是，还能节约合作的运行成本与参与者之间的交易费用。流域跨界水污染的府际合作治理利益协调机制实质上是通过横向或纵向财政转移支付的方式，将流域跨界水污染治理成本在相关行政区之间进行合理的再分配，它主要包括补偿主体与客体的界定、补偿资金的测算及其分摊机制、补偿资金的筹集、使用和管理机制等基本内容。

（3）信息共享机制。信息共享是协调机制的一个重要组成部分。在流域跨界水资源环境的合作治理过程中，水量、水质、水文、治理技术以及闸坝运行等信息对制定水资源保护和水污染防治方案和规划具有举足轻重的作用；而且也更进一步促进合作治理主体之间的信任关系。下游地区能及时掌握上游的水量、水质、水文数据，对可能的水资源破坏和污染及时采取预警和防范，减少可能发生的水污染事故。因此，就目前流域跨界水污染的府际合作治理而言，流域管理机构应该构建地方政府间对话交流平台，促使地方政府之间利益协调和信息共享。

（4）地方政府跨区域合作机制。我国对于流域跨界水资源环境治理，地方政府合作缺乏法律依据，尤其是对跨区域治理所应规范之权力行使、责任分担、费用分担等都没有规定。没有这些法律作合作保障，地方政府不合作将得不到任何应该的惩罚，很难保证地方政府之间的合作行为。因此，为了防止跨界府际合作中的机会主义行为，保障区域合作关系健康发展，需要建立《我国地方政府跨区域合作法》。明确合作章程中的行为规则条款，对地方政府采取非规范行为所造成的经济和其他方面损失应做经济赔偿等规定，让政府间的合作交流活动走向规范化、法治化、制度化的道路。

2. 职能部门间的协同治理

（1）职能部门间政策法规的协同。通过立法和制度规定明确各职能部门的职责。国家环保总局和地方环保总局应积极实施国家颁布的法规、政策与标准，通过审批形式完善管理框架，就水资源管理方式向政府提供建议，评估沿岸水质、监督供水用水行为、提供环保资金和技术支持。国土资源部和地方国土局的职能是土地资源、生物资源、矿产资源等自然资源的管理、利用与保护。国家水利部和地方水利部门负责开辟水资源保护区，监督流域开发与管理，审批取水行为及收费标准。国家建设部和地方建设部门负责审批大型供水项目和计划，调查影响水质的各种事故，废水的收集与处理、城市给排水技术监督。国家卫生部和地方卫生局负责监测饮用水质量、开展健康与疾病预防的研究。

（2）职能部门间利益的协同。在西方一些国家，联邦政府与地方政府之间相对独立，因此，存在利益冲突和协同的过程。因此，在西方研究中，政府之间的协同也被纳入协同治理的范围。与国外的府际关系不同，我国政府部门之间以及不同级别的政府之间即便出现利益冲突一般也可以通过行政手段予以解决，因此如果参与者仅是来自不同政府部门或不同级别政府，那么对我国来讲，这种情况就应该包括在协同治理之内。

（四）多主体参与监督的协同治理

在流域综合治理的大系统内，妥善处理好部门之间的关系，明确各自职能分工，建立相互促进、相互制约的良性运行机制。为此，必须建立多层面参与监督的协同治理的民主协商、相互沟通机制。

1. 顶层的流域综合监督

流域水管理机构要以流域为基础，以水资源利用与水污染控制一体化作为目标，成立直属于国务院的国家流域管理委员会，建立享有广泛权力的各流域专门委员会并逐步公司化。国家流域管理委员会应有各部委、各流域管委会、专家和用水户代表参加，其职能既可以是领导，也可以是指导或协调，领导性流域管理委员会的执行机构既是权力机构又是管理机构，具有多种管理权力，承担相应法律责任，具体包括制定流域规划和水资源规划，执行产业合理布局、取水、发电、防洪、渔业、水质保护、水土保持与污染控制等管理，同时它还负责建立新水利项目、制定流域各种标准与水价政策、颁发许可证、监督排污及罚款等，且汛期调节水量要服从国家防汛指挥部的统一指导。

流域内部不同行政区域间存在的利害冲突决定了流域管理必须对行政区域管理进行监督。对于行政区域管理中可能涉及或影响他方利益的事务，流域管理机构必须进行监督，以防发生纠纷，对已经发生纠纷的各方，还必须监督各方对解决方案的执行。最后，流域机构还必须进行违法监督，防止各行政区域在管理中发生违法的情况。

2. 底层的公众参与监督

公众参与的首要功能是制约政府的权力。根据"公共财产论"，政府代表公民行使对公共财产的管理权，政府是环境以及公共资源的管理者；同时，政府也是经济秩序的维护者，在缺乏监督的情况下，很有可能使政府的权力异化，造成公民环境利益的损害。公众参与的另一个功能是促进环境问题中各个利益方的合作。公众参与提供一个法律平台，用对话代替对抗，使各方都能够平等地表达意见，是减少解决环境问题社会成本的有效手段。我国目前的环境法体系更强调的是公害的治理，在环境问题日益严重的情况下，必将转向"公害治理—环境保全"两者相结合的体系，在这个体系中，公众参与的合作与预防功能更加明显。

由此可见，公众参与可以强化对权力的制约和民主监督，能促使不同群体的合法权益获得有效的实现和保障，化解不同群体利益及矛盾冲突，从而实现社会的自律，维护社会的稳定。在现代民主国家，公众参与是国家和市场之间的重要纽带，是使社会民主和法治价值得以确认和弘扬的重要机制。

第三节　流域水资源环境政府间的协同治理

一　政府间合作的困境

流域经济发展是多区段、多部门和多主体的利益协调过程。

（一）流域区段间的利益冲突

1. 资源禀赋差异与产业发展的冲突

流域不同区段拥有不同的资源禀赋，各区段通常会建立起与资源禀赋相适应的产业结构或者以资源禀赋优势为基础发展主导产业。由于流域客观地流经不同地形地貌的区段，相应地在流域不同区段上建立起来的优势产业是上中游的产业部门大多位于产业链的上游，以基础工业、能源原材料工业为主，产业技术含量低、附加价值不高；中下游的产业部门大多位于产业链的下游，以加工、深加工和精加工部门为主，主要是一些高技术产业，产业技术含量较高、附加价值相对较高。由此，上中下游之间基于资源禀赋差异而建立起不同优势产业部门的结果是各区段的经济效益存在巨大差异。于是很可能出现的结果是各区段不再遵从资源禀赋差异基础上的产业优势，竞相发展价高利大的产业部门，走向流域产业结构趋同，引发比较严重的原料争夺、市场份额争夺和"区域大战"。例如，长江中上游地区自然资源富集，是我国重要的能源基地和原材料基地，而中下游地区则技术人才和资本等要素富集。从经济特征来看，从下游到上游存在一个自高向低的经济技术梯度差。而从自然资源来看，却存在一个与之完全相反的梯度差，上游地区自然资源极其丰富，下游地区相对贫乏，中游地区则介于两者之间。这两个相反梯度差的存在决定了长江上中下游地区的产业发展既存在互补，又存在基于利益不均的产业竞争。

2. 生态环境外部性与流域环境利益的冲突

流域上中下游的环境利益冲突是由于水资源的流动性形成的。流域上中下游之间的环境问题主要是在流域经济系统的开发进程中，由于上中下游的工厂、企业、个人不合理利用资源，对于废弃物的处理不够完善，会在系统内部的不同区段产生类型不一、程度不同的环境问题。中下游的环境利益冲突在流域的上中下游由于经济利益的驱使会带来不同程度、不同种类的环境问题，但由于流域水资源的贯通性，使流域各区段的环境会受到其他部分环境问题的影响，造成流域上中下游的环境利益冲突。中下游地区的环境对上游地区生态环境保护十分依赖。为了避免流域水土流失现象不断恶化，在流域中上游地区有关各省区政府需要投入大量的人力、物力和资金，来恢复植被和建设防护林，而生态保护和防护林建设的主要受益地区却是广大的中下游地区，即上游是投资方，而受益人却是中下游地区，这必然会导致不同地区之间的矛盾和摩擦。如庞大的长江水系具有巨大的环境污染物净化能力、便利的航运功能、水产养殖功能。但上游地区布局的污染严重的工厂企业，对废弃物的不合理排放，流域的自净能力有限，会使水资源受到污染，由于流域的通畅性，使得最终的受害者是中下游地区，降低其水产养殖功能和城市生活用水的质量。因此，在流域开发过程中长期存在的条块分割和地方部门保护主义，常常导致在开发利用流域共有资源上出现矛盾，导致这些资源的不断流失与恶化。

（二）流域内地方政府合作的困境

地方政府合作困境的分析是从两个大的方面展开的。一是对地方政府的不合作行为进行分析，如地方政府缺乏统一的合作战略考虑、地方保护主义阻碍着生产要素在区域内的自由流动、生态分割与跨界污染等。二是对地方政府合作的过程中出现的问题进行分析，如地方政府间相互不信任、合作成本的分担与合作收益的分享、地方政府合作的监督缺失等。

1. 地方政府以自身经济发展利益为中心

地方政府作为地区政治、经济和社会的管理者和发展方向的领导者，在流域经济一体化过程中起着极其重要的促进作用。但是，地方政府本身也是具有独立利益的经济主体，当地区自身利益与流域发展的整体利益、长远利益、全局利益出现冲突与矛盾时，地方政府则会以维护本行政辖区内的利益最大化为主要任务。那么，各级地方政府为了获取本地区利益最大化，势必会与其他地方政府在资源方面展开激烈的竞争。在很大程度上，地方政府合作展开的出发点并不是整个流域发展的要求，而是各地方自身发展的实际需要和内在逻辑，地方政府缺乏统一的合作战略考虑，出现重复建设、产业同构、招商引资中的恶性竞争的现象。这种恶性竞争由地方政府主导，扭曲了价格机制和市场需求，最终会损害流域经济一体化的发展。

2. 地方保护主义阻碍生产要素自由流动

地方保护是在经济发展过程中，地方政府为本地区企业的发展提供地方性保护政策，以维护本地区自身的经济利益，主要表现在：一是市场保护，地方保护的行为都对外地产品进入本地市场设置了障碍，阻碍了生产要素在区域内的自由流动，结果必然会导致区域市场随行政区划的分割；二是资源保护，地方政府限制优势企业向外地投资，或者通过行政强制的方式使消费者的评价机制扭曲，或者采用市场封锁等手段使自己的利益得到保护，都是为了避免给本地带来损失的要素流动；三是资本保护，不少地方政府设置"银政壁垒"，对银行进行直接或间接的干预，这使资本在区域内的自由流动受到阻碍；四是执行政策和履行法律的保护。区域内的地方政府在执行政策和履行法律时，对有利于本地方的一些违规或违法行为进行地方保护，钻政策的空子，打法律的"擦边球"。这些地方保护主义限制了生产要素的自由流动，降低了经济效率。

3. 生态分割与跨界污染

行政区划边界经常将区域内的自然生态整体划分为不同的条块。对于水环境治理，不同行政单元的认识水准不同，采用的行为方式也不同，在一些区域性事务上，如水环境保护、流域综合开发、防洪治理、水资源管理等，出现较为突出的行政分割现象。无视区域自然生态的整体性，各行政单元只注重短期的经济利益和自身的生态建设，往往以水资源利用为主，会产生多种区域性矛盾。在各行政区的交界地带，生态分割与跨界污染尤其容易出现，不但阻碍着经济区的发展，而且容易激化社会矛盾。

4. 地方政府间相互不信任

地方政府合作中的信息是伴随着地方政府之间合作的形成而出现的，在地方政府合作的实践中，地方政府间有效信息的不均匀分布导致了信息不对称。信息不对称使一些地方政府拥有的有效信息较多，而另一些地方政府拥有的有效信息较少，或者根本不拥有有效信息。因此，在数量不等的情况下，拥有信息优势的地方政府为了占有信息资源，避免陷入信息缺乏的境地，会想方设法维持这种优势，在本质上是对合作中其他地方政府的不信任，而处于信息劣势的地方政府感到信息缺乏，也容易对处于信息优势的地方政府产生怀疑和不信任，阻碍了地方政府之间的良性互动与沟通，从而使地方政府合作的效果受到影响。另外，地方政府的思维由于信息不对称而局限于本行政区，不能从全局思考整个区域跨行政区合作的问题。

5. 合作成本分担与收益分享的矛盾

地方政府合作的成本包括谈判成本、合同成本、履行合同的成本、监督成本等，此外，还包括在具体合作领域中的投入，如在合作项目中的投资、流域公共问题治理的费用等。对于合作成本，合作中的地方政府总是尽量缩减自身的成本，追求一种以最少投入获得最大产出的理想状态。而在地方政府合作收益的分享方面，流域内各地并不能平等地分享合作成果，各地差距不断增大。由于缺乏收益共享体制，地方政府趋于追求本地方利益的最大化，而不会去考虑流域内合作的全局性和整体性，显然，这不利于流域内地方政府之间长期的、深层次的合作。

6. 地方政府合作的监督缺失

从监督主体来看，虽然确定监督主体比较困难，但一般可以有两种选择。一种是内部监督，地方政府从内部推选出监督者进行监督。推选出的监督者比较了解区域内的具体情况，监督起来会比较方便，而且内部监督可以降低监督的成本。但是，当利益冲突在内部推选出的监督者与被监督者之间发生时，不公正的现象就可能会出现，所以从内部推选出的监督者也应该受到一定的制约。另一种是外部监督，设立一个独立的外部监督机构。在理论上，这种机构可以独立而客观地针对流域内地方政府之间的合作做出评价。但是，独立的外部监督机构并不了解区域内的具体情况，地方政府也会避免负面消息的泄露，结果是独立的外部监督机构可能会做出有失偏颇的判断，而且外部监督会增加监督的成本，甚至导致"寻租"行为的产生。另外，对于地方政府合作的监督，选择什么样的惩罚和激励措施也是一个难题。一方面，惩罚不遵守合作协议的地方政府，应该由谁来制定惩罚规则，惩罚手段应该是什么样的，应该如何分配惩罚获得的利益并且可以避免"搭便车"的行为等。另一方面，同样的激励措施也存在以上的问题，以及怎样的激励是可持续性的也还是个问题。

二　水资源环境政府间协同治理的目标

地方府际合作的核心，是在各自利益最大化的同时，实现区域公共利益最大化，总体目标就是通过协同实现各参与方的利益均衡，从而达到合作共赢的目的。使各地政府拥有共同的目标，就是创造一个绿色和谐的生态经济。但是由于各自的立场不同，他们还会有着自己特有的目标，如果不协调各方目标，必然会对总目标产生影响。所以有必要对各个子目标进行协同整合，使各个目标之间能够互相促进、互相影响，自动调整各目标之间的关系，使这种关系往有序的方向进行。

（一）绿色 GDP 目标

"绿色"作为区域生态环境治理的目标，是以政府为中心，多个治理主体群策群力共同治理的过程中，将生态环境保护、资源节约作为治理宗旨，营造一个绿色的生态环境。区域生态环境治理的绿色目标主要是指人与自然的和谐相处，关注自然资源的利用效率。它的核心思想是利用最少的能耗，减少废弃物的排放，保护生态环境，减少环境污染，实现经济的可持续发展。区域经济必须从高消耗、高污染的经济发展模式向高资源效率、低环境负荷的绿色经济模式转型，因为只有这样才能从根本上解决环境污染、资源耗竭和生态破坏的问题，才能在经济发展的同时，保证经济、社会、环境、生态的协调发展。

对流域而言，流域内各省市政府要转变观念，注重经济效益与生态效益的结合，在对地方官员的考核中引入绿色的生态指标，凸显环境治理高度，将流域治理情况和水质水量情况纳入官员年度考核。围绕建立绿色评价体系，树立正确的政绩观，建立和完善节约和保护水资源的社会激励机制，主要对各级政府进行目标考核、社会舆论和社会道德等方面的激励。改变过去以经济指标评价区域发展的考核办法，把资源、环境价值纳入考核体系，建立包括资源、环境指标在内的目标体系，使各级政府逐渐认识到自己的责任不仅仅是经济发展，还应是社会整体福利水平的提高和社会的永续发展，从而自觉抵制"官本位""政绩观"等传统思想的干扰和诱惑。

（二）水资源可持续高效利用目标

1. 水资源的可持续利用

1992 年在爱尔兰召开的国际水与环境会议首次系统阐述了水在环境与发展中的地位与作用，在发表的《都柏林声明》中认为，"淡水资源的紧缺和使用不当，对持续发展和环境保护构成了严重且不断增长的威胁，其出路在于采取根本的、新的途径去评价、开发和管理水资源。"这也就说明了人类需要用新的观念、思维和方法解决水资源持续开发利用的途径，从而满足人类社会和环境的多种需求，才能实现人类社会、经济与资源环境的持续稳定发展。

水资源作为区域经济发展的重要物质基础，实现水资源持续开发利用成为社会发展的必然要求和最优选择。对水资源的适度开发，指水资源利用后不破坏资源其固有价值，并且尽可能地回避开发措施对水资源的不利影响，不妨碍未来后人对水资源的使用，为后来开发留下各种选择的余地。水资源持续利用应体现保护自然资源环境系统的生态观、经济增长的经济观以及公平分配的社会观，实现水资源持续利用，就必须使水资源利用在经济、社会和环境之间达到互相协调。

2. 水资源的高效利用

水资源战略的核心是提高用水效率，水资源高效利用事关国民经济发展全局。水资源高效利用是指同样耗水情况下，区域达到最高经济效益和最理想的生态环境状况，或者是在达到经济社会发展的需求及生态环境建设标准，在资源、社会经济和生态相互协调情况下，区域耗用水量最小的状况。满足经济社会和生态环境的需水要求，提高水资源的单位经济效益和生态效益，以水资源的可持续利用支撑经济社会的可持续发展，促进人与自然的和谐相处。

（三）水环境质量信息共享目标

水污染严重地威胁着我国的水资源安全。水污染恶化水质，这不仅意味着地表水环境，还包括土壤、地下水、近海海域甚至大气等相关的生态环境，并且会影响饮水安全和农产品安全，最终威胁人体健康，导致社会福利的损失。水污染及其防治不是单纯的环境问题，而是关系国家长远发展基础的战略安全问题。流域政府间协同治理要坚持信息公开原则，以便公众贡献其力量。这些信息诸如各流域政府辖区水质、水文、污染源气象、生态的历时变化；水环境自动监测监控的数据与分析结果；产业发展和结构调整情况及其与生态环境的联系；流域管理的具体举措、成就以及存在的问题，流域水环境突发事件的责任主体、责任追究等。

（四）政府间合作共赢目标

流域各级政府、各个部门要提高认识，打破"利益自利化倾向"，以区域公共管理的新思维为导向，把流域生态环境治理作为长远发展的战略举措紧抓不放，将流域的水污染治理看作流域内各级政府的重大民生工程，把重点污染流域的关停搬迁、降解处理纳入省级公共项目整体规划，实现流域整体的要素流动和利益共享。共赢的互动，既要带动流域各地政府的经济建设发展，也要把生态文明建设作为工作的重要内容，实现行政区域治理向流域治理转变。为了做到趋利避害，要规范作为流域公共管理核心主体的地方政府竞争行为，消除流域政府间不良竞争，推动区域竞争走向区域合作，促进流域一体化管理进程，增强整个流域的综合竞争力，提升整个流域的良好形象，实现流域可持续发展。流域各地方政府必须要树立整体性合作共赢的理念，真正做到跨域公共利益就是区域成员自身长远利益，切实加强跨域政府间横向合作机制构建，重塑横向政府间的合作关系，在平等竞争与合作中寻求共同发展。

三　水资源环境政府间的协同治理机制

（一）搭建协同治理的信息公开机制

信息是水资源协同治理的基础性资源，信息的公开程度和共享程度决定治理的运行效率。一方面，各治理主体所拥有的信息资源是不对称的，而在分析和预测潜在的水环境问题时，需要尽量真实、全面、有效、及时的信息资源做参考。信息的公开、共享也就成为水资源协同治理的必然要求。另一方面，广大公众是水资源协同治理的动力源泉，要想实现水资源可持续利用，必须依靠公众的积极参与，保障并扩大公众的监督权、知情权、议政权等环境权益，而这些权利的实现必须以信息公开、信息共享为前提。

1. 覆盖全流域的水资源监测网络机制

信息资源是协同决策重要依据，要加大流域的水资源监测网络的覆盖面，在水断面交接处设立水资源监测站，加强流域内水资源监测站的信息交换与使用，提高水资源监测信息的共享效率。环保、水利、发改等部门应当通力合作，建立统一的流域水资源监测的方法和评价标准体系，确保各地政府间在使用水资源监测数据时标准一致、内容一致。在此基础上，建立生态监测系统，对典型流域进行定点连续监测，建立监测数据信息资源库，掌握水资源的即时动态，对异常监测数据进行及时筛选。建立重点流域监测系统，对水污染情况相对严重的流域坚决落实重点治理、重点监测，着力构建具有综合性、系统性和全面性的流域水资源监测网络机制。

2. 信息通报网络系统

针对政府内部纵向从中央到地方水资源行政管理部门、横向水资源行政管理各部门间信息传达与沟通的不顺畅，需要建立水资源信息通报网络系统，由法律规定网络系统的主体（包括主体的地位、职权、权威、惩处）、信息通报的方式与内容、突发事故信息的传达与沟通等内容。网络系统将中央水利部门、中央环保部门、流域管理机构、地方水行政管理机构中水资源的相关信息纳入网络体系。实现水资源信息内部公开共享的同时，注重水资源管理机构与其他环境管理机构的合作与互动，进而实现水资源治理的有序性与整体性。流域和区域、环保与水利等部门信息通报与沟通协作机制可以有效提高政府水资源污染防治能力，同时也有效地保障了公众环境信息公开的权利。

3. 公开的信息共享平台

构建流域内行政主体在坚持标准化和动态化的基础上，建立信息交流平台和公共信息数据库，提高信息共享水平，实现城市间、部门间信息资源共享。标准化原则在于统一信息发布的标准、内容、时限、形式、程序、责任等；动态化原则在于信息交流平台和公共信息数据库的动态管理。建立信息交流平台旨在为规划编制、实施、管理的科学性提供技术支持，促进区域规划协调衔接。同时，促进各相关部门的信息互通、资源共享，促进各类规划的"无缝衔接"。公共数据库的建立，增强数据集约化程度，可为国务院和省政府审批、审核水资源环境总体规划、监控水资源环境规划建设工作提供信息依据，确保流域发展的综合调控。另外，多领域的信息共享化要求在人力资源、科技服务、法人单位、自然资源和地理空间等领域实现互联互通，同时实现区域内相关法规、政策、项目建设以及政府文件的信息共享。此外，流域行政协调委员会需通过权威督促各行政主体诚实、适时履行其信息的收集、传递、公布等应用的责任。

（二）建立政府间的利益协调机制

利益关系是政府间关系中最根本、最实质的关系。谢庆奎教授就曾指出政府间关系实际上是一种"权力配置和利益分配的关系"，当利益调节机制运作良好时，地方政府间关系发展就比较顺利，通常以合作的姿态出现；反之，当利益调节机制失灵或激励乏力时，地方政府间关系就会以一种强烈的竞争现象表现出来，合作停滞甚至会出现一定程度的倒退。由此可见，流域内地方政府合作的顺利实现不仅要有良好的制度环境，更要有具体实施和管理合作事宜的组织机构，建立合理有效的组织协调机制是至关重要的。

1. 以利益共享为目标的合作动力机制

利益共享具有双重含义，它既是合作的目标又是合作的动力。利益关系是地方政府关系中最根本、最实质的关系，追求利益最大化也是地方政府参与合作的原始动因。从利益共享的角度来看，政府要想获得资源共享、市场共享、信息共享的优势与利益，快速提升地方经济能量与地方竞争力，必须主动寻求合作。只有坚持利益共享的基本原则，才能调动参与者的积极性，流域经济一体化才能真正实现。流域经济合作利益共享应该要以让渡原则为前提，既要有"共赢"的新型流域发展观念，又要有"融入"的行动，即参与合作主体所在地区应该摒弃"内向型行政"，让生产要素在市场机制作用下在合作流域内实现自由流动与组合，成为流域治理体系中的组成要素，在充分、有效、公平竞争基础上形成一种利益让渡与利益共享的规则与机制。

2. 以利益补偿为核心的合作运行机制

利益补偿机制是利益协调机制的关键，是利益协调机制得以运行的重要保障，能够确保跨区域事务治理的顺利进行。流域政府间的利益补偿是流域内强势地区利益主体对受到利益损失的弱势地区利益主体，通过资金援助、资源共享、政策优惠、技术人才转让等方式的补偿，以实现流域内公共产品和公共服务的均衡。流域内政府本着公平、公正的原则对流域整体范围内各方利益有一个基本划分，建立一个科学合理的成本分担机制，在此基础上建立一套完整的预算体系作为利益补偿机制的保障；确保弱势地区的话语权，建立相应的利益表达机制，使弱势政府能够通过合理正当途径表达自己的利益需求，对于利益补偿的具体内容、具体标准、具体实效等内容，地方政府在流域政府的监督和指导下按照每个地区的具体实际制定出明确的标准和原则。如对于削减"三高"企业和产业结构调整带来的政府利益损失、不同地区之间使用其他地区资源的情况、对于跨地区公共环境污染治理的职责分配等利益补偿的标准和数量要有明确规定。地方政府养成一种协商和利益协调的习惯，形成长久的利益共享合作链，从而促进流域内水资源环境的协同治理进程。

（三）实现常态问责的水污染治理评估机制

1. 实行绿色 GDP 政绩考核机制

绿色 GDP 就是将环保政绩纳入政府绩效考核体系。由于地方保护主义作祟，当面临形式政绩的追求与合作治理时，各地政府会为了谋求自身利益最大化而采取削弱合作的竞争策略，导致一些治理耗费成本高、产出见效慢的长远性水污染治理项目难以得到政府支持，从而损害流域整体利益。将绿色 GDP 纳入政绩考核指标，就是要改变传统以经济为主的盲目资本扩张，建立一套以环境和经济为综合指标的干部考核体系，推动生态文明建设现代化。要充分认识到"生态环境保护是功在当代、利在千秋的事业，要清醒地认识保护生态环境、治理生态环境污染的紧迫性和艰巨性，清醒地认识到加强生态文明建设的重要性和必要性"，停止"以 GDP 考核为主的晋升锦标赛"，设计资源节约和环境保护的具体二级、三级指标，纳入官员选拔考核的重要指标。

2. 推行常态问责绩效考核机制

将常态化的问责机制纳入绩效考核指标。转变以经济增长的绩效考核指标为涵盖环境治理的绩效考核指标，严格执行环保问责的程序，推动建设目标、任务和措施落实到位。对于水污染的治理，要建立部门职责明确、分工协作的工作机制，地方政府和水环保部门应是责任人，负起治理责任、拿起治理措施和跟上治理投入。要完善科学、规范、可量化的水环保问责指标体系，建立水资源消耗、水环境损害、水生态效益等水生态文明综合考核指标，规范问责程序，健全问责制度，特别加强对重大污染事故的问责力度，"对那些不顾水环境盲目决策、造成严重后果的人，必须追究其责任，而且应该终身追究"，实现水环保问责制度的常态化、程序化和制度化。

3. 推进"一把手"负责机制

各地政府应对当地行政区划内的流域环境治理承担主要责任，由地方政府的行政首长亲自督导实施辖区内的水污染治理项目，并担任首要责任人，对辖区内水污染治理绩效直接负责。对跨界水污染治理实行行政首长负责制，能够把流域内的水污染治理责任与地方政府官员的升迁考核绑定在一起，激发地方政府官员主动履行流域水污染治理的行政职责，提高跨界水污染协同治理中的各级政府参与意愿，增强跨界水污染治理的协同力度，提高地方政府自觉推动绿色发展、循环经济、低碳生活的环保意识，为跨界水污染的府际协同治理机制开辟新道路。总之，创新官员政绩考核制度，责任分明、监管分明、赏罚分明，才能真正将被动治污变成主动治污，这是构建流域跨区域水污染协同治理机制的直接动力来源。

第四节　政府主导的多主体参与网络协同治理

流域水资源管理范围内最早强调公众参与的是始于欧盟《水框架指令》的颁布。《水框架指令》指出，信息的提供和协商是必要的，而公众的积极参与是要大力鼓励的，公众的积极参与有助于达成指令的目标。公众参与是让公众去影响规划和工作的实施过程，即实施某个决策的时候，需要公众与政府机构之间进行频繁交流，不断修改，可能达到公众预期的过程。通过这样的过程能提升公众的参与意识，能充分利用不同利益群体的经验和知识，减少误解，增大公众的认可度，增加信息的透明度，使管理能更加有效地实施。

一　政府主导的多主体参与网络协同治理模式

流域水资源环境网络治理模式的构建要将区域内各参与主体利益与流域共同利益融合在一起，既要充分发挥各参与主体的自身优势，又要依靠合理合法的机制将资源有效地整合，从而保证多元主体互动合作网络的正常运行。

（一）网络协同治理模式的基本要素

1. 多元化的参与主体

在相当长的时期内，政府在公共问题治理过程中承担着主要职责。一方面，人们把政府当作社会公共利益的化身对市场运行进行公正无私的调控，来弥补"市场失灵"所造成的公共治理不足。另一方面，受计划经济体制和传统行政干预的影响，人们习惯于依赖政府的优势资源去解决现实中的各类公共问题。实践证明，政府作为理性经济人，在治理公共事务时存在失灵现象，如果没有一定的宪政约束，很可能变成一种"恶"的化身，行政干预往往带来更加负面的效果。伴随民主社会的发展，公众的民主意识增强，主动参与公共治理的积极性较过去有很大提高。建立政府、第三部门、企业以及社会公众等多元主体参与的网络显得十分必要。国家、市场和社会中的众多利益相关主体都可能成为水资源环境治理主体，对区域网络协同治理模式的构建产生影响。

2. 稳定的制度关系

帕克认为，网络的稳定性需要某种形式的制度化机制去控制机会主义和保证公平的收益分配，管理一个网络需要一个专门化的制度机制去克服交易困境的威胁和充分利用网络的经济潜能。在网络中，稳定的制度关系能够减少不确定因素和机会主义等因素的干预，为个体理性行为的重复博弈提供条件。网络中稳定的制度关系需要：第一，围绕一定的目标和程序特意制定的一系列规则、契约等形式的制度框架，对集体行动产生激励或者约束。第二，长期实践和历史传承下来的道德观念、风俗习惯等非正式规则。第三，建立与规则、制度相匹配的公共管理机构，提供网络稳定关系的运行场所。

3. 顺畅的信息流动

信息对称是网络参与主体合作的基本条件，信息不对称的存在可能会造成信息占有优势的一方产生"败德行为"和信息占有劣势一方的"逆向选择"。这样就会对合作的网络造成障碍，影响多元参与主体的积极性。因此，网络中信息流通顺畅可以通过三个方面获取信息：首先要打造信息交流的网络平台；其次是通过各种先进的技术手段获取信息流动渠道的顺畅，减少和降低外界不利因素的干扰，完善信息反馈机制；最后是建立灵活、快速的信息反馈机制，实现各类信息的有效过滤。

4. 有效的网络监督

监督是对网络参与主体偏离集体共识的行为纠偏。网络参与主体作为理性的个体，为了达成某一公共目的而进行充分的协商并最终达成合作的意愿。由于各参与主体自身条件和所处客观环境的不同，在共同行动的过程中难免会产生认识上的偏差和偏离集体目标的行为。为了保证共同目标和集体利益的实现，就需要有一个监督方履行纠正偏差的职责，为共同利益的实现扫清障碍。这个监督方可以是通过网络内部合法的程序产生，也可以来自网络的外部的非网络成员。但要注意的是，无论是产生于网络的内部还是外部的监督方，都应该赋予他们合法的监督权力，使网络监督变得真实、有效。

（二）多主体协同治理机制

彭正银（2002）认为，网络治理机制由互动机制与整合机制构成，前者是内生的，后者是外生的，两者具有动态性，在不断变化的环境中寻求阶段性均衡。在水资源环境的多主体协同治理机制由以下几方面构成：

1. 合作机制

合作是网络治理顺利实施的核心。合作的过程就是使合作各方的利益实现最大化的过程。区域公共问题的合作由多元利益主体构成，当合作治理的整体收益大于各合作参与个体单独治理收益之和时，合作网络治理才能得以顺利实现。构建流域网络治理的合作机制可以从以下几方面着手：首先，多元主体的互动合作的关系界定，在流域公共问题的网络治理中，地方政府、第三部门、企业和公众是平等合作的关系，发挥着各自的优势从而实现公共治理的诉求。其次，建立协商、对话的伙伴治理基础。针对不同的公共问题，通过对话、协商、谈判、妥协等集体选择和集体行动来达成共同的治理目标。沟通的不顺畅有可能是导致网络失败的原因之一，因此，要保证多元主体的意见充分得到表达，要建立相应的协商、对话规则并达到制度化的保障。

2. 协调机制

协调是保持网络长久稳定的关键。协调有助于实现资源、信息与知识的共享和流动，充分发挥自身的优势资源和发展核心竞争力。需要强调的是，协调能降低网络的运行成本和各个参与者的交易费用。健全协调机制，就要有特定的实体或管理者不断调整网络内资源分布的已有格局，协调利益纠纷，帮助参与者在战略、决策与行动上交流沟通，从而实现网络治理的最终效果。网络各参与主体力量不一定完全均衡，组织间也会存在利益和期望的不一致，这样就难以避免会产生冲突和摩擦，从而破坏网络的稳定性。流域公共问题治理的合作中，网络的协调可以通过以下方式进行：首先，建立流域多主体合作的协调管理机构。其次，保证利益分配模式的公平合理。良好的利益分配机制有利于抑制各方对收益的争夺，有利于形成相互信任的关系。

3. 信任机制

网络治理公共问题的过程中，政府不再作为单一的治理主体实施治理过程，而是在纷繁复杂的治理环境中嵌入了各种非政府组织和社会力量。在网络参与主体合作的基础除了正式的规则之外，更大程度上依赖感情、道德等非正式规则，而要在这种非理性化的状态下实现合作，信任就显得尤为重要。同时，在网络合作关系的互动中，交流和谈判成为不可缺少的沟通方式，参与主体之间的信任可以使谈判协商的过程变得顺利。网络的参与主体只有在信任的前提下才有可能规避信息不对称、道德风险以及机会主义，信任可以作为正式规则的有益补充，这对于网络合作关系的维护也是十分重要的。信任机制的建立和完善可以通过以下方式进行：首先，制定基于合作与信任的组织文化。组织文化的认同可以增强组织的凝聚力和向心力，可以通过树立组织的核心价值目标，避免合作各方的文化差异和理念冲突，建立被各方共同接纳的组织文化。其次，通过各种途径建立沟通渠道，为区域合作治理主体能够充分地进行交流与沟通建立一个有效的平台，从而增加彼此的信任与合作。

4. 维护机制

维护的本质就是通过增加参与成本来使网络参与主体的行为变得正规和有序，维护还能够改变网络中信息的流通速度，保障参与主体及时分享信息资源，有效地实现网络中无界化的信息流动和沟通。良好的维护机制需要制度化的基础和信息网络的技术支持。在流域公共治理的合作网络中，维护机制可以通过以下方式进行：首先，完善相关合作的政策和法规的制定。在流域公共治理中，政策、法规的主要制定者还是政府，但政府要充分考虑到合作网络的特性，在充分征求合作各方的意见基础上制定相关的政策，并随着治理环境的变化适时地修正或重新制定。其次，网络技术的有形支持。信息网络技术的快速发展为区域公共治理提供了便利的条件，应该充分利用网络技术资源整合、信息共享的优势，同时，也要防范网络技术所带来的负面效应。

二 政府在网络协同治理模式中的主导地位

在网络治理中，虽然吸收了非政府组织参与治理，但政府由于其自身的特殊性，在合作网络中依然扮演着重要角色。在构建流域水资源环境协同治理网络中，政府是网络中的参与者之一，与网络中的其他社会组织在地位上都是平等的，但是政府也是网络组织中的领航者和协调者。政府在网络中应该发挥以下几个主要作用：

（一）网络协同治理模式中的政府责任

1. 国家政策上的支持

在网络化治理的进程中，国家需要在政策上加以支持，只有国家的政策支持才能使各个地区的各级部门对此重视起来，引导各机构对水资源环境实行网络化治理。国家制定有效的激励政策是十分必要的，只有实行有效的激励措施，才能使广大公众积极参与合作网络治理，实现流域水资源环境的可持续发展目标。建立和完善公众参与的有关法律，要把水资源管理中公众参与的程序、参与程度、参与方式等重要内容以法律的形式固定成文，使其应用于实际中的管理工作，对合作网络中的参与主体的具体行为进行监督管理，对遵守者进行表扬，对不作为者进行惩罚。完善合作管理制度、明确管理部门、制定相关法律条例、明晰水资源的相关利益者，使公众参与水资源的管理政策化、制度化，制定公众参与的法律保护等，这些措施也将大大激励公众参与管理的积极性。此外，流域水资源的有效利用和可持续发展需要政府正确的政策指导。政府在合作网络中主要担当的是导航者的角色，只有在正确的政策指导下才能完成预定的组织目标，政府政策指导上的模糊性和反复性只会给参与者造成困惑和失望，甚至损失，这不仅伤害了公众参与的积极性，而且合作网络也会面临解体的危机。

2. 经济技术上扶持

流域水资源的高效利用以及水污染治理需要相应技术的投入，但目前来看，政府在节水技术和污水处理技术上的投入不足。合作网络的构建可以说能够有效缓解这一问题，合作网络中参与者的多元化可以有效地集中各个参与主体的不同资源，根据各自投入资源的不同，匹配在整个合作过程中获得不同的利益，在完成流域水资源可持续发展的整体目标下尽量满足参与者各自的不同利益。另外，完善公众参与的方法需要政府的双项投入，如信息公开制度、咨询制度、听证制度等；还要创新公众参与方法，如利用电话、网络等手段降低公众参与成本和提高参与效率，这就需要政府在资金和技术上都要进行投资和扶持。只有改进参与方式，才能更好地提高公众参与的积极性和便捷性，提高合作网络的效率。

3. 以公共价值观引导主体行为

在水资源环境的多主体网络协同治理过程中，地方政府、市场、社会组织及个人利益虽然有所差异，但拥有共同的目标，如提升区域经济竞争力、提高水资源利用效率、保障水环境安全以及实现地区持续发展。显然，单一主体无法实现这一综合性目标，需要政府、社会、市场等治理主体协调彼此的行为、开展自愿互利的合作。在流域水环境问题日趋严重而且将影响到每个人的生活的时候，政府、企业、私营部门、非营利组织和公众都意识到构建共同治理区域环境污染目标的重要性和紧迫性。流域政府应以道德伦理建设为依托，在思想上和文化上对地方政府、企业、私营部门、非营利组织和公众等进行深层次的水环境保护教育，促使全社会成员都具有环境保护的责任感，达到全社会人员都共同参与区域水污染治理的目标。因此，需要以公共价值观来引导治理行为，根据水环境的变化和他们对公共价值的理解，改变组织职能和行为，创造新的价值；需要认识到水资源环境治理必须采取网络协同治理方式，才能实现公共价值，达到合作共赢。

（二）理顺政府和其他主体的关系

合作网络中由于参与者的多元化和知识背景以及资源占有的不同，各个企业组织和社会团体等的利益需求也不同，受先天性追求利益最大化的驱使，各个团体之间不可避免地会存在一些利益上或者期望上的竞争，这就难免会产生冲突，这种冲突有时会破坏网络的稳定性，需要政府发挥协调作用。只有协调好各参与主体之间的相互关系，才能保证合作网络良性运行、共同完成合作网络的组织目标、实现水资源可持续发展的目标。水资源多主体治理的核心是多元、平等与分工协作，但我国国情决定政府会在很长一段时间内居于主导地位，充当"同辈中的长者"角色，政府与其他治理主体之间呈现出既合作又对抗的关系。

1. 政府对社会和市场主体的培育

一般而言，实现多主体治理需要四个条件：发达的市场经济、成熟的公民社会、有限政府以及尊重契约。以上条件我国目前还有诸多欠缺，社会和市场在进行公共治理方面也明显缺乏能力和经验，需要政府自上而下的培育和支持。首先，政府要主动将部分水资源管理权让渡给社会和市场，通过法律授权或行政委托为其进行治理赋予内部权威。其次，政府可以通过政策指导、法律支撑、标准制定、信息提供和财政支持等多种方式，为社会和市场主体进行水治理提供良好的外部环境。

2. 政府对社会和市场主体的监管

任何权力如果缺少监督和控制，都有被滥用的可能，社会公权也是如此。社会和市场主体享有对公共事务进行管理的社会公权，就必然存在权力滥用的可能，政府应当尽监管职责，在其无法实现有效治理或是伤害成员利益时进行矫正或制裁。在监管时政府应注意维护其他治理主体的民间性和独立性，进行间接管理和事后监督，不应直接干涉其他治理主体人事、财政和具体内部运作，对他们的权力滥用行为应以行政救济手段进行事后的审查和制裁。

3. 社会和市场主体对政府的协助

社会和市场主体能够协助政府进行有效的水资源环境治理。他们的内部成员都是直接的用水者，具有相同或相似的利益，比任何外部的权力中心更关心水资源的合理使用和良性发展，社会和市场主体可以对成员的意见进行集中、协调和整理，然后传达给决策机关，用最低的成本和最高的效率建立更稳定合理的用水秩序。对政府的协助可以具体表现在很多方面，如收集、统计、分析、发布用水信息，研究和制定当地水资源的开发规划，进行水量调查，为政府宏观调控提供基础数据，协调政府与组织成员之间的利益冲突等，甚至在某些时候，为了实现社会的整体利益，可以带领组织内所有成员做出一定的妥协和让步。

4. 社会和市场主体对政府的制约

我国"国家至上"的权力运行模式使很长一段时间内国家中只有政府和公民孤立的两级，政府权力很大，行为的随意性也很大，政府的非规范行为常常会侵害公民的权利。而每一个微观存在的公民力量太过微薄，面对强大的行政权力势单力孤。社会和市场主体的出现在政府和公民间产生了一个中间层，把单个公民的微薄力量集中在一起，以组织的形式参与政治活动，以集体的方式增加影响力，以社会权力制约国家权力。现实生活中，社会和市场主体对政府权力的制约主要表现在两大方面：参与政府对水资源进行公共决策的过程，对政府违法行为提起行政复议或行政诉讼。

第五节 水资源环境与区域经济系统耦合全过程的治理措施

水资源和水环境是社会、经济系统赖以存在和发展的物质基础，同时，社会、经济系统在发展中，一方面要消耗资源和排放废物，对生态环境和水资源进行污染破坏，降低其承载能力；另一方面要通过环境治理和水利投资对生态环境和水资源进行恢复补偿，以提高它们的承载能力。在水资源与区域经济耦合系统中，任何一个系统出现问题都会危及另外系统的发展，而且会通过反馈作用加以放大和扩展，最终导致耦合系统的衰退。社会经济发展的迟缓必然会减少环境治理和水利部门的投资，使生态环境问题和水资源问题得不到解决。这些问题将会随着人口和排污的增加变得更加严重，并进一步影响到社会经济的发展。因此，合理开发和配置水资源，保护生态环境是实现耦合系统可持续发展的关键性因素。

一　开发利用过程中水资源治理

水资源合理开发利用是指因地制宜地开发利用水资源，在开发利用规模、强度、结构、布局、效率等方面与水资源禀赋条件相匹配，与经济社会发展需求相适宜，与"资源节约、环境友好"要求相一致，以谋求最佳的经济效益、生态效益和社会效益，使社会经济与人口、资源、环境之间得到协调发展，水资源合理开发利用的目标与水资源可持续利用的目标一致。

（一）完善水权制度建设

根据科斯定理，一项资源的配置无论是通过政府计划配置还是通过市场手段的配置，资源的产权安排都是资源有效配置的前提条件。

1. 清晰界定水权

我国法律界定了水资源的所有权——全民所有；水资源经营权——政府特许给具备相关资质的单位和个人；水资源使用权——原水由政府配置；清洁水使用权由市场配置，政府管制其价格；污水由政府强制管理，污水经营的定价等受政府管制；水资源配置权——政府代表人民行使水资源配置权；水资源经营特许权——政府代表所有权人行使；水管理监督权——法律社会公众。但是在产权虚置的情况下，水资源使用权的界定就很重要，是水资源市场化的关键环节。我国目前是通过发放取水许可证和实行水资源有偿使用制度使水资源从国家所有过渡到私人使用，使用权的界定包括确定申请取水许可证的主体、范围、数量，使用水人和用水用途。只有产权明晰，在水资源所有权与使用权分离的情况下，水资源利用者通过使用水资源而获得利益，国家作为所有者也可以因此受益，各个经济利益主体之间的利益得以协调，从而使水资源利用中的外部性内部化，避免"公地悲剧"发生。

2. 完善水权法律保障体系

新《水法》是我国水法律体系的基础，但与国外比较，相关配套法律法规还不健全，实践意义不足，特别是针对水权制度尚无专门法律规定，水权制度建设实施无章可循。需要进一步建立和完善合理、可操作性强的配套性水法律体系，加强水资源论证制度、取水权转让的具体办法，尤其是关于水资源费的征收、管理和使用的配套性法律法规；关于水权界定、分配的配套性法律法规；关于水权转换、水市场和水权交易转让、水权保护制度、水资源用途管制制度等配套性法律法规；关于水权的调整、续期和终止的配套性法律法规等。

（二）建立水市场保障体系

随着社会主义市场经济体制的建立和市场化程度的提高，水利也在逐步走向市场，以适应市场经济体制。尽快建立水市场已成为水利发展的必然选择，社会主义市场经济的迅速发展壮大和水利改革的不断深化，从宏观上为水市场的建立创造了十分有利的基础条件。但是，要有效地推进水市场的建立并使其不断完善，实现水资源的优化配置和可持续发展这一最终目标，必须进一步加快与水市场有关的各种配套体系建设。

1. 实现水务一体化

水市场是建立在水权转让和出售基础上的准市场，水权即水资源的所有权、使用权和经营权。实现水务一体化就是变水资源的多头管理、地下、地上、城市、乡村分割管理为水利部门统一管理，这是水市场建立的前提。必须加快水务一体化的水管理体制的建立，特别是把过去由城建部门管理的城市供水、环保部门管理的污水排放等纳入到水利部门的统一管理之中。具体表现为统一规划、统一调度、统一许可审批、统一征收水资源费、统一管理水量水质等。并从经济社会可持续发展和水资源可持续利用的战略高度，进一步深化体制改革，理顺生产关系，使水管单位成为政府授权委托，具有自主经营权的独立运行机构，加强水资源的统一管理和统一调度，完善取水许可制度，保证生活、生产及生态用水的有效性，为水市场的建立营造基本环境。

2. 确定合理的水价形成机制

水市场的建立，首先必须建立适合我国国情的水价形成机制，明确工程供水的商品性质，按照"成本费用补偿、合理收益、公平负担"的原则制定水价。按照国家现行财务制度和供水成本费用核算的有关规定，正确核算和确定供水成本费用。考虑投资成本的回收，建立一种既能吸引投资，又能约束粗放经营行为和促进节约用水的价格形成机制，激励水管单位努力降低成本，用水单位节约用水，提高水的利用率。同时，还应建立正常的水价调整机制，随着供水成本的变化适时调整价格。合理水价应包括资源水价、工程水价、环境水价三部分，资源水价体现水资源的价值，包括对水资源耗费的补偿、对水生态影响的补偿等，为加强对稀缺水资源的保护，促进技术开发，还应包括促进节水、保护水资源的投入。工程水价是通过具体或抽象的物化劳动把资源水变成产品水，进入市场成为商品水所花费的代价。环境水价就是为污染治理和环境保护所需要的代价。目前，现有水价大多侧重于工程水价，而忽视资源水价和环境水价，同时，又达不到成本水价。水价的形成还应考虑水源、用水性质、用水量等情况，实行基本水价和计量水价两部制、累进制水价等，农业用水、工业用水、生活用水、生态用水采用不同的水价，才能使水市场的作用得到充分发挥。

3. 配套的法律法规体系

水市场是在社会主义市场经济条件下建立和运行的一种新制度，法律法规对水市场的保障作用主要体现在以下几个方面：一是规范水权分配的公平性。水资源是人类、其他生物赖以生存的自然生态环境不可或缺的重要资源，因此，实现公平用水必须要有法律的保障。通过制度确定公平的生活用水定额、行业用水的优先次序、保护生态用水等。二是规范水市场行为。规范如何获得新的水权、如何进行水权交易、如何防止出现完全的垄断市场等问题。三是规范政府、企业和事业之间的职能。政企不分、政事不分、企事不分是计划经济的产物，在市场经济体制中必须依法分开职能，依职运作。政府和水行政主管部门应依法履行水资源管理职能，围绕本地区国民经济和社会发展的战略目标，依法管好水资源和水利工程原水，按照有关法律法规协调和处理好水资源权益问题。目前我国已颁布了一些水利法律法规和规章，但远远不能满足建立水市场的需要。要根据社会主义市场经济体制的要求，修订现行的法律法规，建立一套水权管理、配置、交易和水价的政策法规体系。只有在配套、完善的法律法规体系的条件下，才能建立起规范水市场，才能促进水利的良性循环，实现水资源的优化配置。

二　水资源使用过程中用水效率的治理

（一）用水结构的优化

用水结构优化并不意味着用水结构水平要达到某个确切的绝对高度，而是在一定的优化目标下，通过产业结构调整，实现水资源的最优配置。用水结构优化包括用水结构由不合理向合理转变，由低级向高级转变，也包括用水结构的合理化、集约化与清洁化。

1. 产业用水结构优化

产业用水结构优化是通过产业结构调整使水资源的配置效率提高，进而实现水资源节约。产业用水结构包括三次产业用水结构与部门用水结构，三次产业以及部门内各行业的用水技术效率有所差异，如对于三次产业，第一产业的用水技术效率明显偏低，而对于工业部门内部，冶金、电力等行业的用水技术效率明显低于其他行业，调整产业结构、缩小用水技术效率低的产业规模，减少用水技术效率低的产业用水规模，使产业用水结构中用水技术效率低的产业用水的比重下降，优化产业用水结构，提高水资源的配置效率，最终达到节约水资源的目的。如在水资源稀缺的约束下，需要被鼓励发展的产业包括石油加工炼焦及燃料加工业、仪器仪表及文化办公用品机械制造业、通信设备计算机及其他电子设备制造业、金属制品机械和设备修理业、交通运输设备制造业、通用设备制造业、专用设备制造业、电气机械及器械制造业以及非金属矿物制品业，需要被抑制发展的产业包括食品制造及烟草加工业、金属矿采选业、电力热力的生产和供应业、造纸印刷及文教体育用品制造业、纺织业以及纺织服装鞋帽皮革羽绒及其制品业。

2. 区域用水结构优化

（1）区域内用水结构优化。中国不同区域之间地理条件、气候条件、资源禀赋等方面存在一定的差异，致使以此为约束的经济发展水平、经济发展方式乃至技术发展水平等在不同区域之间也形成差异，所以在水资源利用上，不同区域相同行业的技术用水效率以及不同行业的技术用水效率排序均存在差异，而在产业结构调整上，不同区域的调整重点、力度也存在差异，最终不同区域的产业结构变动对水资源利用的作用程度便会有所差异。不同区域的产业结构变动对水资源利用的作用程度有所差异，但以水资源节约为目标的产业结构调整的方向却存在一致性。然而，在一定的生产技术水平下，行业的生产特性往往决定了该行业的用水特征，如食品、纺织、造纸等行业耗水较高，而电子以及通信设备制造等行业耗水则较低，所以虽然不同区域之间的产业结构调整及其节水效应有所差异，但在水资源节约目标的约束下，不同区域的产业结构调整的方向却会显现出一定的一致性。

（2）区域间用水结构优化。区域间贸易是普遍存在的，伴随着贸易的发生，水资源以虚拟水的形式在区域间转移，使区域间的水资源利用与用水结构相互关联。通过区域间协调产业结构调整使区域间虚拟水贸易流向合理化，即可实现用水结构优化的水资源节约目标。通过虚拟水战略，即缺水区域通过贸易的方式从丰水区域购买水密集型产品以获得水资源安全，可以缓解中国区域水资源的分布不均，同时促进水资源的节约。另外，伴随着虚拟水贸易，区域之间也形成了污染排放的转移，而为使虚拟水战略有效实施，同时兼顾贸易区域的环境，区域之间必须相互协调地进行产业结构调整，共同解决水资源问题。

（二）发展节水型经济

提高水资源利用效率，必须落实最严格水资源管理制度、水资源消耗总量和强度双控行动等一系列制度措施，严格控制水资源消耗总量，严格用水总量管理和定额管理，推动形成绿色发展方式和生活方式，强化水资源承载能力刚性约束，促进经济发展方式和用水方式转变。加大节约水资源宣传工作，充分利用各种新闻媒介，通过多种渠道和方式，大力宣传节约用水的紧迫性和重要性。普及节约用水的科学知识，提高节水意识，创造节约用水、合理用水的良好氛围，提高水资源的利用。

1. 战略性的农业节水

农业仍是第一用水大户，也是最具节水潜力的行业。我国农业缺水与浪费的情况并存，一方面水资源紧张，另一方面用水方式粗放。眼下，从政策、技术到设施，农业领域的节水正受到前所未有的关注。

（1）资源红线已划定的政策节水。自2014年10月起，水利部、农业部等进一步深化全国农业水价综合改革试点，在全国27个省份选择80个县试点完善农业节水政策措施。试点地区明晰农业水权，实行用水总量"封顶"政策；全面实行终端计量供水，地表水灌区计量到斗渠口及以下，井灌区计量到户；探索实行分类价格政策，区分地表地下水源、种植养殖品种等实行不同的水价；建立精准补贴机制和节水奖励机制，对节水户给予奖励。推行灌溉用水总量控制和定额管理，加强计量设施建设和信息化手段应用，强化用水效率约束和监督考核。将试点范围全面展开，推进全国范围内的农业政策节水。

（2）多元模式的技术节水。发展节水农业重点是推行节水灌溉技术。节水灌溉技术要因地制宜，根据不同作物和不同的生长周期进行作物灌溉，用较少的水获得较高的产出效益。节水灌溉不仅节水，而且省工、省肥、省时、减少病虫害，促进农业增产、增效。灌溉方式的变化，可以带动农作物结构的调整，促进高产、优质、高效农业的发展。此外，还要加强农业节水基础研究、技术和装备研发、创新、集成与推广。

（3）加强节水工程。《水污染防治行动计划》提出，到2020年，大型灌区、重点中型灌区续建配套和节水改造任务基本完成，全国节水灌溉工程面积达到7亿亩左右，农田灌溉水有效利用系数达到0.55以上。2016年7月施行的《农田水利条例》，对农田水利的规划、建设、运行维护等环节进行了规范，并鼓励单位和个人投资建设节水灌溉设施，采取财政补助等方式鼓励购买节水灌溉设备。加快灌排骨干工程续建配套与节水改造步伐，开展灌区现代化改造，加强小型农田水利工程建设。在适宜地区谋划建设一批重大高效节水灌溉示范工程。

2. 效益性的工业节水

工业节水的一个重要指标是工业用水重复利用率，它是指在一定的计量时间内，生产过程中使用的重复利用水量与总水量之比，反映了工业用水重复利用的程度。工业用水重复利用率低的主要原因是有相当一部分工业企业存在生产工艺落后、用水设施设备陈旧、技术力量薄弱等一系列问题。因此，要搞好工业节水，必须大力推进企业技术进步，尤其提高工业用水的循环率和推广工艺节水是工业节水的主要方向。

（1）提高水的循环率。作为生产过程中承载热量或其他能量的水以及作为介质的水，完成作用后，进行简单经济的处理便可以恢复原状后成为循环水再次利用。这种循环水被作为间接冷却水使用，冷却水仅是工业生产中热交换的载体，使用过程中基本不会与生产中的物料发生直接的接触，水质被污染的情况较为罕见，所以使用过的水并不需要加以复杂处理，仅需温度降低后便可反复循环使用。那么，要加强工业用水的循环利用，就需要提高循环冷却水的工程技术，增加该技术开发研究的人力、物力投入，不断提升生产工艺过程中水的利用率，降低新增水的使用量，同时积极增进冷却设备及其附属设施的技术水平。

（2）工艺节水。工艺节水是企业通过改革生产工艺，更新生产设备，改变生产用水方式，实现减少生产用水的技术改造。工艺节水不仅能从根本上减少生产用水，而且能减少用水设备，减少废水及排污，节省工程投资及运行费用，节省能源。但实行工艺节水，需改变生产方法，改革生产工艺，所涉及的问题多，情况复杂，因此，通常对老工业企业实行工艺节水，往往不如提高水的重复利用率简便。但对新建或改扩建企业，则更为方便与合理，这就要求企业在生产工艺设计时就必须考虑其节水性，尽量使生产过程中的用水能循环使用，并且在生产线投入运行或设备的使用过程中，要挖掘潜力，尽量提高水的重复利用率。

3. 关键性的城镇节水

建设节水型社会，在发展节水型农业和节水型工业的同时，也应该进一步提高城镇广大居民的节水意识、节约生活用水。

（1）加强建设节水型社会的宣传工作。在民众中广泛而持久地进行宣传与教育，树立起节约用水、保护水环境、爱惜水资源的责任感和使命感。提升城市居民对于水资源的保护和节约意识，使节约用水成为民众的一种自觉性行为，并积极参与支持区域节水措施的全面推广。

（2）加快推进城镇供水管网改造。推动供水管网独立分区计量管理；加快推广普及生活节水器具；推进学校、医院、宾馆、餐饮、洗浴等重点行业节水技术改造；全面开展节水型公共机构、居民小区建设。

（3）积极推广先进的节水设备。加强对卫生洁具、用水器具的市场管理。取缔质量低劣的产品，积极推广国家推荐的各类节水器具，禁止使用明令淘汰的家庭用水设备，对跑、冒、滴、漏的用水设备及时进行维修。

总之，工业节水、生活节水属效益节水，应以降低万元产值用水量，提高水的重复利用率为目标，依靠现代科学技术，水价政策调控与法律法规手段强制实施，努力赶超国际先进水平，强制执行有关政策法规，提升我国节水技术水平。

三 污水排放过程中水环境的治理

（一）完善法律与政策保障体系

对于水环境综合整治，政府部门的定位是监管者，为流域水环境治理与维护提供法律与政策支持，奠定良好的政策氛围与社会基础，监管水环境治理的成效，保障水环境治理企业合理的收益，以更先进的技术与管理模式降低水环境治理与维护的成本，为社会提供更优质的水环境服务。

1. 健全法律法规政策体系

国际上强化流域管理的通行做法是加强流域立法，如美国的《清洁水法》、欧盟的《水框架指令》；也有关于流域管理的专门法规，如美国的《田纳西河流域管理法》、日本的《河川法》、英国的《流域管理条例》等，这些法规在流域管理中都起到了重要作用。需要加强流域立法，对流域的治理保护目标、生态修复和建设、资源的开发和利用、流域管理的体制和机制，以及流域内政府、单位、企业的责任和义务，都要做出明确的法律规定，使流域管理真正做到有法可依。

（1）完善水环境保护的法律保障体系。从加强立法出手，通过完善制定法律法规，明确水资源的规划、开发、保护、防治等具体内容，明确与水事活动有关的政府机构、事业单位和企业单位的职责，一切依法有序办理，以法律强制手段来规范水资源的管理和各种水污染行为，对违法违规行为严惩不贷。虽然我国在水环境治理中已经颁布实施多项法律法规，水环境治理的法规体系已初步形成，但目前来说并不完善，需要在以下几个方面继续补充和完善：在排污权交易制度方面的法律法规欠缺，另外由于不同时期水环境的水体承载能力不同，应对不同时期的排污标准作出及时更新。

（2）加强水污染预防政策体系。转变治理观念，从"重治理"转变为"重预防"。水环境的法律法规应该将重点转移到预防工作上，从源头杜绝水环境的污染，实现水资源的可持续利用作为核心指导思想。在保证总政策执行的同时，也不能忽视诸如关停政策、流域湖泊规划等具体政策的协调，克服水环境治理中存在的地方保护主义倾向。

（3）要加强执法力度。强化信用的法律保障，做到执法必严，违法必究，凸显法律的强制性和威慑性，打消违法企业钻空子的念头。如果执法力度不够，法律的权威无法在社会中树立，那么法律就会沦为一纸空文，法律就会失去其强制效力，就无法起到规范社会行为的作用。只有加大执法力度，颁布制定法规政策的最终目的才能实现。

2. 完善水环境管理制度

在加强立法工作的同时，不断完善管理制度，建立行之有效的管理机制也尤为重要。借鉴国内外管理经验，需要建立和完善的制度主要有：

（1）许可证管理制度。建立许可证管理制度就是把水环境质量进行量化管理，按照流域水环境容量和承载能力控制排污总量，确定排污许可证发放的条件和程序，并通过排污许可证的发放加以控制，构建排污许可动态管理体系，实现流域水污染物排放控制综合动态管理。

（2）流域水质目标管理制度。流域管理部门要对流域内干支流的断面水质情况定期进行监测分析，发现问题及时排除，准确及时地通报水质情况，保证信息渠道快捷畅通，对超标断面也要给予预警和警戒。

（3）领导责任和目标考核制度。建立河段长制，实行"一把手"领导负责制，同时要对目标任务完成情况进行严格的考核。

（4）专家咨询制度。组织专家定期给流域管理诊断号脉，研究制定管理措施，目前国家在组织水体污染防治科研攻关中形成的总体专家组、主题专家组、流域专家组的体系应予以完善。此外，还要建立流域齐抓共管、全社会参与的制度和机制。

3. 制定有效的经济政策

2006 年 4 月，第六次环保大会提出要实现 3 个历史性转变，流域管理也要从单纯行政管理向法律的、经济的多种手段管理转变。主要有四大类经济政策和制度需要制定和完善。

（1）补偿政策。流域管理的系统性和协调性要求必须建立合理的补偿机制。流域上下游之间是一个利益的共同体，既有共同保护流域水环境和水资源的义务，也有共享合理利益的权益，建立补偿机制就是在明确责任的基础上，调整利益关系，保证应有的权益。一般情况下，上游特别是源头地区由于生态条件好，水质保护得比较好，但同时在利益获取上就要做出一定的牺牲，这就要求在流域上下游间建立补偿机制，给上游以适当的补偿。目前这种补偿制度在流域内尚未形成，需要积极加以推动。

（2）排污权交易。在流域内实行了污染物排放定量化管理后，为排污权交易创造了条件。实行量化管理，从容量总量上进行控制，排污权是有限的，有限的排污容量通过有偿取得，不仅有利于在总量上加以控制，同时也是利益调整的一种手段，把责任义务和利益挂钩，也有利于调动地方和企业减排的积极性。

（3）财政政策。要进一步完善流域管理中的财政激励政策，发挥好财政政策的杠杆作用。近年来，财政大力推行的转移支付政策，对流域治理及经济欠发达地区的水环境治理和改善起到了积极作用，还要继续坚持和完善。同时还应设立专项资金，对流域管理和治理实行以奖代补。

（4）绿色信贷与绿色保险。充分发挥金融服务业在流域治理和管理中的媒介作用，在流域内探索推行绿色信贷和绿色保险制度，建立辅助的约束和保障机制。另外，环境设施第三方运营、环境和生态监理、绿色产品认证等制度都要积极加以探索。

（二）推行市场机制治理水污染

1. 完善排污收费和排污权交易制度

（1）完善排污收费制度。完善排污收费制度就是要污染者承担治理费用，将污染处罚资金返还给水环境治理主体，补偿水环境治理费用，以污治污。排污收费制度具体有两种实施方法：其一是重点收费，即对一些重污染、高消耗的大企业实施重点收费；其二是普遍收费，不论企业的大小和性质，只要有水污染行为就进行收费。由于水环境恶化的速度已经远远超出政府制定相关标准的速度，超标收费的方法已很难满足现阶段水环境治理的需要。流域要实现水环境治理的高效率，应尽快完善排污即收费的制度，加大对水污染企业的经济处罚。

（2）完善排污权交易制度。加强法规制度建设，为排污交易提供法律保障。首先，在排污权的初始分配上，应结合实际情况，在政府相关部门的主导下加强公众参与，充分发挥社会大众的力量，采取如招标、拍卖、支付保证金等手段来合理配置排污量，在指定排污标准时应综合考虑不同企业的实际情况，做到不同情况不同对待。与此同时，政府应该充分发挥其主导者的角色，以相关法律为制度保障，做好宏观调控，惩罚与激励并重，利用经济手段稳定交易价格，促进水权市场的健康发展。其次，在排污权交易完成后，仍然需要政府部门加强后续监管，保证交易的顺利完成，为排污交易权市场树立公平合法的社会形象。

2. 完善水环保税收制度

（1）扩大征税范围。必须要引起全社会成员的重视，动员社会各方共同承担责任，扩大征税范围，不管是企业用水还是居民的生活用水都应该纳入征收范围，以达到约束和限制企业和居民用水无节制浪费现象，改收费为征税。

（2）改善税收标准。根据实际情况对水资源利用的企业和个人的实际消耗量进行区别对待，不管是企业还是个人对破坏水环境的行为应提高税收标准。根据企业和居民对水环境消费的不同情况，制定各自的税收标准，做到公平征收税费，才能达到规范企业和居民行为的目的。除了水资源的使用税，对于企业以及居民在生产和生活中造成的水污染行为也要进行征税。税费的征收一直以来都是环保部门的工作难点，污染罚单一定要落实到位，必要时候应与法律部门协商，动用强制力量征收，对企业和居民起到威慑作用才能有效约束污染行为。

（三）加强公众全过程参与

1. 加强决策民主化

水环境的治理是全社会共同参与的治理过程，作为一项公共事务，流域政府应该重视与社会成员的平等互动，努力实现公民在水环境治理方面的民主权利，共同参与公共决策。首先，应该加强决策程序过程中的民主化，保证公众参与水环境治理重大决策权利的实现，在决策中可自由发表意见，建策献议；其次，决策内容民主化，政府制定的政策决议要以实现公众的利益为出发点，重视群众意见，将民生问题作为政策决议的重要考量标准。

2. 加强宣传教育和环境信息公开

首先，开展多种形式的宣传教育和公益活动，努力提高全社会环境保护意识，形成保护水环境的良好氛围。把水环境保护纳入国民教育体系，提高公众对经济社会发展和水环境保护客观规律的认识。倡导绿色消费新风尚，开展环保社区、绿色学校、环保家庭等群众性创建活动，为公众、社会组织提供水环境污染防治法规培训和咨询。其次，建立官方的信息发布平台，对政府已经掌握的相关环境信息，应该定期向社会公众公布，保证公众能第一时间了解最新的环境动态，提高环保信息的透明度，实现公众的信息知情权。

3. 完善公众参与渠道

实现公众参与的前提是参与渠道的畅通。公众在水环境治理过程中，不管是参与决策还是参与监督，都需要合法有效的参与渠道。在参与决策方面，政府可定期举行听证会和环保信息发布会，主动邀请公众和相关组织参加，对政府的水利工程建设和水治理规划提出建议。在投建高污染风险项目之前，应该充分征求区域公众的意见，实行投票表决制，以公众的利益为出发点，合理调整区域规划。在参与监督方面，设立官方的举报平台，公开群众的举报信息和后续处理办法。如通过环保部门的微信公众号、微博等渠道开展污染举报奖励活动，既发动公众监督企业排放污染物的违法行为，又防范官商勾结的腐败现象发生。

4. 鼓励发展水环保 NGO

现阶段在水环境治理中政府虽然居于核心地位，但在坚持政府主导的前提下加强与社会 NGO 的合作与互动是实现水环境治理和谐和效率发展的有效途径。水环保 NGO 是代表社会公众利益的组织，在对待水环境问题上的态度与政府是一致的，政府应该将其视为长期的合作伙伴，应最大限度地支持和鼓励水环保 NGO 的发展。

（1）放宽成立条件。我国的法律对社会组织的规模和人数有相当严格的规定，社会团体必须有 50 个以上的个人会员，或者 30 个以上的单位会员，或者在既有个人会员又有单位会员时，会员总数有 50 个以上。这种数量和规模上的限制大大阻碍了水环保 NGO 的发展，应该给水环保 NGO 更灵活自由的成立条件和更宽阔的发展空间。

（2）减少行政干预。改革行政管理体制，对于水环保 NGO 和政府的关系不应该是上下级，管制与被管制的关系，在水环境治理上应该是平等合作的关系，流域政府应该尊重水环保 NGO 的意见，减少对水环保 NGO 的活动干预，令其充分发挥作用。充足的资金和活动经费是保证环保组织健康持续发展的前提，对于现有的水环保组织，政府应该提供优惠的经济政策，并可以适当地给予直接的资金支持。

参考文献

［1］陈志恺：《人口、经济与水资源的关系》，《海河水利》2002年第2期。

［2］程冬玲、林性粹、杨斌：《水利、水文化的内涵与演变》，《中国水利》2004年第5期。

［3］程伍群、王丽丽、安秀荣等：《水资源管理产生、范畴与变革》，《南水北调与水利科技》2013年第2期。

［4］陈庆秋、陈晓宏：《基于社会水循环概念的水资源管理理论探讨》，《地域研究与开发》2004年第3期。

［5］陈佑启：《区域经济系统及其结构初探》，《湘潭师范学院学报》（社会科学版）1989年第3期。

［6］杜俊平、陈年来、叶得明：《干旱区水资源与区域经济协调发展时空特征研究——以河西走廊为例》，《中国农业资源与区划》2017年第4期。

［7］冯华、宋振湖：《中国工业循环经济发展评价研究》，《国家行政学院学报》2008年第3期。

［8］冯兴华、钟业喜、李建新等：《长江流域区域经济差异及其成因分析》，《世界地理研究》2015年第3期。

［9］何康洁、何文豪：《水资源环境经济核算体系相关问题初探》，《人民长江》2017年第9期。

［10］何文学、李荼青：《多视角探讨水资源与水环境管理制度及其创新体系》，《水资源保护》2014年第2期。

［11］胡兴球、刘晓娴、刘宗瑞：《澜沧江湄公河流域水资源开发多主体合作机制研究》，《水利经济》2015年第6期。

［12］胡熠：《多中心视域下的法国流域水资源治理机制研究》，《福建行政学院学报》2015 年第 6 期。

［13］黄勤：《区域经济系统运动的规律探析》，《社会科学研究》2001 年第 6 期。

［14］高佃恭、安成谋：《区域经济系统初探》，《地域研究与开发》1998 年第 S1 期。

［15］高红贵、刘忠超：《创建多元性的绿色经济发展模式及实现形式》，《贵州社会科学》2014 年第 2 期。

［16］郭丽君、左其亭：《基于和谐论的水资源管理模型及应用》，《水电能源科学》2012 年第 6 期。

［17］姬兆亮、戴永翔、胡伟：《政府协同治理：中国区域协调发展协同治理的实现路径》，《西北大学学报》（哲学社会科学版）2013 年第 2 期。

［18］贾若祥：《流域水环境综合治理研究》，《宏观经济管理》2016 年第 11 期。

［19］姜学民、王全新、时正新等：《论农业生态经济系统的结构与功能》，《兰州学刊》1984 年第 3 期。

［20］刘雅玲、罗雅谦、张文静等：《基于压力—状态—响应模型的城市水资源承载力评价指标体系构建研究》，《环境污染与防治》2016 年第 5 期。

［21］廖军、张进、周浩：《从我国水资源特点看水资源产业化发展》，《农村经济与科技》2009 年第 1 期。

［22］梁吉义：《论区域经济系统与发展整体观》，《系统科学学报》2002 年第 1 期。

［23］梁吉义、任家智：《区域经济系统复杂性探析》，《系统科学学报》2003 年第 2 期。

［24］雷德雨：《"十三五"时期中国经济发展绿色化：背景、挑战和对策》，《经济研究参考》2016 年第 8 期。

［25］李菲、惠泱河：《试论水资源可持续利用的价值伦理观》，《西北大学学报》（自然科学版）1999 年第 4 期。

［26］ 李斌、曹万林：《经济发展与环境污染的"脱钩"分析》，《经济学动态》2014 年第 7 期。

［27］ 李宁、孙涛：《环境规制、水环境压力与经济增长——基于 Tapio"脱钩"弹性的分解》，《科技管理研究》2016 年第 4 期。

［28］ 龙爱华、王浩、于福亮等：《社会水循环理论基础探析 Ⅱ：科学问题与学科前沿》，《水利学报》2011 年第 5 期。

［29］ 罗清和、张畅：《长江经济带：一种流域经济开发的依据、历程、问题和模式选择》，《深圳大学学报》（人文社会科学版）2016 年第 6 期。

［30］ 马晓明、易志斌：《网络治理：区域环境污染治理的路径选择》，《南京社会科学》2009 年第 7 期。

［31］ 牛媛媛、任志远、杨忍：《关中地区农业生态经济系统协调度时空动态分析》，《干旱地区农业研究》2010 年第 4 期。

［32］ 彭正银：《网络治理理论探析》，《中国软科学》2002 年第 3 期。

［33］ 盛业旭、欧名豪、刘琼：《资源环境"脱钩"测度方法："速度脱钩"还是"数量脱钩"?》，《中国人口·资源与环境》2015 年第 3 期。

［34］ 王祖强、刘磊：《水资源环境治理的机理与路径研究——基于浙江省的经验分析》，《上海经济研究》2016 年第 4 期。

［35］ 王娇娇、方红远、李旭东等：《社会水循环内涵及其关键问题浅析》，《水电能源科学》2015 年第 5 期。

［36］ 汪飞、薛静：《城市生态经济系统构建的理论基础与实施对策》，《生态经济》（中文版）2005 年第 7 期。

［37］ 王亚华：《水资源特性分析及其政策含义》，《经济研究参考》2002 年第 20 期。

［38］ 王琛伟：《我国行政体制改革演进轨迹：从"管理"到"治理"》，《改革》2014 年第 6 期。

［39］ 王浩、龙爱华、于福亮等：《社会水循环理论基础探析 Ⅰ：定义内涵与动力机制》，《水利学报》2011 年第 4 期。

[40] 王秉杰：《现代流域管理体系研究》，《环境科学研究》2013 年第 4 期。

[41] 王秉杰：《流域管理的形成、特征及发展趋势》，《环境科学研究》2013 年第 4 期。

[42] 吴舜泽、王东、姚瑞华：《统筹推进长江水资源水环境水生态保护治理》，《环境保护》2016 年第 15 期。

[43] 吴春梅、庄永琪：《协同治理：关键变量、影响因素及实现途径》，《理论探索》2013 年第 3 期。

[44] 吴普特、冯浩、牛文全等：《中国用水结构发展态势与节水对策分析》，《农业工程学报》2003 年第 1 期。

[45] 魏向前：《跨域协同治理：破解区域发展碎片化难题的有效路径》，《天津行政学院学报》2016 年第 2 期。

[46] 翁士洪：《中国水资源管理体制的多中心治理建构》，《武汉科技大学学报》（社会科学版）2017 年第 2 期。

[47] 吴丹：《中国经济发展与水资源利用"脱钩"态势评价与展望》，《自然资源学报》2014 年第 1 期。

[48] 汪振双、赵宁、苏昊林：《能源—经济—环境耦合协调度研究——以山东省水泥行业为例》，《软科学》2015 年第 2 期。

[49] 吴丹：《中国经济发展与水资源利用的演变态势、"脱钩"评价与机理分析——以中美对比分析为例》，《河海大学学报》（哲学社会科学版）2016 年第 1 期。

[50] 幸红：《流域水资源管理相关法律问题探讨》，《法商研究》2007 年第 4 期。

[51] 邢伟：《水资源治理与澜湄命运共同体建设》，《太平洋学报》2016 年第 6 期。

[52] 徐艳晴、周志忍：《水环境治理中的跨部门协同机制探析——分析框架与未来研究方向》，《江苏行政学院学报》2014 年第 6 期。

[53] 徐成龙、程钰、任建兰：《山东省工业结构演变的水环境效应研究》，《华东经济管理》2014 年第 4 期。

［54］徐玉燕:《从水环境监测中看废污水对水资源的影响》,《广东水利水电》2002 年第 5 期。

［55］易敏利、唐雪梅:《我国水资源的管理困境及其解决思路》,《生态经济》(中文版) 2007 年第 12 期。

［56］易志斌、马晓明:《论流域跨界水污染的府际合作治理机制》,《社会科学》2009 年第 3 期。

［57］杨朝晖、马静、陈根发:《浅析水资源生态服务价值》,《水利水电技术》2012 年第 4 期。

［58］杨宇、欧元雕、马友华:《论我国水资源的多主体共同治理》,《华北电力大学学报》(社会科学版) 2011 年第 1 期。

［59］杨宏山:《构建政府主导型水环境综合治理机制——以云南滇池治理为例》,《中国行政管理》2012 年第 3 期。

［60］于纪玉、刘方贵:《水市场建立的支撑和保障体系》,《水利经济》2003 年第 2 期。

［61］占绍文、冯全、郭紫红:《区域工业循环经济效率研究——以陕西省为例》,《科技管理研究》2014 年第 12 期。

［62］张小刚:《绿色经济发展内在构成要素分析》,《求索》2011 年第 9 期。

［63］张象枢:《基于环境社会系统分析的可持续发展论——环境社会系统发展学学习心得》,《当代生态农业》2012 年第 Z2 期。

［64］张文松、蔡守秋:《推行水污染合作治理模式的法治路径》,《中州学刊》2017 年第 5 期。

［65］张宗庆、杨煜:《国外水环境治理趋势研究》,《世界经济与政治论坛》2012 年第 6 期。

［66］张阳、范从林、周海炜:《流域水资源治理网络的运行机理研究》,《科技管理研究》2011 年第 19 期。

［67］张军扩、高世楫:《中国需要全面的水资源战略和有效的水治理机制》,《世界环境》2009 年第 2 期。

［68］张彤:《论流域经济发展》,博士学位论文,四川大学,2006 年。

［69］周海炜、范从林、陈岩：《流域水污染防治中的水资源网络组织及其治理》，《水利水电科技进展》2010 年第 4 期。

［70］周海炜、范从林、张阳：《流域水资源治理内涵探讨——以太湖治理为例》，《科学决策》2009 年第 8 期。

［71］左其亭：《最严格水资源管理保障体系的构建及研究展望》，《华北水利水电大学学报》（自然科学版）2016 年第 4 期。

［72］陈锋正：《河南省农业生态环境与农业经济耦合系统协同发展研究》，博士学位论文，新疆农业大学，2016 年。

［73］樊彦芳：《区域水生态与水环境安全机制的研究》，博士学位论文，河海大学，2005 年。

［74］冯丹丹：《水权制度研究》，博士学位论文，山东财经大学，2014 年。

［75］谷国锋、张秀英：《区域经济系统耗散结构的形成与演化机制研究》，《东北师范大学学报》（自然科学版）2005 年第 3 期。

［76］郭峰：《流域管理体制中的协调管理研究》，博士学位论文，中南大学，2009 年。

［77］谷松：《建构与融合：区域一体化进程中的地方府际间利益协调研究》，博士学位论文，吉林大学，2014 年。

［78］黄辉扬：《水环境污染治理机制研究》，硕士学位论文，西南财经大学，2008 年。

［79］剧宇宏：《中国绿色经济发展的机制与制度研究》，博士学位论文，武汉理工大学，2009 年。

［80］姬兆亮：《区域政府协同治理研究》，博士学位论文，上海交通大学，2012 年。

［81］李涛：《流域水资源治理机制研究》，硕士学位论文，重庆大学，2006 年。

［82］李春花：《水资源约束下资源型城市生态工业发展研究》，博士学位论文，兰州大学，2008 年。

［83］李剑：《关中地区城市化与资源环境耦合机制及其协调发展研究》，硕士学位论文，西北大学，2011 年。

［84］李桂连：《中国西部地区水资源协同治理模式研究》，硕士学位论文，内蒙古大学，2015 年。

［85］李东琴：《水资源开发利用程度评价方法及应用研究》，硕士学位论文，华北水利水电大学，2016 年。

［86］雷玉桃：《流域水资源管理制度研究》，博士学位论文，华中农业大学，2004 年。

［87］卢祖国：《流域内各地区可持续联动发展路径研究》，博士学位论文，暨南大学，2010 年。

［88］陆平：《中国水资源政策对区域经济的影响效应模拟研究》，博士学位论文，北京科技大学，2015 年。

［89］马亚斌：《政府主导下的武汉市水环境综合治理对策研究》，硕士学位论文，湖北工业大学，2014 年。

［90］彭学军：《流域管理与行政区域管理相结合的水资源管理体制研究》，硕士学位论文，山东大学，2006 年。

［91］裴源生、张金萍：《水资源高效利用概念和研究方法探讨》，中国水利学会 2005 学术年会，2005 年。

［92］屈国栋：《区域水资源合理配置及方案综合效益评价研究》，博士学位论文，浙江大学，2013 年。

［93］任晓松：《我国区域工业循环经济发展水平评价研究》，硕士学位论文，山西财经大学，2010 年。

［94］田培杰：《协同治理：理论研究框架与分析模型》，博士学位论文，上海交通大学，2013 年。

［95］谢雄军：《系统论视角下的园区循环经济物质流模型与实证研究》，博士学位论文，中南大学，2013 年。

［96］王好芳：《区域水资源可持续开发与社会经济协调发展研究》，博士学位论文，河海大学，2003 年。

［97］王婷：《多中心理论视角下的济南市城区水环境治理问题研究》，博士学位论文，山东大学，2014 年。

［98］王力年：《区域经济系统协同发展理论研究》，博士学位论文，东北师范大学，2012 年。

［99］赵设：《流域水资源综合管理体制研究》，硕士学位论文，东北师范大学，2013 年。

［100］赵利霞：《加强污水治理和循环利用》，《经济日报》2014 年12 月 1 日。

［101］张兵兵：《中国用水结构优化研究》，博士学位论文，浙江大学，2017 年。

［102］赵亚洲：《我国水资源流域管理与区域管理相结合体制研究》，硕士学位论文，东北师范大学，2009 年。

［103］赵鹏：《区域水资源配置系统演化研究》，博士学位论文，天津大学，2007 年。

［104］郑敏：《中部地区水资源与社会经济协调度研究》，硕士学位论文，吉林大学，2012 年。

［105］周青：《鄱阳湖生态经济建设与生态耦合机制研究——以生态旅游开发为视角》，硕士学位论文，南昌大学，2014 年。

［106］周璞、侯华丽、安翠娟等：《水资源开发利用合理性评价模型构建及应用》，《东北师范大学学报》（自然科学版）2014 年第 2 期。

［107］钟世坚：《区域资源环境与经济协调发展研究》，博士学位论文，吉林大学，2013 年。

［108］卓光俊：《我国环境保护中的公众参与制度研究》，博士学位论文，重庆大学，2012 年。

［109］陈媛媛：《以生活方式绿色化助推环境治理》，《中国环境报》2016 年 4 月 27 日。

［110］《三大"元凶"加剧中国水危机》，中国水网，http：//www. h2o – china. com/news/97494. html。

［111］UNEP, Towards a Green Economy：Pathways to Sustainable Development and Poverty Eradication：504 – 506. Nairobi：UNEP, 2011.

［112］Friedel Juergen K. , Ehrmann Otto, Pfeffer Michael, et al. , "Soil Microbial Biomass and Activity：Effete of Site Characteristics in

Humid Temperate Forest Ecosystems", *Journal of Plant Nutrition Soil Science*, 2006, 169 (2).

[113] Per Stalnacke, Geoffrey D. Gooch, "Integrated Water Resources Management", *Irrig Drainage Syst*, 2010 (24).

[114] Stephen Merrett, *Introduction the Economics of Water Resources*, University Coolege London Press, 1977.

[115] Arthur W Brian, "Competing technologies, Increasing Returns and Lock - in by Historical Events", *Economic Journal*, 1989, 99 (3).

后　记

在当前生态环境不断恶化，尤其水污染日益严重的今天，水资源环境与区域经济系统的耦合协调发展是各地区政府不断努力的目标。通过多视角、多层次的耦合机理分析和评价，提出构建由政府主导的多主体参与的协同治理体系，可以为探寻水资源环境与区域经济系统耦合协调发展的道路指引一个方向。

水资源环境与区域经济耦合系统的协同治理体系的构建，重点内容是区域间的协同治理和政府主导多主体参与的协同治理。区域间的协同治理首先是发展目标的协同，然后构建包括信息公开、利益协调、治理评估在内的协同治理机制；政府主导的多主体参与由合作、信任、协调和维护等机制构成，并且要理顺政府的地位和职责以及与其他各主体的关系。

本书由盐城师范学院商学院常玉苗博士撰写，是在其博士学位论文《跨流域调水对区域生态经济影响综合评价研究》基础上的拓展与延伸，感谢导师王慧敏教授和赵敏教授的指导和帮助，感谢师兄朱九龙教授和师姐陶晓燕教授的帮助和支持。在写作过程中得到了学院领导、专家及朋友的支持，感谢蔡柏良教授、易高峰教授，感谢刘吉双教授、郝宏桂教授、周华教授等学院领导的指导和帮助！同时得到出版社的支持和帮助，在此一并表示感谢！